高等职业教育食品检验检测技术专业教材

食品微生物检验技术

李自刚　李大伟　主　编

图书在版编目（CIP）数据

食品微生物检验技术/李自刚，李大伟主编. —北京：中国轻工业出版社，2021. 11
高等职业教育“十三五”规划教材
ISBN 978-7-5184-0706-4

Ⅰ. ①食… Ⅱ. ①李…②李… Ⅲ. ①食品检验—微生物检定—高等职业教育—教材 Ⅳ. ①TS207. 4

中国版本图书馆 CIP 数据核字（2015）第 282354 号

责任编辑：江 娟 秦 功
策划编辑：江 娟 责任终审：劳国强 封面设计：锋尚设计
版式设计：宋振全 责任校对：晋 洁 责任监印：张 可

出版发行：中国轻工业出版社（北京东长安街 6 号，邮编：100740）
印 刷：北京君升印刷有限公司
经 销：各地新华书店
版 次：2021 年 11 月第 1 版第 5 次印刷
开 本：720×1000 1/16 印张：13. 5
字 数：270 千字
书 号：ISBN 978-7-5184-0706-4 定价：32. 00 元
邮购电话：010－65241695
发行电话：010－85119835 传真：85113293
网 址：http：//www. chlip. com. cn
Email：club@ chlip. com. cn

211341J2C105ZBW

编写人员名单

主　编　李自刚　　河南牧业经济学院
　　　　李大伟　　洛阳职业技术学院

副主编　魏法山　　河南省产品质量监督检验院
　　　　朱文丽　　三全食品股份有限公司
　　　　刘海龙　　中国农业科学院农业信息研究所

参　编（按姓氏笔画排序）
　　　　马丽卿　　河南牧业经济学院
　　　　王　飞　　漯河医学高等专科学校
　　　　文英会　　河南牧业经济学院
　　　　付　丽　　河南牧业经济学院
　　　　石　晓　　漯河医学高等专科学校
　　　　任丽影　　漯河食品职业学院
　　　　李　欣　　河南牧业经济学院
　　　　辛　婷　　河南牧业经济学院
　　　　苏　楠　　河南牧业经济学院
　　　　张秀凤　　河南牧业经济学院
　　　　岳晓禹　　河南牧业经济学院
　　　　尚新彬　　漯河医学高等专科学校
　　　　赵美琳　　漯河职业技术学院
　　　　徐启红　　漯河职业技术学院

主　审　邱立友　　河南农业大学
　　　　刘世亮　　河南农业大学

前　言

食品微生物检测在现代食品加工、食品安全供应中至关重要，如检测食品原料、加工、运输、销售和贮藏等过程中微生物种类和数量的变化上，其已作为监控食品品质、保证食品安全的重要手段。因此，食品微生物检验相关著作和教材的编写一直以来都受到各行各业重视。本书主要内容包括：实验室基本知识与基本技能、食品微生物检验样品的制备、食品微生物检验基础试验、食品卫生细菌学检验、常见致病菌检验、真菌及其毒素检验、发酵食品微生物检验、罐头食品微生物检验、食品微生物检验方法新进展等内容。

本书按照高等职业教育的要求，即“必需、够用、实用”的原则，在教学内容的安排上侧重实际操作。

参加本书编写的人员既有在高等职业教育一线从事多年高等职业教育的教学人员，也有在相关科研单位、食品企业工作多年的一线工作人员。本书可作为农林院校、师范院校、医学院校高等职业教育食品加工等相关专业的教材和教学参考书，也可作为相关科研、教学工作者和食品检验工技能操作考试的参考用书；同时，本书也可作为食品生物技术、食品营养检测、食品储运与营销、农产品质量安全检验等专业教材使用，也可供相关企业技术人员参考。

编　者

2015 年 9 月

目　　录

绪　论

人类加工食品的历史可以追溯到8000年前，直到现代食品工业的出现和发展，如何防止食品腐败和避免食源性疾病的传播一直是食品加工过程中需要解决的基本问题。食品微生物检测在现代食品加工中起到了重要的作用，检测食品原料、加工、运输、销售和储藏等过程中微生物种类和数量的变化，已作为监控食品品质、保证食品安全的重要手段。近年来，全球范围内重大食品安全事件不断发生，其中病原微生物引起的食源性疾病是影响食品安全的最主要的因素之一，如大肠杆菌O157∶H7、志贺菌、单核细胞增生李斯特菌、空肠弯曲菌、副溶血性弧菌、耶尔森菌等，被公认为是主要的食源性病原微生物。此外，一些有害微生物产生的生物性毒素，如黄曲霉素、赭曲霉素等真菌毒素和肠毒素等细菌毒素，已成为食品中有害物质污染和中毒的主要因素。

第一节　食品中的微生物及其污染来源

自然界中广泛存在着各种微生物，无论是高山、田地、江河、湖泊、海洋还是空气中。在植物和动物的体表、体内也存在多种微生物。因此，动物性食物、植物性食物或由它们加工成的各种食品，就不可避免地存在着微生物。

自然界中存在的微生物，有些可以用来制造食品或制药、制酶等，为人类所利用；有些能使食品腐败变质，以至人们不能食用这些食品，造成浪费；还有的微生物能引起人体疾病，导致人们健康受损，甚至危及人的性命。因此，加强食品及其原材料中存在的微生物的检验与检测，对于保障食品卫生、食品安全以及对食品中有害微生物的来源分析与防控、有益微生物的开发和利用都具有重要意义。

一、食品中的微生物

（一）食品中常见的微生物

食品中常见的细菌分为革兰阴性菌和革兰阳性菌，其中常见的革兰阴性菌主要包括假单胞菌属、醋酸杆菌属、无色杆菌属、产碱杆菌属、黄色杆菌属、大肠杆菌属、肠杆菌属、沙门菌属、志贺菌属、变形杆菌属等。常见的革兰阳性菌主要包括乳酸杆菌属、链球菌属、明串珠菌属、芽孢杆菌属、梭状芽孢菌属、微球菌属和葡萄球菌属等。

食品中常见酵母主要包括酵母菌属、毕氏酵母属、汉逊酵母属、假丝酵母属、红酵母属、球拟酵母属、丝孢酵母属等。

食品中常见霉菌主要包括毛霉属、根霉属、曲霉属、青霉属、木霉属、交链孢霉属、葡萄孢霉属、芽枝霉属、镰刀霉属、地霉属、链孢霉属、复端孢霉属、枝霉属、分枝孢霉属、红曲霉属等。

（二）食品中常见的致病菌

食品中常见的致病菌主要包括沙门菌、致病性大肠杆菌、葡萄球菌、肉毒梭菌、单核细胞增生李斯特杆菌、蜡样芽孢杆菌、志贺菌、变形杆菌、产气荚膜梭菌、空肠弯曲杆菌、阪崎肠杆菌、副溶血性弧菌、小肠结肠炎耶尔森菌、黄曲霉等。

二、食品中微生物污染的来源

食品微生物污染是指食品在加工、运输、储藏、销售过程中被微生物及其毒素污染。研究并弄清食品微生物污染的来源与途径及其在食品中的消长规律，对于切断污染途径、控制其对食品的污染、延长食品保藏期、防止食品腐败变质与食物中毒的发生都具有非常重要的意义。

微生物在自然界中分布十分广泛，不同的环境中存在的微生物类型和数量不尽相同，因此，食品从原料、生产、加工、储藏、运输、销售到烹调等各个环节常常与环境发生各种方式的接触，进而导致微生物的污染。食品微生物污染的来源可分为土壤、空气、水、人及动物体、加工机械及设备等方面。

（一）土壤

土壤是微生物的天然培养基，含有大量的可被微生物利用的碳源和氮源，还含有大量的硫、磷、钾、钙、镁等无机元素及硼、钼、锌、锰等微量元素，加之土壤具有一定的保水性、通气性及适宜的酸碱度（pH 3.5～10.5），和适宜的温度（10～30℃），而且表面土壤覆盖有保护微生物免遭太阳紫外线危害的作用，这些都为微生物的生长繁殖提供了有利的营养条件和环境条件。虽然不同土壤，微生物的种群和数量可能不同，但总的来说，土壤中存在有自然界中绝大部分的微生物，它也是食品中微生物存在的主要源头。

根据不同土壤的分析统计，每克肥沃土壤中，通常含有几亿到几十亿个微生物，贫瘠土壤也含有几百万到几千万个微生物。在这些微生物中，以细菌最多，占土壤中微生物总数的70%～80%，其次是放线菌、霉菌及酵母菌等。按其营养类型来分，主要是异养菌，但自养型的细菌也普遍存在。

不同土壤中微生物的种类和数量有很大差异，在地面下3～25cm是微生物最活跃的场所，肥沃的土壤中微生物的数量和种类较多，果园土壤中酵母的数量较多。在酸性土壤中，霉菌较多；碱性土壤和含有机质较多的土壤中，细菌、放线菌较多；在森林土壤中，分解纤维素的微生物较多；在油田地区的土壤中，分解碳氢化合物的微生物较多；在盐碱地中，可分离出嗜盐微生物。

土壤中的微生物除了自身发展外，分布在空气、水、人及动植物体的微生物也会不断进入土壤中。许多病原微生物就是随着动植物残体以及人和动物的排泄物进入土壤的。因此，土壤中的微生物既有非病原的，也有病原的。通常无芽孢菌在土壤中生存的时间较短，而有芽孢菌在土壤中生存时间较长。例如，沙门菌只能生存数天至数周，炭疽芽孢杆菌却能生存数年甚至更长时间。同时土壤中还存在着能够长期生活的土源性病原菌。霉菌及放线菌的孢子在土壤中也能生存较长时间。

（二）空气

空气中不具备微生物生长繁殖所需的营养物质和充足的水分条件，加之室外经常接受来自日光的紫外线照射，所以空气不是微生物生长繁殖的场所。然而空气中也确实含有一定数量的微生物，这些微生物随风飘扬而悬浮在大气中或附着在飞扬起来的尘埃或液滴上。这些微生物可来自土壤、水、人和动植物体表的脱落物和呼吸道、消化道的排泄物等，同时由于微生物身小体轻，能随空气流动到处传播，因而微生物的分布是世界性的。

空气中的微生物主要是霉菌、放线菌的孢子和细菌的芽孢及酵母菌等。不同环境空气中微生物的数量和种类有很大差异，如公共场所、街道、畜舍、屠宰场及通气不良处的空气中微生物的数量较高；空气中的尘埃越多，所含微生物的数量也就越多；室内污染严重的空气微生物数量可达 10^6 个/m^3；海洋、高山、乡村、森林等空气清新的地方微生物的数量较少。空气中可能会出现一些病原微生物，它们直接来自人或动物呼吸道、皮肤干燥脱落物及排泄物或间接来自土壤，如结核杆菌、金黄色葡萄球菌、沙门菌、流感嗜血杆菌和病毒等。患病者口腔喷出的飞沫小滴可含有 1 万 ~2 万个细菌。

（三）水

自然界中的江、河、湖、海等各种淡水与咸水水域中都生存着相应的微生物。由于不同水域中的有机物和无机物种类和含量、温度、酸碱度、含盐量、含氧量及不同深度光照度等的差异，因而各种水域中的微生物种类和数量呈明显差异。通常水中微生物的数量主要取决于水中有机物质的含量，有机物质含量越多，其中微生物的数量也就越多。

淡水域中的微生物可分为两大类型，一类是清水型水生微生物，这类微生物习惯于在洁净的湖泊和水库中生活，以自养型微生物为主，可被看作是水体环境中的土居微生物，如硫细菌、铁细菌、衣细菌及含有光合色素的蓝细菌、绿硫细菌和紫细菌等；也有部分腐生性微生物，如细菌中的色杆菌属、无色杆菌属和微球菌属、霉菌中的水霉属和绵霉属等。此外，还有单细胞和丝状的藻类以及一些原生动物常在水中生长，但它们的数量不大。另一类是腐败型水生微生物，它们是随腐败的有机物质进入水域，获得营养而大量繁殖的，是造成水体污染、传播疾病的重要原因。其中数量最大的革兰阴性菌，如变形杆菌属、大肠杆菌、产气肠杆菌和产碱杆菌属等，还有芽孢杆菌属、弧菌属和螺菌属中的一些种。当水体受到土壤和人畜排泄物的污染后，会使肠道菌的数量增加，如大肠杆菌、粪链球菌、魏氏梭菌、沙门菌、产气荚膜芽孢杆菌、炭疽杆菌、破伤风芽孢杆菌。污水中还会有纤毛虫类、鞭毛虫类原生动物。进入水体的动植物致病菌，通常因水体环境条件不能完全满足其生长繁殖的要求，故一般难以长期生存，但也有少数病原菌可以生存达数月之久。

海水中也含有大量的水生微生物，主要是细菌，它们均具有嗜盐性。近海中常见的细菌有假单胞菌、无色杆菌、黄杆菌、微球菌、芽孢杆菌和噬纤维菌，它们能引起海产动植物的腐败，有的是海产鱼类的病原菌。海水中还存在可引起人类食物中毒的病原菌，如副溶血性弧菌。

矿泉水及深井水中通常含有很少量的微生物。

（四）人及动物体

人体及各种动物，如犬、猫、鼠等的皮肤、毛发、口腔、消化道、呼吸道均带有大量的微生物，如未经清洗的动物被毛、皮肤等微生物数量可达10^5～10^6个/cm^2。当人或动物感染了病原微生物后，体内会存在有不同数量的病原微生物，其中有些菌种是人畜共患病原微生物，如沙门菌、结核杆菌、布氏杆菌，这些微生物可以通过直接接触或通过呼吸道和消化道向体外排出而污染食品。蚊、蝇及蟑螂等各种昆虫也都携带有大量的微生物，其中可能有多种病原微生物，它们接触食品同样会造成污染。

（五）加工机械及设备

各种加工机械及设备本身没有微生物所需的营养物质，但在食品加工过程中，由于食品的汁液或颗粒粘附于内外表面，食品生产结束时机械设备没有得到彻底的灭菌，使原本少量的微生物得以在其上大量生长繁殖，成为微生物的污染源。这种机械及设备在后来的使用中会通过与食品接触而造成食品的微生物污染。

第二节　食品的腐败变质

新鲜的食品在常温20℃左右存放，由于附着在食品表面微生物的作用和食品内所含酶的作用，食品的色、香、味和营养价值降低，如果久放，食品会腐败或变质，甚至完全不能食用。

从广义的角度来说，凡引起食品理化性质发生改变的现象，都被称为食品变质。导致食品变质的因素有物理因素、化学因素，也有生物因素。例如，油脂的氧化酸败，主要是理化因素引起的；有时发现米、面放久了生小虫，使之陈变不可食用，这是生物因素——昆虫为之。在大多数情况下，引起食品变质的主要因素是微生物。

一、食品腐败变质的概念

食品腐败变质是以食品本身的组成和性质为基础，在环境因素的影响下主要由微生物作用所引起，是微生物、环境、食品本身三者互为条件、相互影响、综合作用的结果。其过程实质上是食品中蛋白质、碳水化合物、脂肪等被微生物分解代谢或自身组织酶引起的某些生化过程。

二、引起食品腐败变质的因素

引起食品腐败变质的原因主要有微生物的作用及食品本身的组成和性质。引起食品腐败的微生物有细菌、酵母菌和霉菌等，其中以细菌引起的食品腐败变质最为显著。而食品中存活的细菌只占自然界细菌中的一部分，这部分在食品中是常见的细菌，在食品卫生学上被称为食品细菌。食品细菌包括致病菌、相对致病菌和非致病菌，有些致病菌还是引起食物中毒的原因。它们既是评价食品卫生质量的重要指标，也是食品腐败变质的原因。污染食品后可引起腐败变质、造成食物中毒和引起疾病的常见因素主要有以下几种。

（一）引起食品腐败变质的微生物

1. 需氧芽孢菌

在自然界中分布极广，主要存在于土壤、水和空气中，食品原料经常被这类细菌污染。大部分需氧芽孢菌，生长适宜温度在28～40℃，有些能在55℃甚至更高的温度中生长，其中有些细菌是兼性厌氧菌，在密封保藏的食品中，不会因缺氧而影响生长。这类细菌都有芽孢产生，对热的抵抗力特别强，因此，需氧芽孢菌是食品的主要污染菌。

食品中常见的需氧芽孢菌有枯草芽孢杆菌、蜡样芽孢杆菌、巨大芽孢杆菌、嗜热脂肪芽孢杆菌、地衣芽孢杆菌等。

2. 厌氧芽孢菌

主要存在于土壤中，也有的存在于人和动物的肠道内，多数菌必须在厌氧环境中才能良好生长，只有极少数菌可在有氧条件下生长。厌氧芽孢菌主要是通过被土壤或粪便污染的植物性原料（如蔬菜、谷类、水果等）污染食品。

一般厌氧芽孢菌的污染比较少，但危害比较严重，常导致食品中蛋白质和糖类的分解，造成食品变色、产生异味、产酸、产气、产生毒素。

常见的厌氧芽孢菌有酪酸梭状芽孢杆菌、巴氏固氮梭状芽孢杆菌、魏氏梭菌、肉毒梭菌等。

3. 无芽孢菌

无芽孢菌的种类远比有芽孢菌的种类多，在水、土壤、空气、加工人员、工具中都广泛存在，因此污染食品的机会更多。

食品被无芽孢菌污染很难完全避免，这些细菌包括大肠菌群、肠球菌、假单胞菌、产碱杆菌等。

4. 酵母菌和霉菌

酵母菌和霉菌是食品加工中的重要生产菌种，例如，用啤酒酵母制造啤酒，用绍兴酒酵母制造绍兴米酒，用毛霉、根霉和曲霉的菌种制造酒、醋、味精等。酵母菌、霉菌在自然界广泛存在，可以通过生产的各个环节污染食品。

经常出现的酵母菌有假丝酵母属、圆酵母属、酵母属、隐球酵母属，霉菌有青霉属、芽枝霉属、念珠霉属、毛霉属等。

5. 病原微生物

食品在原料、生产、储藏过程中也可能污染一些病原微生物，如大肠杆菌、沙门菌、葡萄球菌、魏氏梭菌、肉毒梭菌、蜡样芽孢杆菌以及黄曲霉、寄生曲霉、赭曲霉、蜂蜜曲霉等产毒素曲霉菌。

这些微生物的污染，很容易导致食物中毒，在食品检验中，必须对这些致病性微生物引起足够的重视。

（二）食品本身的组成和性质

一般来说食品总是含有丰富的营养成分，各种蛋白质、脂肪、碳水化合物、维生素和无机盐等都有存在，只是比例上不同而已。如在一定的水分和温度下，就十分适宜微生物的生长繁殖。但有些食品是以某些成分为主的，如油脂以脂肪为主，蛋品类以蛋白质为主。不同微生物分解各种营养物质的能力也不同。因此只有当微生物中的酶作用的底物与食品营养成分相一致时，微生物才可以引起食品的腐败变质。当然，微生物在食品中的生长繁殖还受其他因素的影响。

1. pH

食品本身的pH影响微生物在其中的生长和繁殖。一般食品的pH都在7.0以下，有的甚至仅为2.0~3.0。pH在4.5以上者为非酸性食品，主要包括肉类、乳类和蔬菜等。pH在4.5以下者为酸性食品，主要包括水果和乳酸发酵制品等。因此，从微生物生长对pH的要求来看，非酸性食品较适宜于细菌生长，而酸性食品则较适宜于真菌生长。但是食品被微生物分解会引起食品pH的改变，如食品中以糖类为主，细菌分解后往往由于产生有机酸而使pH下降。如以蛋白质为主，则可能产氨而使pH升高。在混合型食品中，由于微生物利用基质成分的顺序性差异，pH会出现先降后升或先升后降的波动情况。

2. 水分

食品本身所具有的水分含量影响微生物的生长繁殖。食品总含有一定的水分，这种水分包括结合态水和游离态水两种。决定微生物是否能在食品上生长繁殖的水分因素是食品中所含的游离态水，也即所含水的活性，或称为水的活度。由于食品中所含物质不同，即使含有同样的水分，但水的活度也可能不一样。因此，各种食品防止微生物生长的含水量标准就很不相同。

3. 渗透压

食品的渗透压同样是影响微生物生长繁殖的一个重要因素。各种微生物对于渗透压的适应性很不相同。大多数微生物都只能在低渗环境中生活，也有少数微生物嗜好在高渗环境中生长繁殖，这些微生物主要包括霉菌、酵母菌和少数种类的细菌。根据它们对高渗透压的适应性不同，可以分为以下几类：①高度嗜盐细菌，最适宜于在含20%～30%食盐的食品中生长，菌落产生色素，如盐杆菌；②中等嗜盐细菌，最适宜在含5%～10%食盐的食品中生长，如腌肉弧菌；③低等嗜盐细菌，最适宜在含2%～5%食盐的食品中生长，如假单胞菌属、弧菌属中的一些菌种；④耐糖细菌，能在高糖食品中生长，如肠膜状明串珠菌。还有能在高渗食品中生长的酵母菌，如蜂蜜酵母、异常汉逊酵母，霉菌有曲霉、青霉、卵孢霉、串孢霉等。

三、食品腐败变质的过程

食品腐败变质的过程，实质上是食品中蛋白质、碳水化合物、脂肪的分解变化过程，其程度因食品种类、微生物种类和数量及环境条件的不同而异。

1. 蛋白质

富含蛋白质的食品（如肉、鱼、蛋和大豆制品等）的腐败变质，主要以蛋白质分解为其腐败变质特征。由微生物引起的蛋白质食品变质，通常称为腐败。蛋白质在动植物组织酶以及微生物分泌的蛋白酶和肽链内切酶等的作用下，首先水解成多肽，进而裂解形成氨基酸。氨基酸通过脱羧基、脱氨基、脱硫等作用进一步分解成相应的氨、胺类、有机酸类和各种碳氢化合物，食品即表现出腐败特征。

蛋白质分解后所产生的胺类是碱性含氮化合物，如伯胺、仲胺及叔胺等具有挥发性和特异的臭味。不同的氨基酸分解产生的腐败胺类和其他物质各不相同，甘氨酸产生甲胺，鸟氨酸产生腐胺，精氨酸产生色胺进而又分解成吲哚，含硫氨基酸分解产生硫化氢、氨和乙硫醇等。这些物质都是蛋白质腐败产生的主要臭味物质。

2. 脂肪

脂肪的变质主要是酸败。食品中油脂酸败的化学反应，主要是油脂的自身氧化过程，其次是加水水解。油脂的自身氧化是一种自由基的氧化反应；而水解则是在微生物或动物组织中解脂酶作用下，使食物中的中性脂肪分解成甘油和脂肪酸等。

脂肪水解指脂肪的加水分解作用，产生游离脂肪酸、甘油及其不完全分解的产物，如甘油一酯、甘油二酯等。脂肪酸可进而断链形成具有不愉快味道的酮类或酮酸；不饱和脂肪酸的不饱和键可形成过氧化物；脂肪酸也可再氧化分解成具有特臭的醛类和醛酸，即所谓的哈喇味。这就是食用油脂和高脂食品发生酸败后感官性状改变的原因。

脂肪自身氧化以及加水分解所产生的复杂分解产物，使食用油脂或食品中脂肪带有若干明显特征：首先是过氧化值上升，这是衡量脂肪酸败最早期的指标；其次是酸度上升，羰基（醛酮）反应阳性。脂肪酸败过程中，由于脂肪酸的分解，其固有的碘价（值）、凝固点（熔点）、密度、折射率、皂化价等也必然发生变化，从而导致脂肪酸败所特有的哈喇味；肉、鱼类食品脂肪的超期氧化变黄，鱼类的“油烧”现象等也常常被作为油脂酸败鉴定较为实用的指标。

食品中脂肪及食用油脂的酸败程度，受脂肪的饱和度、紫外线、氧、水分、天然抗氧化剂以及铜离子、铁离子、镍离子等催化剂的影响。油脂中脂肪酸不饱和度、油料中动植物残渣等，均有促进油脂酸败的作用；而油脂的脂肪酸饱和程度、维生素 C、维生素 E 等天然抗氧化物质及芳香化合物含量高时，则可减慢氧化和酸败。

3. 碳水化合物

食品中的碳水化合物包括纤维素、半纤维素、淀粉、糖原、双糖和单糖等。含这些成分较多的食品主要是粮食、蔬菜、水果、糖类及其制品。在微生物及动植物组织中的各种酶及其他因素作用下，这些食品组成成分被分解成单糖、醇、醛、酮、羧酸、二氧化碳和水等。由微生物引起糖类物质的变质，习惯上称为发酵或酵解。这个过程的主要变化是酸度升高，也可伴有其他产物所特有的气味，因此测定酸度可作为鉴定含大量糖类食品腐败变质的主要指标。

四、食品腐败变质的现象

食品受到微生物的污染后，容易发生变质。其现象主要体现在以下几方面。

1. 色泽

食品无论在加工前还是加工后，本身均呈现一定的色泽，如有微生物繁殖引起食品变质，色泽就会发生改变。有些微生物产生色素，分泌至细胞外，色素不断累积就会造成食品原有色泽的改变，如食品腐败变质时常出现黄色、紫色、褐色、橙色、红色和黑色的片状斑点或全部变色。另外，由于微生物代谢产物的作用，促使食品发生化学变化，也可引起食品色泽的变化。例如，肉及肉制品的绿变就是由硫化氢与血红蛋白结合形成硫化氢血红蛋白所引起的。腊肠由于乳酸菌增殖过程中产生了过氧化氢，使得肉色素褪色或绿变。

2. 气味

食品本身有一定的气味，动植物原料及其制品因微生物的繁殖而产生极轻微变质时，人们的嗅觉就能敏感地察觉到不正常气味。如氨、三甲胺、乙酸、硫化氢、乙硫醇、粪臭素等具有腐败臭味，这些物质在空气中浓度为 10^{-8} ~ 10^{-11} mol/m^3 时，人们的嗅觉就可以察觉到。此外，食品变质时，其他胺类物质、甲酸、乙酸、酮、醛、醇类、酚类、靛基质化合物等也可察觉到。

食品中产生的腐败臭味，常是多种臭味混合而成的。有时也能分辨出比较突出的不良气味，如霉味臭、醋酸臭、胺臭、粪臭、硫化氢臭、哈喇味等。但有时产生的有机酸，水果变坏产生的芳香味，人的嗅觉习惯不认为是臭味。因此评定食品质量不是以香味、臭味来划分，而是按正常气味与异常气味来评定。

3. 口味

微生物造成食品腐败变质时也常引起食品口味的变化。而口味变化中比较容易分辨的是酸味和苦味。一般碳水化合物含量多的低酸食品，变质初期产生酸是其主要的特征。但对于原来酸味就高的食品，如对番茄制品来讲，微生物造成酸败时，酸味稍有增高，辨别起来就不那么容易。另外，某些假单胞菌污染消毒乳后可产生苦味；蛋白质被大肠杆菌、微球菌等微生物污染时也会产生苦味。

当然，口味的评定从卫生角度看是不符合卫生要求的，而且不同人评定的结果往往意见分歧较多，只能做大概的比较，为此，口味的评定应借助仪器来测试，这是食品科学需要解决的一项重要课题。

4. 浑浊和沉淀

浑浊和沉淀主要发生在液体食品（如饮料、啤酒等）中，发生浑浊的原因，除化学因素外，多数是由酵母（多为圆酵母属）产生酒精引起的。一些耐热强的霉菌（如雪白丝衣霉菌、宛氏拟青霉）也是造成食品浑浊的原因。

5. 组织状态

固体食品变质时，动植物性组织因微生物酶的作用，可破坏组织细胞，造成细胞内容物外溢，这样食品的性状即出现变形、软化；鱼肉类食品则呈现肌肉松弛、弹性差，有时组织体表出现发黏等现象；粉碎后加工制成的食品，如糕鱼、乳粉、果酱等变质后常出现黏稠、结块、湿润或发黏现象。

液态食品变质后会出现浑浊、沉淀，表面出现浮膜、变稠等现象，鲜乳因微生物作用发生变质，可出现凝块、乳清析出、变稠等现象，有时还会产气等，这些都是食品腐败变质现象的体现。

6. 生白

酱油、醋等调味品，如果长时间于较高温度（25～37℃）下保存，则表面容易形成厚的白醭，俗称生白。这主要是由于产膜性酵母菌通过尘埃和不清洁容器污染调味品后，大量生长繁殖造成的。此外，泡菜水也会因酵母菌大量繁殖而生白；污染需氧芽孢菌生白的调味品，会产生特殊的酸臭味，严重影响产品质量。

第三节　食品微生物检验概述

一、食品微生物检验的概念及特点

食品微生物检验是应用微生物学的理论与方法，在研究食品中微生物种类、分布、生物学特性及作用机理的基础上，解决食品中有关微生物的污染、毒害、检验方法、卫生标准等问题的一门学科。食品微生物检验是微生物学的一个分支，是近年来形成的一门新的学科。食品微生物检验是食品检验、食品加工以及公共卫生方面的从业人员必须熟悉和掌握的专业知识之一。

不同种类的食品以及食品在不同的生产加工过程与条件下，食品中含有微生物的种类、数量、分布存在较大差异，研究各类食品中存在的微生物种类、分布及其与食品的关系，才能辨别食品中有益的、无害的、致病的、致腐的或者致毒的微生物，以便对食品的卫生做出正确评价，为制定各类食品的微生物学标准提供科学依据。食品在生产、储藏和销售过程中，存在微生物对食品的污染问题。研究微生物造成食品污染的来源与途径，采取合理措施，加强食品卫生监督和管理，防止微生物对食品的污染，能从根本上提高食品的卫生质量。研究食品中的致病性微生物和产毒素微生物，弄清食品中微生物污染来源及其在食品中的消长变化规律，制定控制措施和无害处理方法，研究各类食品中微生物检验指标及方法，实现对食品中微生物的监测控制，是食品微生物检验的重要任务。

食品微生物检验的主要特点如下。

（1）食品微生物检验涉及的微生物范围广，采集样品比较复杂　食品中微生物种类繁多，包括引起食品污染和腐败的微生物、食源性病原微生物以及有益的微生物。

（2）食品微生物检验需要准确性、快速性和可靠性　食品微生物检验是判断食品及食品加工环境的卫生状况，正确分析食品的微生物污染途径，预防食物中毒与食源性感染发生的重要依据，需要检验工作尽快获得结果，对检验方法的准确性和可靠性提出了很高的要求。

（3）食品中待检测细菌数量少，杂菌数量多，对检验工作干扰严重　食品中的致病菌数量很少，却能造成很大危害。进行检验时，有大量的非致病性微生物干扰，两者之间比例悬殊。此外有些致病菌在热加工、冷加工中受了损伤，使目的菌不易检出。上述这些因素给检验工作带来一定困难，影响检验结果。

（4）食品微生物检验受法规约束，具有一定法律性质　世界各国及相关国际组织机构已建立了食品安全管理体系和法规，均规定了食品微生物检验指标和统一的标准检验方法，并以法规的形式颁布，食品微生物检验的试验方法、操作流程和结果报告都必须遵守相关法规、标准的规定。

二、食品微生物检验的范围

食品微生物检验的范围包括以下几个方面。

（1）生产环境的检验　包括生产车间用水、空气、地面、墙壁、操作台等。

（2）原辅料的检验　包括动植物食品原料、添加剂等原辅料。

（3）食品加工过程、储藏、销售等环节的检验　包括从业人员的健康及卫生状况、加工工具、运输车辆、包装材料的检验等。

（4）食品检验　包括对出厂食品、可疑食品及食物中毒食品的检验。

三、食品微生物检验的指标

食品在食用前的各个环节中，被微生物污染往往是不可避免的。食品微生物检验的指标是根据食品卫生的要求，从微生物学的角度，对各种食品提出的具体指标要求。我国卫生部颁布的食品微生物检验指标有菌落总数、大肠菌群和致病菌三大项，具体检验的主要指标如下。

1. 菌落总数

菌落总数是指食品检样经过处理，在一定条件下培养后所得 1g、1mL 或 $1cm^2$（表面积）检样中所含细菌菌落的总数。它可以反应食品的新鲜度、被细菌污染的程度、生产过程中食品是否变质和食品生产的一般卫生状况等，因此，它是判断食品卫生质量的重要依据之一。

2. 大肠菌群

大肠菌群是指一群在 37℃ 培养 24h 能发酵乳糖、产酸、产气的需氧和兼性厌氧革兰阴性无芽孢杆菌。这些细菌是寄居于人及温血动物肠道内的常居菌，它随着大便排出体外。食品中如果大肠菌群数越多，说明食品受粪便污染的程度越大。故以大肠菌群作为粪便污染食品的卫生指标来评价食品的质量，具有广泛的意义。

3. 致病菌

致病菌即能够引起人们发病的细菌。对不同的食品和不同的场合，应该选择一定的参考菌群进行检验。例如，海产品以副溶血性弧菌作为参考菌群，蛋与蛋制品以沙门菌、金黄色葡萄球菌、变形杆菌等作为参考菌群，米、面类食品以蜡样芽孢杆菌、变形杆菌、霉菌等作为参考菌群，罐头食品以耐热性芽孢菌作为参考菌群等。

4. 霉菌及其毒素

我国还没有制定出霉菌的具体指标，鉴于有很多霉菌能够产生毒素，引起疾病，故应该对产毒霉菌进行检验。例如，曲霉属的黄曲霉、寄生曲霉等，青霉属的橘青霉、岛青霉等，镰刀霉属的串珠镰刀霉、禾谷镰刀霉等。

5. 其他指标

微生物指标还应包括病毒，如肝炎病毒、猪瘟病毒、鸡新城疫病毒、马立克病毒、口蹄疫病毒、狂犬病病毒、猪水泡病毒等；另外，从食品检验的角度考虑，寄生虫也被很多学者列为微生物检验的指标，如旋毛虫、囊尾蚴、蛔虫、肺吸虫、弓形体、螨等。

四、食品微生物检验的意义

食品微生物检验的广泛应用和不断改进，是制定和完善有关法律法规的基础和执行的依据，是制定各级预防、监控和预警系统的重要组成部分，是食品微生物污染溯源、控制和降低的重要有效手段，对促进人民身体健康、经济可持续发展和社会稳定都很重要，具有较大的经济和社会意义。

食品微生物检验是衡量食品卫生质量的重要指标之一，是判断被检食品能否食用的科学依据之一。通过食品微生物检测，可以判断食品加工环境及食品卫生环境，能对食品的微生物污染程度做出正确的评价，为各级卫生管理工作提供科学依据，为传染病和食物中毒提供防治措施。食品微生物检测能够有效地防止或减少食物中毒、人畜共患病现象的发生。食品微生物检验技术在提高产品质量、避免经济损失、保证出口等方面具有重要意义。

第四节　食品微生物检验的基本程序

食品微生物检验是一门关于应用微生物学理论与试验方法的科学，是对食品和微生物的存在与否及种类和数量的验证。众所周知，在生物科学中，微生物学是一门实践性最强的学科之一，它有一套自己独特的研究方法。要学习好微生物检验，必须具有医学、微生物学、兽医微生物学、食品微生物学、传染病学、病理学等学科的基础，要了解食物中毒的临床症状和流行病学，熟悉各种致病菌的生物学特性，掌握各种致病菌、霉菌和病毒的检验程序。

一、检验前准备

（1）准备好所需的各种仪器，如冰箱、恒温水浴箱、显微镜等。

（2）各种玻璃仪器，如吸管、平皿、广口瓶、试管等均需刷洗干净，湿法（121℃，20min）或干法（160～170℃，2h）灭菌，冷却后送无菌室备用。

（3）准备好试验所需的各种试剂、药品，做好普通琼脂培养基或其他选择性培养基，根据需要分装试管或灭菌后倾注平板，保存在46℃的水浴中或4℃的冰箱中备用。

（4）无菌室灭菌，如用紫外灯法灭菌，时间不应少于45min，关灯半小时后方可进入工作。如用超净工作台，需提前半小时开机。必要时进行无菌室的空气检验，把琼脂平板暴露在空气中15min，培养后每个平板上不得超过15个菌落。

（5）检验人员的工作衣、帽、鞋、口罩等灭菌后备用。工作人员进入无菌室后，试验没完成前不得随便离开无菌室。

二、样品的采集与处理

在食品的检验中，样品的采集是极为重要的一个步骤。所采集的样品必须具有代表性，这就要求检验人员不但要掌握正确的取样方法，而且要了解食品加工的批号、原料来源、加工方法、保藏条件、运输、销售环节以及销售人员的责任心和卫生知识水平等。样品可分为大样、中样、小样三种。大样指一整批。中样是从样品各部分取的混合样，一般为200g。小样又称为检样，一般以25g为准，用于检验。样品的种类不同，取样的数量及取样的方法也不一样。但是，一切样品的采集必须具有代表性，即所取的样品能够代表食物的所有成分。如果采集的样品没有代表性，即使一系列检验工作非常精密、准确，其结果也毫无价值，甚至会出现错误的结论。

取样及样品处理是任何检验工作中最重要的组成部分，以检验结果的准确性来说，实验室收到的样品是否具有代表性及其状态如何是关键问题。如果取样没有代表性或对样品的处理不当，得出的检验结果可能毫无意义。如果要根据一小份样品的检验结果去说明一大批食品的质量或一起食物中毒事件的性质，那么设计一种科学的取样方案及采取正确的样品制备方法是必不可少的条件。

（一）食品微生物检验的取样方案

采用什么样的取样方案主要取决于检验的目的。例如，用一般食品的卫生学微生物检验去判定一批食品合格与否、查找食物中毒病原微生物、鉴定畜禽产品中是否含有人畜共患病原体等。目的不同，取样方案也不同。

1. 食品卫生学微生物检验的取样

目前国内外使用的取样方案多种多样，如一批产品采若干个样后混合在一起检验，可按百分比抽样、按食品的危害程度不同抽样、按数理统计的方法决定抽样个数等。不管采取何种方案，对抽样代表性的要求是一致的。最好对整批产品的单位包装进行编号，实行随机抽样。下面列举当今世界上较为常见的几种取样方案。

（1）ICMSF的取样方案　ICMSF是国际食品微生物规范委员会的简称，取样方案是按照事先给食品进行的危害程度划分来确定的，该方案将所有食品分成三种危害度，Ⅰ类危害：老人和婴幼儿食品及在食用前可能会增加危害的食品；Ⅱ类危害：立即食用的食品，在食用前危害基本不变；Ⅲ类危害：食用前经加热处理，危害减小的食品。另外，将检验指标对食品卫生的重要程度分成一般、中等和严重三档，根据以上危害度的分类，又将取样方案分成二级法和三级法。

①二级法：设定取样数n，指标值m，超过指标值m的样品数为c，只要$c>0$，就判定整批产品不合格。

②三级法：设定取样数n，指标值m，附加指标值M，介于m与M之间的样品数c，只要有一个样品值超过M或c规定的数就判整批产品不合格。

（2）美国FDA的取样方案　美国食品和药品监督管理局（FDA）的取样方案与ICMSF的取样方案基本一致，所不同的是严重指标所取的15、30、60个样可以分别混合，混合的样品量最大不超过375g。也就是说所取的样品每个为100g，从中取出25g，然后将15个25g混合成一个375g样品，混匀后再取258g作为试样检验，剩余样品妥善保存备用。

（3）世界粮农组织（FAO）规定的食品微生物质量　FAO/WHO 2013 年版《食品安全应急中应用风险分析原则和程序的指南》一书中列举了各种食物的微生物限量标准和取样方案。

2. 食物中毒微生物检验的取样

当怀疑发生食物中毒时，应及时收集可疑中毒源食品、餐具、粪便或血液等进行微生物检验。

3. 人畜共患病原微生物检验的取样

当怀疑某一动物产品可能带有人畜共患病原体时，应结合知识，采集病原体最集中、最易检出的组织或体液送实验室检验。

（二）食品微生物检验取样方法

在食品微生物检验中，所采集的样品必须有代表性。食品中因其加工批号、原料情况（来源、种类、地区、季节等）、加工方法、运输、保藏条件、销售中的各个环节（如有无防蝇、防污染、防蟑螂及防鼠等设备）及销售人员的责任心和卫生认识水平等均可影响食品卫生质量，因此必须考虑周密。

1. 取样数量

每批样品要在容器的不同部位采取，一般定型包装食品采取一袋/瓶（不少于 250g）及散装食品采取 250g。

2. 取样方法

（1）取样必须在无菌操作下进行。

（2）根据样品种类取样。

袋装、瓶装和罐装食品，应采用完整的未开封的样品。如果所采集样品的体积较大，取样时则应采用无菌取样器取样。固体粉末样品，应边取边混合。液体样品通过振摇混匀后取样。冷冻食品应保持冷冻状态（可放在冰内、冰箱的冷盒内或低温冰箱内保存），非冷冻食品需在 1～5℃ 中保存。

3. 生产工序监测取样

（1）车间用水　自来水样从车间各水龙头上采取冷却水；汤料等从车间容器不同部位用 100mL 无菌注射器抽取。

（2）车间台面、用具及加工人员手的卫生监测　用 $5cm^2$ 孔无菌取样板及 5 支无菌棉签擦拭 $25cm^2$ 面积，若所采表面干燥，则用无菌稀释液湿润棉签后擦拭，若表面有水，则用棉签擦拭，擦拭后立即将棉签头用无菌剪刀剪入盛样容器。

（3）车间空气取样　直接沉降法。将 5 个直径 90mm 的普通营养琼脂平板分别置于车间的四角和中部，打开平板盖 5min，然后盖上盖送检。

（4）取样标签　取样前或后应贴上标签，每件样品必须标记清楚，如品名、来源、数量、取样地点、取样人及取样时间等。

（三）食品微生物检验的样品处理

样品处理应在无菌室内进行，若是冷冻样品必须事先在原容器中解冻，2～

5℃不超过18h或45℃不超过15min。

一般固体样品处理方法有以下几种。

1. 捣碎均质方法

将100g或100g以上样品剪碎混匀，从中取25g放入带225mL稀释液的无菌均质杯中，8000～10000r/min均质1～2min，这是对大部分食品样品都适用的办法。

2. 剪碎振摇法

将100g或100g以上样品剪碎混匀，从中取25g进一步剪碎，放入带有225mL稀释液和适量45mm左右玻璃珠的稀释瓶中，盖紧瓶盖，用力快速振摇50次，振幅不小于40cm。

3. 研磨法

将100g或100g以上样品剪碎混匀，取25g放入无菌乳钵充分研磨后再放入带有225mL无菌稀释液的稀释瓶中，盖紧盖后充分摇匀。

4. 整粒振摇法

有完整自然保护膜的颗粒状样品（如蒜瓣、青豆等）可以直接称取25g整粒样品放入带有225mL无菌稀释液和适量玻璃珠的无菌稀释瓶中，盖紧瓶盖，用力快速振摇50次，振幅在40cm以上。冻蒜瓣样品若剪碎或均质，由于大蒜素的杀菌作用，所得结果大大低于实际水平。

5. 胃蠕动均质法

这是国外使用的一种新型均质样品的方法，将一定量的样品和稀释液放入无菌均质袋中，开机均质。具体操作可参考机器的操作说明。

三、样品的送检与检验

（1）采集好的样品应及时送到食品微生物检验室，越快越好，一般不应超过3h，如果路途遥远，可将不需冷冻的样品保持在1～5℃的环境中，勿使冻结，以免细菌遭受破坏；如需保持冷冻状态，则需保存在泡沫塑料隔热箱内（箱内有干冰，可维持在0℃以下），应防止反复冰凉和溶解。

（2）样品送检时，必须认真填写申请单，以供检验人员参考。

（3）检验人员接到送检单后，应立即登记，填写序号，并按检验要求放在冰箱或冰盒中，并积极准备条件进行检验。

（4）食品微生物检验室必须备有专用冰箱存放样品，一般阳性样品发出报告后3d（特殊情况可适当延长）方能处理样品；进口食品的阳性样品，需保存六个月方能处理。每种指标都有一种或几种检验方法，应根据不同的食品、不同的检验目的来选择恰当的检验方法。

本书重点介绍的是通常所用的常规检验方法，主要参考现行国家标准。但除了国家标准外，国内尚有行业标准（如出口食品微生物检验方法）、国外尚有国际标准（如 FAO 标准、WHO 标准等）和每个食品进口的标准（如美国 FDA 标准、日本厚生省标准等）。总之应根据食品的消费去向选择相应的检验方法。

四、结果报告

样品检验完毕后，检验人员应及时填写报告单，签名后送主管人核章，以示生效，并立即交给食品卫生监督人员处理。

思 考 题

1. 简述污染食品的微生物来源及其途径。
2. 什么是内源性污染和外源性污染？
3. 食品中微生物的消长规律及特点是什么？
4. 常见的引起食品腐败变质的细菌有哪些？它们各自的主要生物学特性是什么？
5. 引起食品腐败变质的现象有哪些？
6. 微生物引起食品中蛋白质、脂肪、碳水化合物分解变质的主要过程是什么？
7. 如何控制微生物对食品的污染和由此而引起的腐败变质？
8. 什么是食物中毒？如何预防？
9. 有哪些因素能引起食品变质？其中能引起食品腐败变质的主要因素是什么？
10. 食品中的微生物主要来自哪些方面？
11. 食品质量的评价指标有哪些？并具体解释。
12. 检验食品中的细菌总数具有什么重要意义？
13. 检验食品中的大肠菌群数具有什么重要意义？

第一章　实验室基本知识与基本技能

第一节　基本知识

一、实验室规则

（1）实验室应制定仪器配备管理、使用制度，药品管理、使用制度，玻璃器皿管理、使用制度等，并根据安全制度和环境条件的要求，实验室工作人员应严格掌握，认真执行。

（2）进入实验室必须穿工作服，进入无菌室要换无菌衣、帽、鞋，戴好口罩，非实验室人员不得进入实验室，严格执行安全操作规程。

（3）学生在实验前应认真预习，明白试验要求、试验原理、操作步骤及注意事项，对将要进行的试验做到心中有数。

（4）学生在试验过程中要保持安静，正确操作，细致观察，认真记录，周密思考。严格遵守实验室规则。

（5）实验室内物品要摆放整齐，药品试剂陈列整齐，放置有序、避光、防潮、通风干燥，瓶签完整，剧毒药品加锁存放、易燃、挥发、腐蚀品种单独储存。

（6）试剂定期检查并有明晰标签，仪器定期检查、保养、检修，严禁在冰箱内存放和加工私人食品。

（7）称取药品试剂应按操作规范进行，用后盖好，必要时可封口或黑纸包裹，不使用过期或变质药品。

（8）各种器材应建立消耗记录，贵重仪器有使用记录，破损遗失应填写报告；药品、器材、菌种不经批准不得擅自外借和转让，更不得私自拿出，应严格执行《菌种保管制度》。

（9）实验室布局要合理，一般实验室应有准备间和无菌室，无菌室应有良好的通风条件，如安装空调设备及过滤设备，无菌室内空气测试应基本达到无菌。

（10）使用仪器时，应严格按操作规程进行，对违反操作规程、因管理不善致使仪器损坏，要追究当事者责任。

（11）禁止在实验室内吸烟、进餐、会客、喧哗，实验室内不得带入私人物品，离开实验室前认真检查水、电、暖气、门窗，对于有毒、有害、易燃、污染、腐蚀的物品和废弃物品应按有关要求执行。

（12）实验结束后，应立即将玻璃器皿洗刷干净，将仪器复原，填写使用登记卡，协助实验室管理人员对实验中产生的有害物质进行妥善处置，并认真打扫实验室。

二、实验室安全及防护知识

（1）不得在实验室内吸烟、进食或喝饮料。

（2）进入实验室工作时，衣、帽、鞋必须穿戴整齐。

（3）取用强腐蚀性试剂（如浓酸、浓碱）时，不应用手直接取用试剂，需佩戴乳胶手套，切勿溅在衣服和皮肤上，应尽量避免洒落在实验台和地面上。

（4）使用有机溶剂（乙醚、乙醇、丙酮、苯等）时，一定要远离火源和热源。用后应将瓶塞盖紧，放在阴凉处保存。

（5）在进行高压、干烤、消毒等工作时，工作人员不得擅自离开现场，认真观察温度、时间，蒸馏易挥发、易燃液体时，不准直接加热，应置水浴锅上进行，实验过程中如产生毒气，应在避毒柜内操作。

（6）严禁用口直接吸取药品和菌液，按无菌操作进行，如发生菌液、病原体溅出容器外时，应立即用有效消毒剂进行彻底消毒，安全处理后方可离开现场。

（7）工作完毕，两手用清水、肥皂洗净，必要时可用新洁尔灭、过氧乙酸泡手，然后用水冲洗，工作服应经常清洗，保持整洁，必要时高压消毒。

（8）实验完毕，及时清理现场和实验用具，对染菌带毒物品应立即进行消毒灭菌处理。

（9）最后离开实验室的人员，尤其在节假日前后，应认真检查水、气、电和正在使用的仪器设备，关好门窗，方可离去。

（10）意外事故的急救处理。如发生化学灼伤应立即用大量水冲洗皮肤，同时脱去污染的衣服；眼睛受化学灼伤或异物入眼，应立即将眼睁开，用大量水长时间冲洗；若烫伤，立即用冷水冲洗或浸泡伤处，以降低表面温度，减轻伤害。不要把烫起的水泡挑破，防止感染，轻者冲洗后抹上烫伤膏，重者应立即送至医院治疗。

发生事故时要保持冷静，采取应急措施，防止事故扩大，如切断电源、气源等，并立即报告老师。

三、实验记录与实验报告

1. 实验记录

（1）实验记录是科学实验工作的原始资料，应如实反映实验情况。所有的原始数据都应一边实验操作一边准确地记录，应直接写在实验记录本上，严禁用零散纸片记录。不要等到实验结束后才补记，更不能将原始数据随意记录，通常应按一定的格式进行。记录应做到条理分明、文字简练、字迹清楚，不得涂改、擦抹。写错之处可以划去重写。从实验课开始就应养成实事求是、认真写好实验记录的良好习惯。

（2）实验课前应认真预习，将实验名称、原理、操作方法和步骤等简明扼要地写在记录本上。实验中观察要仔细，记录应如实、客观、详细、准确。

（3）实验报告一般应包括以下内容：姓名、实验项目、日期、实验目的、简要原理、主要实验步骤、操作关键及注意事项、实验数据原始记录、结果处理与分析及实验总结。

（4）记录的形式可根据实验内容和要求，在预习时事先设计好表格或流程图，实验中边观察边填写，应做到条理分明、整洁清楚，便于整理总结。

（5）实验中如发生错误或对实验结果有怀疑，应如实说明，必要时应重做，不应将不可靠的结果当作正确结果，应培养一丝不苟和严谨的科学作风。

2. 实验报告

实验结束后，应根据实验结果和记录，及时整理总结，写出实验报告。下面列举的实验报告格式可供参考。

（1）实验（编号）名称。

（2）目的和要求。

（3）原理。

（4）操作方法。

（5）实验结果。

（6）讨论。

目的要求、原理、操作等项目可简单扼要叙述，但实验条件、操作关键应根据实际情况书写清楚。实验结果应根据实验要求，将数据整理归纳、分析对比、计算，并尽量总结成图表，如标准曲线图、实验组和对照组结果比较表等。针对结果进行必要的说明、分析并得出结论。讨论部分可以包括对实验方法、结果、现象、误差等进行探讨、评论和分析，对实验设计的认识、体会和建议，对实验课的改进意见等。

第二节　基本技能

一、实验用水质量要求与制备

1. 质量要求

实验室用水按照国家标准可以分为三类：一级水、二级水和三级水，用于制备微生物实验室用水的原水应为普通自来水或适当纯度的水。一级水用于有严格要求的实验，如高效液相色谱分析用水。可由二级水经过石英设备蒸馏或离子交换混合床处理后，再经0.2um微孔滤膜过滤来制取；二级水用于无机微量分析等实验，如原子吸收光谱分析用水。可由多次蒸馏或离子交换等方法制取；三级水用于一般实验。可由蒸馏或离子交换等方法制取。微生物实验过程因要灭菌，因此用普通蒸馏水即三级水即可。

2. 制备

（1）蒸馏水　将自来水在蒸馏装置中加热汽化，然后将水蒸气冷凝即可得到蒸馏水。由于杂质离子一般不挥发，因此蒸馏水中所含杂质比自来水少得多，比较纯净，可达到三级水的指标。

（2）重蒸水（二次蒸馏水）　为获得较纯净的蒸馏水，可以进行重蒸馏，并在准备重蒸馏的蒸馏水中加入适当的试剂以抑制某些杂质的挥发。二次蒸馏水通常采用石英亚沸蒸馏器，其特点是在液面上方加热，使液面始终处于亚沸状态，可使水蒸气带出的杂质减至最低。

（3）去离子水　去离子水是使自来水或普通蒸馏水通过离子树脂交换柱后所得到的水。纯度比蒸馏水纯度高，质量可达到二级或一级水指标，但对非电解质及胶体物质无效，同时会有微量的有机物从树脂溶出，因此根据需要可将去离子水进行重蒸馏以得到高纯水。市售离子交换纯水器可用于实验室制备去离子水。

二、实验用玻璃器皿的清洗、使用和校正

玻璃器皿的清洗应根据实验的不同要求、污染物的性质及污染程度来选择适当的清洗方法。

常用的洗涤方法如下。

（1）自来水刷洗　用水和毛刷洗涤除去器皿上的污渍及其他可溶性和不溶性的杂质。

（2）用去污粉、肥皂、洗涤剂洗涤　洗涤时先将器皿用水润湿，再用毛刷蘸少量去污粉或洗涤剂洗刷器皿内外，然后用水边刷洗边用水冲洗，直至洗涤干净。

（3）洗液洗涤　如果玻璃器皿沾有油污、有机物或其他污物，在选用适当的洗液清洗玻璃器皿前，可先用水和毛刷刷洗玻璃器皿，以除去部分污染物，然后，把玻璃器皿内残留的水倒掉，以免水冲稀洗液，降低洗液的洁净能力；接下来用毛刷蘸取洗液（如洗涤剂或洗衣粉配成的洗液）刷洗玻璃器皿，或用洗液浸泡或浸煮玻璃器皿。

如果玻璃器皿只沾染了可溶性污物和浮尘，可采用如下程序洗涤：自来水刷洗→自来水冲洗→纯水润洗。如果玻璃器皿还沾有油污、有机物或其他污物，可采用如下程序洗涤：自来水刷洗→洗液清洗→自来水冲洗→纯水润洗。

三、溶液的浓度与常用溶液的配制

1. 标准溶液的配制和基准物质

标准溶液是指已知准确浓度的溶液，它是滴定分析中进行定量计算的依据之一。不论采用何种滴定方法，都离不开标准溶液。因此，正确地配制标准溶液，

确定其准确浓度，妥善地储存标准溶液，都关系到滴定分析结果的准确性。

（1）标准溶液的配制　配制标准溶液的方法一般有以下两种。

①直接配制法：用分析天平准确地称取一定量的基准物质，用少量溶剂溶解后，定量转入容量瓶中，稀释至标线，定容并摇匀。根据溶质的质量和容量瓶的体积计算该溶液的准确浓度。

②间接配制法（又称标定法）：需要用来配制标准溶液的许多试剂不能完全符合基准物质必备的条件，例如，NaOH 极易吸收空气中的二氧化碳和水分，纯度不高；市售盐酸中 HCl 的准确含量难以确定，且易挥发等。因此这类试剂不能用直接法配制标准溶液，只能用间接法配制，即先配制成接近于所需浓度的溶液，然后用基准物质（或另一种物质的标准溶液）来测定其准确浓度。这种确定其准确浓度的操作称为标定。

标定好的标准溶液应该妥善保存，避免因水分蒸发而使溶液浓度发生变化；有些不够稳定，如见光易分解的 $AgNO_3$ 和 $KMnO_4$ 等标准溶液应储存于棕色瓶中，并置于暗处保存；能吸收空气中二氧化碳并对玻璃有腐蚀作用的强碱溶液，最好装在塑料瓶中，并在瓶口处装一碱性石灰管，以吸收空气中的二氧化碳和水。对不稳定的标准溶液，久置后，在使用前还需重新标定其浓度。

（2）基准物质　能用直接法配制标准溶液的或确定标准溶液准确浓度的物质，称为基准物质或基准试剂。作为基准物质必须符合下列要求。

①物质的实际组成与它的化学式完全相符，若含有结晶水（如硼砂 $Na_2B_4O_7 \cdot 10H_2O$），其结晶水的数目也应与化学式完全相符。

②试剂必须具有足够高的纯度，一般要求其纯度在 99.9% 以上，所含的杂质应不影响滴定反应的准确度。

③试剂应该稳定。例如，不易吸收空气中的水分和二氧化碳、不易被空气氧化、加热干燥时不易分解等。

④试剂参加滴定反应时，应按反应式定量进行，没有副反应发生。

⑤试剂最好有较大的摩尔质量，这样可以减少称量误差。常用的基准物质有纯金属和某些纯化合物，如 Cu、Zn、Al、Fe 和 $K_2Cr_2O_7$、Na_2CO_3、MgO、$KBrO_3$ 等，它们的含量一般在 99.9% 以上。

应注意，有些高纯试剂和光谱纯试剂虽然纯度很高，但只能说明其中杂质含量很低。由于可能含有组成不定的水分和气体杂质，使其组成与化学式不一定准确，致使主要成分的含量可能达不到 99.9%，这时就不能用作基准物质。

在常量组分的测定中，标准溶液的浓度大致范围为 0.01 ~ 1mol/L，通常根据待测组分含量的高低来选择标准溶液浓度的大小。

为了提高标定的准确度，标定时应注意以下几点。

（1）标定应平行测定 3 ~ 4 次，至少重复三次，并要求测定结果的相对偏差不大于 0.2%。

（2）为了减少测量误差，称取基准物质的量不应太少，最少应称取0.2g以上；同样滴定到终点时消耗标准溶液的体积也不能太小，最好在20mL以上。

（3）配制和标定溶液时使用的量器，如滴定管、容量瓶和移液管等，在必要时应校正其体积，并考虑温度的影响。

（4）标定好的标准溶液应该妥善保存，避免因水分蒸发而使溶液浓度发生变化；有些不够稳定，如见光易分解的$AgNO_3$和$KMnO_4$等标准溶液应储存于棕色瓶中，并置于暗处保存；能吸收空气中二氧化碳并对玻璃有腐蚀作用的强碱溶液，最好装在塑料瓶中，并在瓶口处装一碱石灰管，以吸收空气中的二氧化碳和水。对不稳定的标准溶液，久置后，在使用前还需重新标定其浓度。

2. 标准溶液浓度表示方法

（1）物质的量浓度（c，简称浓度）　物质的量浓度是指单位体积溶液中含溶质的物质的量，以符号c表示。即：

$$c = n/V$$

式中　n——溶液中溶质的物质的量，mol或mmol

V——溶液的体积，L或mL

因物质的量的数值取决于基本单元的选择，因此，表示物质的量浓度时，必须指明基本单元。例如，1L溶液中含0.1mol H_2SO_4，以H_2SO_4为基本单元时其浓度表示为$cH_2SO_4 = 0.1mol/L$，或者记为$c(H_2SO_4) = 0.1mol/L$；以1/2 H_2SO_4作为基本单元时，其物质的量的浓度表示为$c(1/2\ H_2SO_4) = 0.2mol/L$。

（2）滴定度（T）　在生产实践中，为了简化计算，常用滴定度表示标准溶液的浓度。滴定度是指每毫升标准溶液相当于被测物质的质量（单位为g/mL或mg/mL），以符号$T_{A/B}$表示。其中A为被测物质，B为滴定剂。例如，1.00mL $K_2Cr_2O_7$标准溶液恰好能与0.005682g Fe完全反应，则此$K_2Cr_2O_7$溶液对Fe的滴定度$T_{Fe/K_2Cr_2O_7} = 0.005682g/mL$。

滴定度的另外一种表达方式是指单位体积溶液中所含溶质的质量，即每升（或每毫升）溶液中所含溶质的质量（g、mg或μg），常有下列几种单位：g/L、mg/L、ug/L、g/mL、mg/mL、μg/mL。

四、试剂配制、灭菌与保存

化学试剂有不同的品级规格，如果在实验中选用了低品级的试剂，一般而言会引入一个恒定的系统误差，有时会导致误差太大甚至实验失败。但盲目地选择高品级试剂，则导致不必要的浪费。微生物检测实验中，目的不同对化学试剂的质量要求也不同，检验工作者应熟悉化学试剂的品级规格及其用途，以便根据不同的使用目的正确选用。

（一）试剂规格与选用原则

我国参照进口化学试剂的质量标准，对通用试剂制定四种常用规格。即一级

GR（guarantee reagent）保证试剂；二级 AR（analytical reagent）分析纯试剂；三级 CP（chemical pure reagent）化学纯试剂；四级 LR（laboratory reagent）实验试剂。化学试剂的品级、纯度和用途如下。

一级试剂：优级纯（GR，绿色标签），主成分含量很高、纯度很高，适用于精确分析和研究工作，有的可作为基准物质。

二级试剂：分析纯（AR，红色标签），主成分含量很高、纯度较高，干扰杂质很低，适用于工业分析及化学实验。

三级试剂：化学纯（CP，蓝色标签），主成分含量高、纯度一般，存在干扰杂质，适用于化学实验和合成制备。

四级试剂：实验试剂（LR，黄色标签），纯度较低，用于一般定性实验。

样品测定时，必须选用品级、纯度较高的试剂，作标准物的试剂须选用品级高的试剂；一般的定性检验可选用实验试剂。一般来说，试剂纯度越高，试剂引起的误差就越小。但也不要过分强求这一点，否则会造成经济上浪费。总之，应把试剂的选用标准和要求同方法的精密度和灵敏度结合起来加以考虑。

（二）常规试剂配制与保存

试剂配制在检验工作中是非常重要的工作之一，一切检验结果的准确性，必须有试剂的质量保证。因此，对实验室工作中的试剂配制与管理，应有一定的要求和使用原则。

1. 称量

试剂的称量是决定所配试剂浓度准确与否的关键一环，称量必须准确。一般固体试剂称取，应用称量瓶、玻璃纸等称取，以便冲洗。一般不用纸称试剂，尤其是粗糙的纸。对易潮解、易挥发的试剂称量应迅速。标准物须用万分之一天平称取。部分化学试剂在存放过程中会吸收空气中的水分，称重前要按照要求进行恒重处理。

2. 配制

试剂配制中的溶剂一般为蒸馏水，特殊试剂或非水溶剂的试剂应注明清楚。蒸馏水的水质必须符合规定。在生物检测实验中常用去离子水和双蒸水配制试剂，常规试剂配制过程可采用搅拌或加热助溶，但对于一些活性物质如酶、培养基一定不能加热。

3. 试剂的保管

试剂配好后要在试剂瓶上写明名称、浓度、配制时间，必要时可注明用途、用量。为保证试剂质量，延长试剂有效期限，科学存放试剂至关重要。分类按顺序存放，储于干燥冷暗处。严密封盖，必要时加蜡封口。需冷藏保存的试剂并非温度越低越好，应根据瓶签上标示的储存温度分别置于冰箱、冰盒或低温冰箱中。

一般而言，对于免疫检测实验所用的试剂往往还有以下要求。

（1）实验中常用到的缓冲液，常配制成高浓度的母液低温储存，临用时稀释成使用浓度。

（2）实验中用到的酶、抗体，也常在临用时稀释成使用浓度，一定要低温保存，必要时要冷冻保存，为避免反复冻融，还往往分装成小管储存。

（3）对于显色剂，要现用现配。

（4）阳性血清、阴性血清用真空包装机抽真空后充入氮气保存效果较好。

（5）酶标二抗在酶标抗体保存液中保存。

（三）灭菌与保存

常用的灭菌方法包括物理方法和化学方法。物理方法是通过高温、辐射、超声波、渗透压、过滤或干燥等因素抑制或杀死微生物，化学方法主要是利用化学药品来杀死或抑制微生物的生长繁殖。这里主要介绍几种常用的物理灭菌法。

1. 高压蒸汽灭菌法

高压蒸汽灭菌法是使用最普遍、灭菌效果最好的一种灭菌方法，属于湿热灭菌法的一种。其原理是将物品放在一个密闭的加压灭菌锅内，通过加热产生水蒸气，待蒸汽急剧将锅内的冷空气从排气阀中排尽，关闭排气阀，继续加热，此时由于蒸汽不能逸出，从而使灭菌锅内压力上升，提高水蒸气的温度，从而导致菌体蛋白质凝固变性而达到灭菌效果。

2. 干热灭菌法

干热灭菌法是在无水状态下进行的，利用高温使菌体细胞脱水、蛋白质变性而达到灭菌目的。与湿热灭菌法相比，干热灭菌法所需温度更高，时间更长。干热灭菌法在可保持恒温的电烘箱中进行，它适用于各种耐热的玻璃器皿、金属器具及其他耐热物品的灭菌。

五、实验室常用仪器的使用与维护

实验过程中常用到大量的设备，在使用前一定要先阅读操作说明，使用过程中要严格按照操作规程进行，要爱护设备，使用完毕后要进行清理维护，关闭电源开关。常见设备的使用与维护如下。

1. 培养箱的使用

微生物实验室常用的培养箱有生化培养箱和电热恒温培养箱。生化培养箱既装有加热系统，又装有制冷系统，箱内温度的调整范围可以在0～55℃。电热恒温培养箱只有加热系统，当培养温度低于室温时则不能使用。其使用技术如下。

（1）先检查电源电压，与恒温培养箱所需电压一致时可直接插上电源，如不一致，应使用变压器变压。

（2）打开电源开关，将温度调节器调至所需的培养温度，初次使用时应检查温度调节器是否准确，方法是将温度调节器调至所需的温度后关好箱门，待指示灯显示恒温时观察箱上的温度计，看箱内温度是否与温度调节器所指示的温度一致，如不一致，应重新调整温度调节器。

（3）将培养物放入箱内，关好箱门。注意放入培养箱中的物品不宜过热或过冷，以免箱内温度急剧变化，否则既影响培养箱的使用寿命，又影响培养物的生长；箱内的物品不宜过多，以免空气流通不畅导致箱内温度不均；箱内近加热器处温度较高，培养物不宜近放，否则影响培养物的生长；取培养物时要注意随手关门，以保持箱内的恒温状态。

（4）培养箱内应放一个水容器，以便在培养时保持箱内的湿度。

（5）经常观察箱上的温度计，看箱内温度是否与培养温度相符，至设定培养时间后，取出培养物观察。

（6）箱内外要经常保持清洁，箱内要经常用3%的来苏儿消毒，消毒后要注意用干净布擦干。

2. 普通冰箱

微生物实验室中的冰箱主要用于菌种、抗原和抗体等生物制品、培养基一级检验材料等物品的储藏。使用时应注意以下几点。

（1）先检查电源电压，再接上电源。

（2）冰箱应放在通风阴凉的房间内，注意离墙壁要有一定的距离，以利于散热。

（3）将温度调节器调至所需的温度，一般冷藏室的温度应为4℃，冷冻室的温度为0℃以下。

（4）打开冰箱取放物品时，要尽量缩短时间。过热的物品不得直接放入冰箱内，以免热量过多进入箱内，增加耗电量和冰箱的负荷。

（5）定期检查冰箱内的温度和保存物品的状态，发现异常应及时处理。

（6）冰箱内应保持清洁，如有霉菌生长，应先把电路关闭，将冰融化后进行内部清理，然后用福尔马林气体熏蒸消毒。

3. 低温冰箱

其使用方法基本同普通冰箱，调节箱内温度时应将两个白色指针分别调至所需温度的上限和下限，箱内温度达到下限时，冰箱自动停止工作，而当箱内温度达到上限时，冰箱自动开始工作。

4. 净化工作台

净化工作台是微生物实验室常用的无菌操作设备，其操作区内装有紫外灯及日光灯各1支，工作台工作时，台内空气经过过滤，由风机压入静压箱内，再经高效空气过滤器过滤，洁净的气流在一定断面以均匀的风速通过操作区，将尘埃颗粒带走，从而形成高洁净的工作环境。其使用技术如下。

（1）使用工作台时，应提前30min开启紫外灯杀菌，工作时关闭紫外灯，开启日光灯，启动风机。

（2）操作区内不要放置不必要的物品，以减少对操作区清洁气流流动的干扰。

（3）进行操作时，要尽量避免做干扰气流流动的动作。

（4）操作区内的温度不得高于60℃。

（5）新安装的或长期不使用的工作台，使用前必须对工作台和周围环境进行认真的清洁工作，用药物灭菌法或紫外线灭菌法进行灭菌处理。

（6）当大风机不能使操作区内的风速达到0.32m/s时，必须更换高效过滤器。一般每两个月要测量1次风速。

（7）每周要对周围环境进行1次灭菌。经常保持紫外灯洁净（可用纱布蘸乙醇或丙酮等有机溶剂擦拭）。

（8）根据环境的洁净程度，可定期（2～3个月）将粗滤布拆下清洗或更换。

5. 高压蒸汽灭菌器

高压蒸汽灭菌器是根据沸点与压力呈正比例设计的。其为双层金属筒结构，外筒较厚，能承受较高的压力，内筒为较薄的铝锅，供放置灭菌的物品用，外筒下部装有电热管，可为灭菌器提供热源。高压蒸汽灭菌器适用于一切耐高温和潮湿物品的灭菌，如玻璃器皿、金属器械、培养基、纱布和工作服等。其使用技术如下。

（1）使用前应先检查各部件是否正常，尤其是压力表和安全阀是否灵敏、可靠。

（2）往灭菌器内加适量的水，要求水量必须没过电热管，否则通电加热时会烧坏电热管。

（3）将要灭菌的物品放在内筒内，要摆放平稳，有内容物的试管等容器要直立摆放以免内容物洒出。

（4）盖上灭菌器的盖子，按对角方向拧紧螺栓，关闭排气阀。

（5）接通电源加热，当压力上升至0.05MPa时，徐徐打开排气阀，排出筒内的冷空气，直至排出的气体均为水蒸气为止。

（6）关闭排气阀，继续加热，当压力升至所需要的压力（通常为0.105MPa）或温度达到所需温度（通常为121.3℃）后开始计时，维持所需时间（通常为15～30min）即可。

（7）关闭电源，自然冷却，压力接近零时，直接慢慢打开排气阀放气，压力降至零后，打开盖子取出物品。

6. 离心机

离心机是微生物实验室离心分离技术必需的实验仪器，常用于沉淀细菌、分离血清和其他相对密度不同的材料。其使用技术如下。

（1）离心机必须放在平稳牢固的平面上，必须保持水平。

（2）离心管转入液体后，管内液体的平面与离心管口的距离应在1cm以上。

（3）将装有材料的离心管两两成对装入转子的套管中，相对管的质量应相等（要求在天平上校正），若材料仅一管，对应管可用等质量的水来平衡。

（4）离心管放好后，盖上盖子开启电源开关，先用低速启动，慢慢转动速度调节钮，逐渐调节至要求的转速，切不可突开、突停。

（5）离心达到要求的时间后，将速度调节器的指针慢慢转回至零点，然后关闭电源开关，待其自然停止转动后，打开盖子，取出离心管。

（6）使用过程中，若有离心机振动、出现杂音等现象，则表示离心管质量不平衡；若发出金属音，往往是离心管破裂造成的，均应立即停止工作，进行检查。离心机内外要保持清洁，转轴应经常保持润滑。

7. 振荡器

（1）将振幅调节旋钮调到最低（逆时针方向旋到底），接上电源，打开电源开关，电源指示灯亮，顺时针方向旋转振幅调节旋钮，以检查其工作状态。确认正常后，关闭电源开关。

（2）将待振荡物固定于振荡器上，打开电源开关，顺时针方向旋转振幅调节旋钮至适宜的振幅，振荡 5min 左右，逆时针方向旋转振幅调节旋钮至最低，关闭电源开关，取下振荡物。

第三节　实验设计与数据处理

实验结束后需要对取得的数据进行及时的处理，同时实验前必须进行适当的实验设计，一方面减少实验工作量，另一方面减少数据处理工作量，以最小的实验工作量，得到最可靠的信息，这些都要求用“实验设计与数据处理”的方法和手段来实现。因此，结合实验教学环节，掌握实验设计与数据处理的基本原理和方法，制定合理的实验方案，正确处理相关实验数据、解决实际或科研中的问题，可以达到事半功倍的效果。

一、设计原则与方法

（一）实验设计的基本原则

（1）对照原则　空白对照、标准对照、实验对照。

（2）重复原则　即研究对象要有一定的数量，或者说样本含量应足够。

（3）随机化原则　即应保证每个实验对象都有同等机会进入实验或接受某种处理。

（4）均衡原则　即各处理组非实验因素条件基本一致，以消除其影响。

（二）常用的实验设计方法

常见的实验设计方法主要有：完全随机设计、配对（伍）设计、正交实验设计、拉丁方设计等。这里主要介绍几种常用于生物检测的实验设计。

1. 完全随机设计

将实验对象随机分配至两个或多个处理组去进行实验观察，又称单因素设计、成组设计。这种方法是把实验对象随机分配给处理（自变量）的各水平，每个实验对象只接受一个水平的处理。其特点是一个自变量有两个或两个以上水平（$P\geqslant2$），其变异的控制是随机化方式。优点是操作简单、应用广泛；缺点是效率低，只能分析单因素效应。

2. 配对（伍）设计

将受试对象配成对或配伍，以消除非实验因素的影响。配对设计又称随机区组设计。配对有自身配对和不同个体配对，配伍实际上是配对的推广。优点是所需样本数和效率均高于成组设计，而且很好地控制了混杂因素的作用，但配对条件不宜满足。

该方法是先将受试对象在无关变量上进行匹配，然后将它们随机分配给不同的实验处理。其特点是分离无关变量，一个自变量有两个或两个以上水平（$P\geqslant2$），一个无关变量也有两个或多个水平（$n\geqslant2$），且自变量与无关变量之间没有交互作用。假设各处理水平总体平均数无差异，则各区组总体平均数也无差异。

3. 正交实验设计

正交实验设计是研究多因素多水平的一种设计方法，它是根据正交性从全面实验中挑选出部分有代表性的点进行实验，这些有代表性的点具备了“均匀分散，齐整可比”的特点，正交实验设计是一种高效率、快速、经济的实验设计法。

以往需要自己进行表的设计，目前可从网络直接下载正交实验设计软件，在使用此软件前只要做好以下准备。

（1）确定各因素的水平数　根据研究目的，一般二水平（有、无）可作因素筛选用；也可适用于实验次数少、分批进行的研究。三水平可观察变化趋势，选择最佳搭配；多水平能一次满足实验要求。

（2）选定正交表　日本著名的统计学家田口玄一将正交实验选择的水平组合列成表格，称为正交表，用 L_n（t^c）表示，L 为正交表的代号，n 为实验的次数，t 为水平数，c 为因素个数。如 L_9（3^4），它表示需做 9 次实验，最多可观察 4 个因素，每个因素均为 3 水平。

4. 其他实验设计方法

（1）交叉设计　交叉设计在配对设计基础上再加入时间因素，可分析在不同阶段的效应。

（2）拉丁方设计　当分析的因素有三个，而且处理或控制的水平数相等时，可以考虑用拉丁方设计。拉丁方设计的特点：实验中使用较少的受试对象，但各组间有较高的均衡性，因此统计效率较高。

二、数据处理与分析

对实验过程中所观测的数据进行科学的分析和处理，获得研究对象的变化规律，达到不同实验的目的，是进行实验研究的最终目的。实验结果处理不当会对前面所有实验过程造成全面的否定。

（一）数据记录

1. 有效数字

实验仪器所标出的刻度精确程度总是有限的。如 50mL 量筒，最小刻度为 1mL，在两刻度间可再估计一位，所以，实际测量能读到 0.1mL，如 34.5mL 等。若为 50mL 滴定管，最小刻度为 0.1mL，再估计一位，可读至 0.01mL，如 16.78mL 等。总之，在 34.5mL 与 16.78mL 这两个数字中，最后一位是估计出来的，是不准确的。通常把只保留最后一位不准确数字，而其余数字均为准确数字的这种数字称为有效数字。也就是说，有效数字是实际上能测出的数字。

有效数字不仅表示量的大小，而且反映了所用仪器的准确程度。例如，“取 6.5g NaCl”，这不仅说明 NaCl 质量 6.5g，而且表明用精确度为 0.1g 的台秤称就可以了，若是“取 6.5000gNaCl”，则表明一定要在分析天平上称取。所以，记录测量数据时，不能随便乱写，不然就会夸大或缩小了准确度。

2. 平均值

常用平均值有算术平均值、均方根平均值和几何平均值等。其中最常用的是算术平均值。

（二）数据分析

实验获得数据后，先对资料进行整理和基本分析。常用的主要有显著性检验、相关与回归分析和聚类分析等数据处理方法。

1. 显著性检验

显著性检验又称假设检验或统计检验，是用于分析实验效果的一种方法。根据数据的类型和资料的特点，可以分为 x^2 检验、t 检验、F 检验几种。

（1）两个均数差异的比较　对连续性和间断性变量资料，当实验结果仅有两组时，对结果的差异存在与否可以采用 t 检验。例如，我们对实验材料施以两种处理，对两种结果要进行比较分析时，可以用 t 检验进行分析。

（2）方差分析及 F 检验又称变量分析　F 检验是对连续性变量多种处理的差异进行分析的方法，当实验结果有多种，多个均数之间进行分析时可以采用这种方法。它的原理是将实验中总变异部分分为由不同变异原因所形成的各种变异，并进行显著性检验与多重比较。

（3）卡方检验又称 x^2 检验或属性的统计分析　对于间断性资料、实验的阴性与阳性结果等属性性状均可以采用卡方检验。根据资料的类型，又分为适合性和独立性两种。

2. 相关与回归分析

相关与回归用于研究和解释两个变量之间的相互关系。实验过程中各变量之间总是相互作用、相互影响的。分析两个变量之间相互关系的密切程度，称为相关，反映两变量间的互依关系。而回归反映两变量间的依存关系，两者都是分析两变量间数量关系的统计方法，其实际的因果关系要靠专业知识判断，不要对实际毫无关联的事物进行回归或相关分析。

变量之间相关程度在相关分析中以相关系数（r 或 R）大小来衡量，相关系数越大则说明两个变量间的相关程度越强，否则表示很弱。相关系数 r 与回归系数 b 的正负号一致，正值说明正比，负值说明反比，而且 b 或 r 与 0 的差异有否显著性可用 t 检验。两个变量之间平行关系的研究就称作相关分析。如果两个变量（x，y）有相关关系，且相关系数的显著性测验有显著性，则可以根据实验数据（x，y）的各值，归纳出由一个变量 x 的值推算另一个变量 y 的估计值的函数关系，找出经验公式，这就是回归分析。如果两变量 x 和 y 之间的关系是线性关系，就称为一元线性回归或称直线拟合。如果两变量之间的关系是非线性关系，则称为一元非线性回归或称曲线拟合。

三、统计软件的使用

上述数据分析各种方法的具体运算过程可参考统计分析相关方面的书籍。事实上，随着计算机的广泛使用，用计算机处理数据已是必然的趋势，且方便快捷。现在比较常用的数据统计分析的软件有 Excel、Matlab、SPSS（statistical program for social sciences）、SAS（Statistical Analysis System）等，这使我们的实验数据处理变得非常方便，可提高检测实验准确度和数据处理效率。因此在今后具体的实验过程中，往往应用这些软件处理结果。

思考题

1. 简述实验室规则。
2. 简述实验室的安全及防护知识。
3. 如何做好实验记录?
4. 如何写好实验报告?
5. 实验用水质量要求有哪些?
6. 如何制备蒸馏水、重蒸水、去离子水?
7. 实验用玻璃器皿的常用洗涤方法有哪几种? 请简述。
8. 实验设计的基本原则有哪些?
9. 简述常用的实验设计方法。
10. 简述实验数据的处理与分析。

第二章　食品微生物检验样品的制备

第一节　食品微生物检验样品的采集与处理

样品的采集与处理直接影响到检验结果，是食品微生物检验工作中非常重要的环节，要确保检验工作的公正、准确，必须掌握适当的技术要求，遵守一定的规则和程序。本章主要介绍食品生产环境如水、空气、土壤等样品的采集与处理，食品生产工具样品的采集与处理，食品微生物检验样品的采集与处理，以及国际上常见的取样方案等。

一、我国食品微生物检验样品的取样

（一）检验前的准备工作

（1）准备好所需的各种仪器，如冰箱、恒温水浴锅等。

（2）各种玻璃仪器均需刷洗干净，湿热法（121℃，20min）或干热法（160～170℃，2h）灭菌，冷却后送无菌室备用。

（3）准备好实验所需的各种试剂、药品、试管斜面、平板等。

（4）无菌室灭菌，必要时进行无菌室的空气检验，把琼脂平板暴露在空气中15min，培养后每个平板上不得超过15个菌落。

（5）检验人员的工作衣、帽、鞋、口罩等灭菌后备用。

（二）食品检验样品采集的原则

1. 所取样品应具有代表性

每批食品应随机抽取一定数量的样品，在生产过程中，在不同时间内各取少量样品予以混合。固体或半固体的食品应从表层、中层、底层、中间和四周等不同部位取样。

2. 取样必须符合无菌操作的要求，防止一切外来污染

一件用具只能用于一个样品，要防止交叉污染。

3. 在保存和运送过程中应保证样品中微生物的状态不发生变化

采集的非冷冻食品一般在0～5℃冷藏，不能冷藏的食品立即检验。一般在36h内进行检验。

4. 取样标签应完整、清楚

当采集样品时，样品采集时的条件如产品的温度、地点等，连同检样样品号等，一并记录入检验员的注释说明中，取样的样品可以由样品号、采集日期、附

加样品号、最初调查人和其他鉴别信息加以区分。

（三）我国食品微生物检验样品的取样

微生物检验的特点是以小份样品的检测结果来说明一大批食品卫生质量，因此，分析样品的代表性至关重要，也即样品的数量、大小和性质将对结果判定产生重大影响。要保证样品的代表性，首先要有一套科学的抽样方案，其次是使用正确的抽样技术，并在样品的保存和运输过程中保持样品的原有状态。

一般来说，进出口贸易合同对食品抽样量是有明确规定的，按合同规定抽样；进出口贸易合同没有具体抽样规定的，可根据检验的目的、产品及被抽样品批的性质和分析方法的性质确定抽样方案。例如，用一般的食品微生物检验去判定一批食品合格与否、查找导致食物中毒的病原微生物、鉴定畜禽产品中是否含有人畜共患病原体等。

我国的食品取样方案见表2－1。

表2－1　我国的食品取样方案

检样种类	取样数量	备　注
粮油	粮：按三层五点取样法进行（表、中、下三层） 油：重点采取表层及底层油	每增加1万t，增加1个混样
肉及肉制品	生肉：取屠宰后两腿侧肌或背最长肌，100g/只 脏器：根据检验目的而定 光禽：每份样品1只 熟肉：酱卤制品、肴肉及灌肠取样应不少于250g 熟肉干制品：肉松、肉松粉、肉干、肉脯、肉糜脯、其他熟食、干制品等，取250g	要在容器的不同部位采取
乳及乳制品	鲜乳：250mL 稀奶油、奶油：250g 干酪：250g 酸乳：250mL 消毒、灭菌乳：250mL 全脂炼乳：250g 乳粉：250g 乳清粉：250g	每批样品按千分之一取样，不足千件者抽250g
蛋品	巴氏消毒全蛋粉、蛋黄粉、蛋白片：每件各取样250g 巴氏消毒冰全蛋、冰蛋黄、冰蛋白：每件各取样250g 皮蛋、糟蛋、咸蛋等：每件各取样250g	一日或一班生产为一批，检验沙门菌按5%抽样，但每批不少于3个检样；测定菌落总数、大肠菌群：每批按听装过程前、中、后流动取样三次，每次取样100g，每批合为一个样品

续表

检样种类	取样数量	备　注
水产品	鱼、大贝壳类：每个为一件（不少于250g） 小虾蟹类 鱼糜制品：鱼丸、虾丸等 即食动物性水产干制品：鱼干、鱿鱼干等 腌醉制生食动物性水产品、即食藻类食品、每件样品均取250g	
罐头	可采用下列方法之一 （1）按杀菌锅抽样 ①低酸性食品罐头杀菌冷却后抽样2罐，3kg以上大罐每锅抽样1罐 ②酸性食品罐头每锅抽1罐，一般一个班的产品组成一个检验批，各锅的样罐组成一个检验组，每批每个品种取样基数不得少于3罐 （2）按生产班（批）次抽样 ①取样数为1/6000，尾数超过2000者增取1罐，每班（批）每个品种不得少于3罐 ②某些产品班产量较大，则以30000罐为基准，其取样数为1/6000；超过30000罐以上的按1/20000；尾数超过4000者增取1罐 ③个别产品量较小，同品种、同规格可合并班次为一批取样，但并班总数不超过5000罐，每个批次样数不得少于3罐	产品如按锅分堆放，在遇到由于杀菌操作不当引起问题时，也可以按锅处理
冷冻饮品	冰棍、雪糕：每批不得少于3件，每件不得少于3支 冰淇淋：原装4杯为1件，散装250g 食用冰块：每件样品取250g	班产量20万只以下，一班为一批；20万只以上者以工作台为一批
饮料	瓶（桶）装饮用纯净水：原装1瓶（不少于250mL） 瓶（桶）装饮用水：原装1瓶（不少于250mL） 茶饮料、碳酸饮料、低温复原果汁、含乳饮料、植物蛋白饮料、果蔬汁饮料：原装1瓶（不少于250mL） 固体饮料：原装1袋或1瓶（不少于250mL） 可可粉固体饮料：原装1袋或1瓶（不少于250mL） 茶叶：灌装取1瓶（不少于250g），散装取250g	
调味品	酱油、醋、酱等：原装1瓶（不少于250mL） 袋装调味料：原装1瓶（不少于250g） 水产调味品：鱼露、耗油、虾酱、蟹酱等原装1瓶（不少于250g或250mL）	

续表

检样种类	取样数量	备　注
非发酵豆制品及面筋、发酵豆制品	非发酵豆制品及面筋：定型包装取1袋（不少于250g） 发酵豆制品：原装1瓶（不少于250g）	
酒类	鲜啤酒、熟啤酒、葡萄酒、果酒、黄酒等：瓶装采取2瓶为1件	

二、常见食品微生物检验样品的采集与处理方法

取样方法对取样方案的有效执行和保证样品的有效性及代表性至关重要。取样必须遵循无菌操作程序，在采集过程中，应防止食品中固有微生物的数量和生长能力发生变化。确定检验批，要注意产品的均质性和来源，以确保检样的代表性。食品常用的取样方法如下：

（1）液体食品　充分混匀，用无菌操作开启包装，用100mL无菌注射器抽取，注入无菌盛样容器。

（2）半固体食品　用无菌操作拆开包装，用无菌勺子从几个部位挖取样品，放入无菌盛样容器。

（3）固体样品　大块整体食品应用无菌刀具和镊子从不同部位割取，割取时应兼顾表面与深部，注意样品的代表性，小块大包装食品应从不同部位的小块上切取样品，放入无菌盛样容器；样品是固体粉末时，应边取样边混合。

（4）冷冻食品　大包装小块冷冻食品按小块个体采取，大块冷冻食品可以用无菌刀从不同部位削取样品或用无菌小手锯从冻块上锯取样品，也可以用无菌钻头钻取碎屑状样品，放入盛样容器。

（5）若需检验食品污染情况，可取表层样品；若需检验其品质情况，应取深部样品。

所有盛样容器必须有和样品一致的标记。标记应牢固，具防水性。取样结束后需尽快将样品送往检验室检验。如不能及时运送，冷冻样品应存放在－20℃冰箱或冷藏库内；冷却和易腐食品存放在0～4℃冰箱或冷却库内；其他食品可放在常温冷暗处。样品存放时间一般不超过36h。

样品采集后，应由专人立即送检并做好样品运送记录，写明运送条件、日期、到达地点及其他需要说明的情况，并由运送人签字。

样品的制备是指对所采集的样品再进行分取、粉碎以及混匀等过程。制备的方法可以根据被检食品的性状和检验要求，采用振摇、搅拌、粉碎、研磨等方法。

下面介绍几类常见食品微生物检验样品的采集与处理方法。

（一）肉与肉制品样品的采集与处理

健康畜禽的肉、血液以及有关脏器组织，一般是无菌的。随着加工过程的顺序进行取样检验，前面工序的肉可检出的菌数少，越到后面的工序和最后的肉，细菌污染越严重，1g 肉可检出亿万个细菌，少者也有几万个细菌。

肉制品大多要经过浓盐或高温处理，肉上的微生物（包括病原微生物），凡不耐浓盐和高温的，都会死亡。但形成的芽孢或孢子却因不受高浓度盐或高温的影响而保存下来，如肉毒杆菌的芽孢体，可以在腊肉、火腿、香肠中存活。

1. 样品的采集和送检

（1）生肉及脏器检样　屠宰场宰后的畜肉，可于开腔后，用无菌刀采取两腿内侧肌肉各 150g（或劈半后采取两侧背最长肌肉各 150g）；冷藏或销售的生肉，可用无菌刀取腿肉或其他部位的肌肉 250g/只（头）。检样采取后放入无菌容器内，立即送检；如条件不许可，最好 3h 内送检。送检时应注意冷藏，不得加入任何防腐剂。检样送往化验室应立即检验或放置冰箱暂存。

（2）禽类（包括家禽和野禽）　采取整只，放入无菌容器内，以下处理要求同生肉。

（3）各类熟肉制品　各类熟肉制品，包括酱卤肉、火腿、熟灌肠、熏烤肉、肉松、肉脯、肉干等，一般采取 250g，熟禽采取整只，均放于无菌容器内，立即送检。

（4）腊肠、香肚等生灌肠　采取整根、整只；小型的可采数根、数只，其总量不得少于 250g。

2. 检样的处理

（1）生肉及脏器检样的处理　将检样先进行表面消毒（在沸水内烫 3 ~ 5s，或灼烧消毒），再用无菌剪子剪取检样深层肌肉 25g，放入无菌乳钵内用灭菌剪子剪碎后，加灭菌海砂或玻璃砂研磨，磨碎后加入灭菌水 225mL，混匀后即为 1∶10稀释液。

（2）鲜家禽检样的处理　将检样先进行表面消毒，用灭菌剪子或刀去皮后，剪取肌肉 25g，以下处理同生肉。带毛野禽去毛后，同家禽检样处理。

（3）各类熟肉制品检样的处理　直接切取或称取 25g，以下处理同生肉。

（4）腊肠、香肠等生灌肠检样处理　先对生灌肠表面进行消毒，用灭菌剪子剪取内容物 25g，以下处理同生肉。

以上均以检验肉禽及其制品内的细菌含量来判断其质量鲜度。若需检验样品受外界环境污染的程度或是否带有某种致病菌，应用棉拭取样法。

3. 棉拭取样法和检样处理

检验肉禽及其制品受污染的程度，一般可用板孔 $5cm^2$ 的金属制规板压在受检物上，将灭菌棉拭稍蘸湿，在板孔 $5cm^2$ 的范围内揩抹多次，然后将板孔规板移压另一点，用另一棉拭揩抹，如此共移压揩抹 10 次，总面积 $50cm^2$，共用 10

支棉拭。每支棉拭在揩抹完毕后应立即剪断或烧断后投入盛有 50mL 灭菌水的三角烧瓶或大试管中，立即送检。检验时先充分振摇三角烧瓶或试管中的液体，作为原液，再按要求做 10 倍递增稀释。

检验致病菌，不必用规板，在可疑部位用棉拭揩抹即可。

（二）乳与乳制品样品的采集与处理

1. 样品的采集和送检

（1）散装或大型包装的乳品　用灭菌刀、勺取样，在移采另一件样品前，刀、勺应先清洗灭菌。取样时要注意取样部位具有代表性。每件样品数量不少于 250g，放入灭菌容器内，及时送检。鲜乳送检时间一般不应超过 4h，在气温较高或路途较远的情况下应进行冷藏，不得使用任何防腐剂。

（2）小型包装的乳品　应采取整件包装，取样时应注意包装的完整。各种小型包装的乳与乳制品，每件样品量为：牛乳 1 瓶或 1 包；消毒乳 1 瓶或 1 包；乳粉 1 瓶或 1 包（大包装者 250g）；奶油 1 块；酸乳 1 瓶或 1 罐；炼乳 1 瓶或 1 罐；奶酪（干酪）1 个。

（3）成批产品　对成批产品进行质量鉴定时，其取样数量每批以千分之一计算，不足千件者抽取 1 件。

2. 检样的处理

（1）鲜乳、酸乳　以无菌操作去掉瓶口的纸罩、纸盖，瓶口经火焰消毒后，以无菌操作吸取 25mL 检样，放入装有 225mL 灭菌生理盐水的三角烧瓶内，振摇均匀（酸乳如有水分析出表层，应先去除）。

（2）炼乳　将瓶或罐先用温水洗净表面，再用点燃的酒精棉球对瓶或罐的上表面进行消毒，然后用灭菌的开罐器打开罐（瓶），以无菌操作称取 25g（mL）检样，放入装有 225mL 灭菌生理盐水的三角瓶内，振摇均匀。

（3）奶油　以无菌操作打开包装，取适量检样置于灭菌三角烧瓶内，在 45℃ 水浴或温箱中加温，溶解后立即将烧瓶取出，用灭菌吸管吸取 25mL 奶油放入另一含 225mL 灭菌生理盐水或灭菌奶油稀释液的烧瓶内（瓶装稀释液应预置于 45°C 水浴中保温，做 10 倍递增稀释时所用的稀释液亦同），振摇均匀，从检样融化到接种完毕，时间不应超过 30min。

（4）乳粉　罐装乳粉的开罐取样同炼乳处理，袋装乳粉应用蘸有 75% 酒精的棉球涂擦消毒袋口，以无菌操作开封取样，称取检样 25g，放入装有适量玻璃珠的灭菌三角烧瓶内，将 225mL 温热的灭菌生理盐水徐徐加入（先用少量生理盐水将乳粉调成糊状，再全部加入以免乳粉结块），振摇使之充分溶解和混匀。

（5）奶酪　先用灭菌刀削去表面部分封蜡，用点燃的酒精棉球消毒表面，然后用灭菌刀切开奶酪，以无菌操作切取表层和深层检样各少许，称取 25g 置于含 225mL 灭菌生理盐水的均质器内打碎。

（三）蛋与蛋制品样品的采集与处理

1. 样品的采集和送检

（1）鲜蛋　用流水冲洗外壳，再用75%酒精棉球涂擦消毒后放入灭菌袋内，加封做好标记后送检。

（2）全蛋粉、巴氏消毒全蛋粉、蛋黄粉、蛋白片　将包装铁箱上开口处用75%酒精棉球消毒，然后将盖开启，用灭菌的金属制双层旋转式套管取样器斜角插入箱底，使套管旋转收取检样，再将取样器提出箱外，用灭菌小匙自上、中、下部采取检样，装入灭菌广口瓶中，每个检样质量不少于100g，标记后送检。

（3）冰全蛋、巴氏消毒冰全蛋、冰蛋黄、冰蛋白　先将铁听开口处用75%酒精棉球消毒，然后将盖开启，用灭菌电钻由顶到底斜角钻入，徐徐钻取检样，然后抽出电钻，从中取出250g检样装入灭菌广口瓶中，标记后送检。

（4）对成批产品进行质量鉴定时的取样数量　全蛋粉、巴氏消毒全蛋粉、蛋黄粉、蛋白片等产品以一日或一班生产量为一批，检验沙门菌时，按每批总量5%抽样（即每100箱中抽检5箱，每箱一个检样），最少不得少于3个检样；测定菌落总数和大肠菌群时，每批按装听过程前、中、后取样3次，每次取样100g，每批合为一个检样。

冰全蛋、巴氏消毒冰全蛋、冰蛋黄、冰蛋白等产品按每500kg取样一件。测定菌落总数和大肠菌群时，在每批装听过程前、中、后取样3次，每次取样100g，合为一个检样。

2. 检样的处理

（1）鲜蛋外壳　用灭菌生理盐水浸湿的棉拭充分擦拭蛋壳，然后将棉拭直接放入培养基内增菌培养，也可将整只鲜蛋放入灭菌小烧杯或平皿中，按检样要求加入定量灭菌生理盐水或液体培养基，用灭菌棉拭将蛋壳表面充分擦洗后，以擦洗液作为检样检验。

（2）鲜蛋蛋液　将鲜蛋在流水下洗净，待干后再用75%酒精棉球消毒蛋壳，然后根据检验要求，开蛋壳取出蛋白、蛋黄或全蛋液，放入带有玻璃珠的灭菌瓶内充分摇匀待检。

（3）全蛋粉、巴氏消毒全蛋粉、蛋白片、冰蛋黄　将检样放入带有玻璃珠的灭菌瓶内，按比例加入灭菌生理盐水充分摇匀待检。

（4）冰全蛋、巴氏消毒冰全蛋、冰蛋白、冰蛋黄　将装有冰蛋检样的瓶子浸泡于流动冷水中，待检样融化后取出，放入带有玻璃珠的灭菌瓶内充分摇匀待检。

（5）各种蛋制品沙门菌增菌培养　以无菌操作称取检样，接种于缓冲蛋白胨水中（此培养基预先置于盛有适量玻璃珠的灭菌瓶内），盖紧瓶盖，充分摇匀，然后放入（36±1）℃恒温箱中培养8～18h。

（6）接种以上各种蛋与蛋制品数量及培养基的数量和浓度　凡用亚硒酸盐胱

氨酸和四硫磺酸钠煌绿进行增菌培养时，各种蛋与蛋制品的检样接种数量都为25g。

（四）水产食品样品的采集与处理

1. 样品的采集和送检

现场采取水产食品样品时，应按检验目的和水产品的种类确定取样量。除个别大型鱼类和海兽只能割取其局部作为样品外，一般都采取完整的个体，待检验时再按要求在一定部位采取检样。以判断质量鲜度为目的时，鱼类和体型较大的贝甲类虽然应以个体为一件样品，单独采取，但若需对一批水产品做质量判断时，应采取多个个体做多件检样以反映整体质量；鱼糜制品（如灌肠、鱼丸等）和熟制品采取250g，放入灭菌容器内。

水产食品含水较多，体内酶的活力旺盛，容易发生变质。取样后应在3h内送检，在送检过程中一般加冰保藏。

2. 检样的处理

（1）鱼类采取检样的部位为背肌　用流水将鱼体体表冲净、去鳞，再用75%酒精的棉球擦净鱼背，待干后用灭菌刀在鱼背部沿脊椎切开5cm，沿垂直于脊椎的方向切开两端，使两块背肌分别向两侧翻开，用无菌剪子剪取25g鱼肉，放入灭菌乳钵内，用灭菌剪子剪碎，加灭菌海砂或玻璃砂研磨（有条件的情况下可用均质器），检样磨碎后加入225mL灭菌生理盐水，混匀成稀释液。

鱼糜制品和熟制品应放在乳体内进一步捣碎后，再加入生理盐水混匀成稀释液。

（2）虾类采取检样的部位为腹节内的肌肉　将虾体在流水下冲净，摘去头胸节，用灭菌剪子剪除腹节与头胸节连接处的肌肉，然后挤出腹节内的肌肉，称取25g放入灭菌乳钵内，以后操作同鱼类检样处理。

（3）蟹类采取检样的部位为胸部肌肉　将蟹体在流水下冲净，剥去壳盖和腹脐，去除鳃条，再置流水下冲净。用75%酒精棉球擦拭前后外壁，置灭菌搪瓷盘上待干。然后用灭菌剪子剪开成左右两片，用双手将一片蟹体的胸部肌肉挤出（用手指从足根一端向剪开的一端挤压），称取25g，置灭菌乳钵内。以下操作同鱼类检样处理。

（4）贝壳类取样部位为贝壳内容物　用流水刷洗贝壳，刷净后放在铺有灭菌毛巾的清洁搪瓷盘或工作台上，取样者将双手洗净，75%酒精棉球涂擦消毒，用灭菌小钝刀从贝壳的张口处缝隙中缓缓切入，撬开壳、盖，再用灭菌镊子取出整个内容物，称取25g置灭菌乳钵内，以下操作同鱼类检样处理。

以上检样处理的方法和检验部位均以检验水产食品肌肉内细菌含量，从而判断其鲜度质量为目的。若检验水产食品是否污染某种致病菌时，检样部位应为胃肠消化道和鳃等呼吸器官；鱼类检取肠管和鳃；虾类检取头胸节内的内脏和腹节外沿处的肠管；蟹类检取胃和鲴条；贝类中的螺类检取腹足肌肉以下的部分；贝类中的双壳类检取覆盖在足节肌肉外层的内脏和瓣鳃等。

（五）清凉饮料样品的采集与处理

1. 样品的采集和送检

（1）瓶装汽水、果味水、果子露、鲜果汁水、酸梅汤、可乐型饮料应采取原瓶、盒装样品；散装者应用无菌操作采取500mL，放入灭菌磨口瓶中。

（2）冰淇淋、冰棍采取原包装样品；散装者用无菌操作采取，放入灭菌磨口瓶中，再放入冷藏或隔热容器中。

（3）食用冰块取冷冻冰块放入灭菌容器内。

所有的样品采取后，应立即送检，最长不得超过3h。

2. 检样的处理

（1）瓶装饮料用点燃的酒精棉球烧灼瓶口灭菌，用石炭酸纱布盖好，塑料瓶口可用75%酒精棉球擦拭灭菌，用灭菌开瓶器将盖启开，含有二氧化碳的饮料可倒入另一灭菌容器内，口勿盖紧，覆盖一层灭菌纱布，轻轻摇荡。待气体全部逸出后进行检验。

（2）冰棍用灭菌镊子除去包装纸，将冰棍部分放入灭菌磨口瓶内，木棒留在瓶外，盖上瓶盖，用力抽出木棒，或用灭菌剪子剪掉木棒，置于45°C水浴30min。融化后立即进行检验。

（3）冰淇淋放在灭菌容器内，待其融化，立即进行检验。

（六）调味品样品的采集与处理

1. 样品的采集和送检

（1）酱油和食醋装瓶样品采取原包装，散装样品可用灭菌吸管采取。

（2）酱类用灭菌勺子采取，放入灭菌磨口瓶内送检。

2. 检样的处理

（1）瓶装调味品用点燃的酒精棉球烧灼瓶口灭菌，用石炭酸纱布盖好，再用灭菌开瓶器启开后进行检验。

（2）酱类用无菌操作称取25g，放入灭菌容器内，加入灭菌蒸馏水225mL，制成混悬液。

（3）食醋用20%～30%灭菌碳酸钠溶液调pH到中性。

（七）冷食菜、豆制品样品的采集与处理

1. 样品的采取和送检

（1）冷食菜　将样品混匀，采取后放入灭菌容器内。

（2）豆制品　采集接触盛器边缘、底部及上面不同部位样品，放入灭菌容器内。

2. 检样的处理

以无菌操作称取25g检样，放入225mL灭菌蒸馏水中，制成混悬液。

（八）糖果、糕点、果脯样品的采集与处理

糕点、果脯等此类食品大多是由糖、牛乳、鸡蛋、水果等为原料而制成的甜食。部分食品有包装纸，污染机会较少，但由于包装纸、盒不清洁，或将没有包装的食品放于不洁的容器内也可造成污染。带馅的糕点往往因加热不彻底，存放时间长或温度高，可使细菌大量繁殖。带有裱花的糕点存放时间长时，细菌可大量繁殖，造成食品变质。

1. 样品的采集和送检

糕点、果脯可用灭菌镊子夹取不同部位样品，放入灭菌容器内；糖果采取原包装样品，采取后立即送检。

2. 样品采集数量

（1）糕点如为原包装，用灭菌镊子夹下包装纸，采取外部及中心部位；如为带馅糕点，取外皮及内馅25g；裱花糕点，采取裱花及糕点部分各一半共25g，加入225mL灭菌生理盐水中，制成混悬液。

（2）果脯采取不同部位称取25g检样，加入灭菌生理盐水225mL，制成混悬液。

（3）糖果用灭菌镊子夹取包装纸，称取数块共25g，加入预温至45℃的灭菌生理盐水225mL中，待融化后检验。

（九）酒类样品的采集与处理

酒类一般不进行微生物学检验，进行检验的主要是酒精度低的发酵酒。因酒精度低，不能抑制细菌生长。污染主要来自原料或加工过程中不注意卫生操作而沾染水、土壤及空气中的细菌，尤其是散装生啤酒，因不加热往往生存大量细菌。

1. 样品的采集和送检

瓶装酒类应采取原包装样品；散装酒类应用灭菌容器采取，放入灭菌磨口瓶中。

2. 检样的处理

（1）瓶装酒类用点燃的酒精棉球烧灼瓶口灭菌，用石炭酸纱布盖好，再用灭菌开瓶器将盖启开，含有二氧化碳的酒类可倒入另一灭菌容器内，口勿盖紧，覆盖一层纱布，轻轻摇荡，待气体全部逸出后，进行检验。

（2）散装酒类可直接吸取，进行检验。

（十）粮食样品的采集与处理

粮食最易被霉菌污染，由于遭受到产毒霉菌的侵染，不但发生霉败变质，造成经济上的巨大损失，而且能够产生各种不同性质的霉菌毒素。因此，加强对粮食中霉菌的检验具有重要意义。

1. 样品的采集

根据粮囤、粮垛的大小和类型，按三层五点法取样，或分层随机采取不同的样品混匀，取500g左右做检验用，每增加1000t，增加一个混样。

2. 样品的处理

为了分离侵染粮粒内部的霉菌，在分离培养前，必须先将附在粮粒表面的霉菌除去。取粮粒10～20g，放入灭菌的150mL三角瓶中，以无菌技术加入无菌水超过粮粒1～2cm，塞好棉塞充分振荡1～2min，将水倒净，再换水振荡，如此反复洗涤10次，最后将水弃去，将粮粒倒在无菌平皿中备用。如为原粮（如玉米、小麦等）须先用75%酒精浸泡1～2min以脱去粮粒表面的蜡质，倾去酒精后再用无菌水洗涤粮粒，备用。

第二节　饮用水的卫生要求及水样的采集与处理

水是一种宝贵的自然资源，无论是工业生产、农业灌溉、交通运输还是日常生活都不能缺少水，水质量的好坏直接影响人类健康和食品质量的高低。

一、饮用水的卫生要求及标准

由于水中具备微生物生长繁殖的基本条件（如营养元素、溶解氧、pH、温度等）而成为微生物栖息的第二大主要场所。自然水域中的微生物主要来自土壤、空气、动植物残体以及分泌排泄物、工业生产废物废水、城市生活污水等。许多土壤中的微生物在水体中也可见到，但由于各水体营养物水平、酸碱度、渗透压、温度等的差异，各水域中所含微生物种类和数量各不相同。

1. 饮用水的卫生要求

为保障人类饮水的卫生、安全，饮用水应满足以下几点要求：①流行病学上安全，没有传染病的危险；②毒理学上可靠，在饮用过程中不会产生毒害作用；③水质成分或化学组成适合人体生理需要，含有必要的营养物质而不会造成损害或不良影响；④感官上良好，没有臭味。

2. 饮用水、水源水卫生标准

饮用水、水源水卫生标准见表2－2。

表2－2　饮用水、水源水卫生标准

用途		大肠菌群/100mL	菌落总数/mL
饮用水		1L水中不超过3个	≤100
水源水	准备加氯消毒后供饮用的水	≤1000	≤100
	准备净化处理及加氯消毒后供饮用的水	≤10000	≤100

二、水样的采集与处理

水中含有大量的细菌，因此进行水的微生物检验，在保证饮水和食品安全及控制传染病上具有十分重要的意义。水样的采集与处理方法如下。

（1）注意无菌操作，防止杂菌混入。盛水容器在采取前须洗刷干净，并进行高温高压灭菌。常用的采水器是不锈钢采水器，其适用于进行微生物（细菌）等指标分析的水样采集以及含酸碱等腐蚀性样品的水样采集；适合于海洋中的海水取样。不锈钢取样器由桶体、带轴的两个半圆上盖和活动底板等组成，取样时液体从采水器中通过，可以在需要的深度提取样品，并且取样准确。常见的采水器规格有500mL、1000mL、2500mL。

（2）取自来水时，需先用清洁布将水龙头擦干，再用酒精灯灼烧水龙头灭菌，然后把水龙头完全打开，放水5～10min后再将水龙头关小，采集水样。经常取水的水龙头放水1～3min后即可采集水样。

（3）采取江、湖、河、水库、蓄水池、游泳池等地面水源的水样时，一般在居民常取水的地点，应先将无菌采水器浸入水下10～15cm处，井水水下50cm深处，然后掀起瓶塞采集水样，流动水区应分别采取靠岸边及水流中心的水。

（4）采取经氯处理的水样（如自来水、游泳池水）时，应在取样前按每500mL水样加入硫代硫酸钠0.03g或1.5%的硫代硫酸钠水溶液2mL，目的是作为脱氯剂除去残余的氯，避免剩余氯对水样中细菌的杀害作用而影响结果的可靠性。

（5）水样采取后，应于2h内送到检验室。若路途较远，应连同水样瓶一并置于6～10℃的冰瓶内运送，运送时间不得超过6h，洁净的水最多不超过12h。水样送到后，应立即进行检验，如条件不许可，则可将水样暂时保存在冰箱中，但不超过4h。

（6）运送水样时应避免玻璃瓶摇动，水样溢出后又回流至瓶中，从而增加污染。

（7）检验时应将水样摇匀。

三、水样的检验

检验室一般只检验水中的菌落总数和大肠菌群最近似数，以此来判定水的卫生质量。至于水中致病菌的检验，方法复杂、时间较长，只有在某种特殊情况下，如流行病学调查时才有必要进行。

（一）水中菌落总数的测定

水中菌落总数的测定见第四章。

（二）水中大肠菌群的测定

在正常情况下，肠道中主要有大肠菌群、粪链球菌和厌氧芽孢杆菌三类。这些细菌都可随人畜排泄物进入水源，由于大肠菌群在肠道内数量最多，在外界环境中生存条件与肠道致病菌相似，所以水源中大肠菌群数的数量，可作为一项重要指标直接反映水源受人畜排泄物污染的程度，因而对饮用水均须进行大肠菌群的检查。

大肠菌群是指在37℃ 24h能发酵乳糖产酸、产气，需氧或兼性厌氧的革兰阴性无芽孢杆菌。水中大肠菌群是指以100mL水检样内允许含有大肠菌群数的实际数值，以大肠菌群最近似数（MPN）表示。

水中大肠菌群的检验方法中，常用的发酵法适用于各种水样的检验，但操作烦琐，需要时间长。滤膜法仅适用于自来水和深井水，操作简便、快速，但不适用于杂质太多、易于阻塞滤孔的水样。

1. 发酵法

（1）生活饮用水或食品生产用水的检验

①初步发酵实验在2个各装有50mL的3倍浓缩乳糖胆盐蛋白胨培养液的大试管或烧瓶中（内有倒置小管），以无菌操作各加水样100mL。在10支装有5mL的三料乳糖胆盐发酵管中（内有倒置小管），以无菌操作各加入水样10mL。如果饮用水的大肠菌群数变异不大，也可接种3份100mL水样。摇匀后，37℃培养24h。

②平板分离经培养24h后，将产酸产气及只产酸的发酵管，分别接种于伊红美兰琼脂或远藤琼脂、MA琼脂等培养基上，37°C培养18～24h。大肠杆菌在伊红美蓝琼脂平板上，菌落呈紫黑色，具有或略带金属光泽；远藤琼脂平板上，菌落呈淡粉红色；MA板上菌落呈玫瑰红色。挑取符合上述特征的菌落进行涂片、革兰染色并镜检。

③复发酵实验将革兰染色阴性无芽孢杆菌菌落的另一部分接种于单料乳糖胆盐发酵管中，为防止遗漏，每管可接种来自同一初发酵管的最典型菌落1～3个，37℃培养24h，有产酸产气者，即证实有大肠菌群存在。

④报告根据证实有大肠菌群存在的复发酵管的阳性管数，查大肠菌群检索表（表2－3、表2－4），报告每升水样中的大肠菌群数。

表2－3　大肠菌群检索表（饮用水）　单位：个

10mL水量的阳性瓶数 \ 每升水样中大肠菌群数 \ 1000mL水量的阳性瓶数	0	1	2
0	<3	4	11
1	4	8	18
2	7	13	27
3	11	18	38
4	14	24	52
5	18	30	70
6	22	36	92
7	27	43	120
8	31	51	161
9	36	60	230
10	40	69	>230

注：接种水样总量300mL（100mL 2份，10mL 10份）。

表 2-4　大肠菌群数变异不大的饮用水

阳性管数	0	1	2	3
1L 水样中大肠菌群数	<3	4	11	>18

注：接种水样总量 300mL（100mL，3 份）。

（2）水源水的检验用于培养的水量，应根据预计水源水的污染程度选用下列各量。

严重污染水：1mL、0.1mL、0.01mL、0.001mL 各 1 份。

中度污染水：10mL、1mL、0.1mL、0.01mL 各 1 份。

轻度污染水：100mL、10mL、1mL、0.1mL 各 1 份。

大肠菌群变异不大的水源水：10mL 10 份。

操作步骤同生活饮用水或食品生产用水的检验，同时应注意，接种量 1mL 及 1mL 以内用单料乳糖胆盐发酵管，接种量在 1mL 以上者，应保证接种后发酵管（瓶）中单料培养液。然后根据证实有大肠菌群存在的阳性管（瓶）数，查表 2-5 至表 2-8，并报告每升水中的大肠菌群数。

2. 滤膜法

滤膜法所使用的滤膜为微孔滤膜。将水样注入已灭菌的放有滤膜的滤器中进行抽滤，细菌可均匀地被截留在滤膜上，然后将滤膜贴于大肠杆菌选择性培养基上进行培养。再鉴定滤膜上生长的大肠菌群菌落，计算出每升水样中含有的大肠菌群数。

表 2-5　大肠菌群检验表（严重污染水）

接种水样量/mL				每升水样中大肠菌群数/个	备注
1	0.1	0.01	0.001		
-	-	-	-	<900	接种水样总量为 1.111mL（1mL、0.1mL、0.01mL、0.001mL 各 1 份）
-	-	-	+	900	
-	-	+	-	900	
-	+	-	-	950	
-	-	+	+	1800	
-	+	-	+	1900	
-	+	+	-	2200	
+	-	-	-	2300	
-	+	+	+	2800	
+	-	-	+	9200	
+	-	+	-	9400	
+	-	+	+	18000	
+	+	-	-	23000	
+	+	-	+	96000	
+	+	+	-	238000	
+	+	+	+	>238000	

注：+代表阳性，-代表阴性。下同。

表 2-6　　大肠菌群检验表（中度污染水）

接种水样量/mL				每升水样中大肠菌群数/个	备注
10	1	0.1	0.01		
-	-	-	-	<90	
-	-	-	+	90	
-	-	+	-	90	
-	+	-	-	95	
-	-	+	+	180	
-	+	-	+	190	
-	+	+	-	220	接种水样总量为11.11mL（10mL、1mL、0.1mL、0.01mL各1份）
+	-	-	-	230	
-	+	+	+	280	
+	-	-	+	920	
+	-	+	-	940	
+	-	+	+	1800	
+	+	-	-	2300	
+	+	-	+	9600	
+	+	+	-	23800	
+	+	+	+	>23800	

注：+代表阳性，-代表阴性。

表 2-7　　大肠菌群检验表（轻度污染水）

接种水样量/mL				每升水样中大肠菌群数/个	备注
100	10	1	0.1		
-	-	-	-	<9	
-	-	-	+	9	
-	-	+	-	9	
-	+	-	-	9.5	
-	-	+	+	18	
-	+	-	+	19	
-	+	+	-	22	接种水样总量为111.1mL（100mL、10mL、1mL、0.1mL各1份）
+	-	-	-	23	
-	+	+	+	28	
+	-	-	+	92	
+	-	+	-	94	
+	-	+	+	180	
+	+	-	-	230	
+	+	-	+	960	
+	+	+	-	2380	
+	+	+	+	>2380	

注：+代表阳性，-代表阴性。

表2-8 大肠菌群变异不大的水源水

阳性管数	0	1	2	3	4	5	6	7	8	9	10
1L水样中大肠菌群数/个	<10	11	22	36	51	69	92	120	160	230	>230

注：接种水样总量100mL（20mL，10份）。

（1）准备工作

①滤膜灭菌：将3号滤膜放入烧杯中，加入蒸馏水，置于沸水浴中蒸煮灭菌3次，每次15min，前两次煮沸后需要换水洗涤2~3次，以除去残留溶剂。

②滤器灭菌：准备容量为500mL的滤器，121℃高压灭菌20min。也可用点燃的酒精棉球火焰灭菌。

③培养：将品红亚硫酸钠培养基放入37℃培养箱内保温30~60min。

（2）过滤水样

①用无菌镊子夹取灭菌滤膜边缘部分，将粗糙面向上贴放于已灭菌的滤床上，轻轻固定好滤器的漏斗。待水样摇匀后，取333mL注入滤器中，加盖，打开滤器阀门在50kPa大气压下进行抽滤。

②滤完后抽气约5s，关上滤器阀门，取下滤器。用无菌镊子夹取滤膜边缘部分，移放在预温好的品红亚硫酸钠培养基上，滤膜截留细菌面向上并与培养基完全紧贴，两者间不得留有间隙或气泡。如有气泡可用镊子轻轻压实，倒放在37℃培养箱内培养16~18h。

（3）结果判定

①挑选符合下列特征的菌落进行革兰染色。

紫红色，具有金属光泽的菌落；深红色，不带或略带金属光泽的菌落；淡红色，中心颜色较深的菌落。

②凡属于革兰染色阴性无芽孢杆菌，再接种于乳糖蛋白胨半固体培养基，37℃培养6~8h产气者，则判定为大肠菌群。

③1L水样中大肠菌群数等于滤膜上生长的大肠菌群菌落数乘以3。

（三）水中病原菌的检验

水中一般不进行病原菌的检验。在水源性传染病（如霍乱、伤寒、痢疾）流行时，可对怀疑的水源做病原菌检验。可将灭菌滤膜或滤板安装在滤菌器内，将1000~3000mL水样通过滤菌器，然后取滤膜或滤板放在增菌液内（如碱性蛋白胨水）进行增菌培养，然后按有关病原菌的检验方法进行进一步检验。

第三节　生产环境的卫生标准及空气样品的采集与处理

一、生产环境的卫生标准及消毒方法

1. 空气中微生物的来源和分布

空气中不含微生物生长可直接利用的营养物质及充足的水分，加上日光中紫外线的照射，并不是微生物生活的天然环境，所以空气中的微生物含量很少。但是，无论什么地方的空气中都含有数量不等、种类不同的微生物，其主要来源于土壤中飞扬起来的尘埃、水面吹起的小水滴、人和动物体表干燥脱落物，以及呼吸道分泌物和排泄物等。

空气中微生物的地域分布差异很大（表2－9），在公共场所、医院、宿舍、城市街道等尘埃多的空气中，微生物的含量较高；而在海洋、高山、高空、森林等尘埃较少的空气中，微生物的含量较少，甚至无菌。此外，空气中微生物的数量和种类还受温度、季节等多种因素的影响。

表2－9　空气中微生物的地域分布

地区	空气含菌数/（个/m^3）	地区	空气含菌数/（个/m^3）
畜舍	1000000～2000000	公园	200
宿舍	20000	海面上	1～2
城市街道	5000	北极	0～1

2. 空气的卫生标准

如表2－10所示，空气中的卫生是以常存于口腔和鼻腔中的链球菌作为主要指标，通常以1m^3空气中菌落总数的多少及链球菌数的多少来表示。

表2－10　室内（限于通风不良的房屋）空气的卫生标准（供参考）

清洁程度	夏季		冬季	
	菌落总数/（个/m^3）	溶血性链球菌与绿色链球菌	菌落总数/（个/m^3）	溶血性链球菌与绿色链球菌
清洁	<1500	<26	<4500	<36
污染	>2500	>36	>7000	>124

注：（1）大量的大肠杆菌和魏氏梭菌存在时，说明空气被含粪便的尘土污染。

（2）大量的变形杆菌存在时，说明空气被各种腐败物质的分解物污染。

（3）各种需氧芽孢杆菌存在时，表示空气被尘土污染。

3. 空气的消毒方法

在进行微生物检验、外科手术、生物药品制造以及其他方面的微生物学研究时必须保持周围空气中无菌，这也就需要对空气进行消毒或灭菌。

在密闭的场所内，可采用稀释的消毒液喷雾，以达到灭菌或使其沉降的目的。用紫外灯光照射无菌室，也可以杀死空气中的微生物，时间应不少于45min，还应注意关闭紫外灯后不能立即开日光灯，应保持15min左右的黑暗，从而彻底杀灭微生物。

此外，还可以应用熏蒸法来消灭空气中的微生物，最常用的消毒剂是福尔马林。在密闭的房间内，置1份高锰酸钾于一较深的缸中，加入福尔马林两份，操作者迅速退出，将房门关紧，24h后开门通气，消毒结束。每$1000m^3$的空间应使用高锰酸钾250g和福尔马林500mL。由于福尔马林刺激性过大，可代之以乳酸熏蒸，或采用三乙烯乙二醇喷雾，效果也很好。

二、空气样品的采集与处理

空气是人类、畜禽传播疾病的主要媒介。因此，测定空气中微生物的数量和种类，对于保证食品的安全性以及预防某些传染病都有着十分重要的意义。

空气样品的微生物检验，通常是测定$1m^3$空气中的细菌数和空气污染的标志菌（溶血性链球菌和绿色链球菌），只有在特殊情况下才进行病原微生物的检查。空气体积大，菌数相对稀少，并因气流、日光、温度、湿度和人、动物的活动，使细菌在空气中的分布和数量不稳定，即使在同一室内，分布也不均匀，检查时常得不到精确的结果。

空气的取样方法，常见的有以下三种，即直接沉降法、过滤法、气流撞击法。其中后者较为完善，因为气流撞击法能够较准确地表示出空气中细菌的真正含量。

1. 直接沉降法

在检验空气中细菌含量的各种沉降法中，郭霍简单平皿法是最早的方法之一。郭霍简单平皿法就是将琼脂平板或血琼脂平板放在空气中暴露一定时间t，然后37℃培养48h，计算所生长的菌落数，按奥梅梁斯基计算法，公式（2-1），即在面积A为$100cm^2$的培养基表面，5min沉降下来的细菌数相当于10L空气中所含的细菌数（N）。

$$1m^3\text{细菌数}=1000\div\left(\frac{A}{100}\times t\times\frac{10}{5}\right)\times N \qquad (2-1)$$

将上述公式简化后得：

$$1m^3\text{细菌数}=\frac{50000}{At}N$$

由于应用上述方法检验出空气中的细菌数比克罗托夫仪器获得的菌数少2/3左右。因此，有人建议将面积$100cm^2$的培养基（培养皿直径约为11cm）暴露5min后，即放入37℃下培养24h，所得的细菌数可看作3L（而不是10L）空气中所含有的细菌数。

$$1m^3细菌数 = 1000 \div \left(\frac{A}{100} \times t \times \frac{3}{5}\right) \times N = \frac{167000}{At}N$$

设：$A = 100cm^2$，$t = 5min$

则：$1m^3细菌数 = \frac{167000}{At}N = 334N$

2. 过滤法

过滤法的原理是使定量的空气通过吸收剂，而后对吸收剂进行培养，计算出菌落数。

图 2－1　过滤法收集空气样品装置

如图 2－1 所示，使空气通过盛有定量无菌生理盐水及玻璃珠的三角瓶。液体能阻挡空气中的尘粒通过，并吸收附着其上的细菌，通过空气时须振荡玻璃瓶数次，使得细菌充分分散于液体内，然后将此生理盐水 1mL 接种至琼脂培养基，在 37℃下培养 48h，按公式（2－2）计算菌落数。由已知吸收空气的体积和液体量推算出 $1m^3$ 空气中的细菌数。若欲检查空气中病原微生物，可接种于特殊培养基上观察。

$$1m^3细菌数 = \frac{1000NV}{V'} \tag{2-2}$$

式中　V——吸收液体体积，mL

V'——滤过空气量，L

N——细菌数

检验空气也可采用滤膜法，其步骤是：在无菌滤器上放两块圆形的灭菌滤纸，然后再放上滤膜，把滤器拧紧，以每分钟 5～10L 的速度吸取检验所需的空气 50～100L。将滤膜轻轻取下，平放在培养基表面，经过培养后，各种菌落可在滤膜上生长出来。也可将滤膜上的细菌用无菌水洗下，以洗液做倾注培养。

3. 气流撞击法

气流撞击法需要特殊仪器，如 LMC－1 型离心式空气生物取样器、克罗托夫取样器、安德森取样器、JWC 型空气生物取样器等，空气通过取样器，使含菌气流撞击到琼脂平面，细菌即留滞在琼脂表面上，根据培养计数和取样量，算出空气细菌总数。该方法对细菌捕获率较高，定量相对准确，但需特殊仪器，在基层不易推广，也存在一定问题，如采气量受电流、电压的变化影响，现场取样面小，取样时间短，致使测定结果的代表性不够强等。

直接沉降法的平皿琼脂表面接受自然沉降的含菌粒子，并以每 $100cm^2$ 平皿，5min 接受的细菌相当于 10L 空气的含菌量为基础，推算每立方米空气含菌量。实际调查研究表明，平皿沉降法测定的细菌总数数量比撞击法多，平皿沉降法易受气流影响，重复样品偏差比撞击法大也是该法不足之处。尽管如此，平皿沉降法优点很多，如不需特殊仪器，操作简便，取样面大，与撞击法的测定结果密切相关。为了便于对平皿沉降法调查资料进行对比，建议统一布点、取样的数量和方法、培养基成分、培养温度和时间。为了提高最低检出量和减少重复样品的偏差，每个调查点最少应设置 5 个直径 9cm 平皿，暴露时间保证 10min。

虽然微生物在空气中是不均匀的分散相，时空变化也较大，任何方法取样的结果都不能百分之百得到微生物实际数量，培养基种类、培养温度和时间也会限制一些微生物长出的数量，仪器取样也只是比平皿沉降取样更接近一些实际数量，但实际调查结果表明，仪器法和平皿沉降法的测定结果都能反映空气微生物污染趋势。

三、空气样品的检验

1. 空气中菌落总数的测定

空气中菌落总数的测定选用普通营养琼脂培养基，按上述方法取样，经培养后计数。

2. 空气中链球菌的检验

链球菌的检验可应用上述空气中菌落总数检验 3 种方法的任一种，只要用血琼脂平板代替普通琼脂平板即可。一般用血琼脂平板做沉降法检验，经培养后，计算培养基上溶血性链球菌和绿色链球菌数，经涂片、革兰染色、镜检证实。

3. 空气中霉菌的检验

空气中霉菌的检验，可用马铃薯琼脂培养基或玉米粉琼脂培养基曝置在空气中做直接沉降法检验，(27 ±1)℃培养 3 ~5d，计算霉菌菌落数。

第四节　食品生产工具样品的采集与处理

在食品的生产过程中，食品的原料都是含菌的，经过清洗、紫外线照射、蒸煮、烘烤、超高温杀菌等加热杀菌工艺后，微生物含量急剧下降或达到商业性无菌状态。但是，这些经过高温制作的食品在冷却、输送、灌装、封口、包装过程中，往往会被微生物二次污染。因此，除保持空气的清洁度和生产人员的卫生外，保持与食品直接接触的各种机械设备的清洁卫生和无菌，是防止和减少成品二次污染的关键。

一、食品生产工具样品的采集与处理

1. 表面擦拭法

设备表面的微生物检验，也常用表面擦拭法进行取样，一般是用刷子擦洗法或海绵擦拭法。

（1）刷子擦洗法　用无菌刷子在无菌溶液中蘸湿，反复刷洗设备表面 200～400cm^2的面积，然后把刷子放入盛有 225mL 无菌生理盐水的容器中充分洗涤，对此含菌液进行微生物检验。

（2）海绵擦拭法　用无菌镊子或戴橡胶手套取体积为 4cm×4cm×4cm 的无菌海绵或无菌脱脂棉球，浸蘸无菌生理盐水，反复擦洗设备表面 100～200cm^2，然后将带菌海绵或脱脂棉球放入 225mL 无菌生理盐水中，进行充分洗涤，对此含菌液进行微生物检验。

2. 冲洗法

一般容器和设备可用一定量无菌生理盐水反复冲洗与食品接触的表面，然后用倾注法检查此冲洗液中的活菌总数，必要时进行大肠菌群或致病菌项目的检验。

对于较大型设备，可以用循环水通过设备。采集定量的冲洗水，用滤膜法进行微生物检测。

二、食品生产工具样品的检验

一般情况下，设备卫生的微生物检验只进行菌落总数的测定，报告设备表面每平方厘米的含菌量。特殊情况下，需再进行大肠菌群检测、致病菌或特殊目标菌检验，具体内容考后面有关章节。

第五节　国际上常见的取样方案

目前国内外使用的取样方案多种多样，如一批产品采若干个样后混合在一起检验，按百分比抽样；按食品的危害程度不同抽样；按数理统计的方法决定抽样个数等。不管采取何种方案，对抽样代表性的要求是一致的。最好对整批产品的单位包装进行编号，实行随机抽样。下面列举当今世界上较为常见的几种取样方案。

一、ICMSF 取样方案

1. ICMSF 取样原则

国际食品微生物规范委员会（ICMSF）提出的取样基本原则，是根据以下几个因素设定抽样方案并规定其不同取样数的。

（1）各种微生物本身对人的危害程度各有不同。

（2）食品经不同条件处理后，其危害度变化情况：降低危害度、危害度未变、增加危害度。目前，加拿大等国已采用此法作为国家标准。

2. ICMSF 取样方法

依据事先给食品进行的危害程度划分来确定，将所有食品分成三种危害度：Ⅰ类危害是指老人和婴幼儿食品及在食用前可能会增加危害的食品；Ⅱ类危害是指可立即食用的食品，在食用前危害基本不变；Ⅲ类危害是指食用前经加热处理，危害减小的食品。由于 ICMSF 是将微生物的危害度、食品的特性及处理条件三者综合在一起进行食品中微生物危害度分类的。这个设想很科学，符合实际情况，对生产厂及消费者来说都是比较合理的。

对一批产品，检查多少检样，才能够有代表性，才能客观地反映出该产品的质量。为了强调抽样与检样之间的关系，ICMSF 已经阐述了把严格的抽样计划与食品危害程度相联系的概念。另外，ICMSF 将检验指标对食品卫生的重要程度分成一般、中等和严重三档。根据以上危害度的分类，又将取样方案分成二级法和三级法。

在中等或严重危害的情况下使用二级抽样方案，对健康危害低的则建议使用三级抽样方案（表 2－11）。

表 2－11　ICMSF 按微生物指标的重要性和食品危害度分类后确定的取样方案

取样方法	指标重要性	指标菌	食品危害度		
			Ⅲ（轻）	Ⅱ（中）	Ⅰ（重）
三级法	一般	菌落总数 大肠菌群 大肠杆菌 葡萄球菌	$n=5$ $c=3$	$n=5$ $c=2$	$n=5$ $c=1$
	中等	金黄色葡萄球菌 蜡样芽孢杆菌 产气荚膜梭菌	$n=5$ $c=2$	$n=5$ $c=1$	$n=5$ $c=1$

续表

取样方法	指标重要性	指标菌	食品危害度		
			Ⅲ（轻）	Ⅱ（中）	Ⅰ（重）
二级法	中等	沙门菌 副溶血性弧菌 致病性大肠杆菌	$n=5$ $c=0$	$n=10$ $c=0$	$n=20$ $c=0$
	严重	肉毒梭菌 霍乱弧菌 伤寒沙门菌 副伤寒沙门菌	$n=15$ $c=0$	$n=30$ $c=0$	$n=60$ $c=0$

ICMSF 方法中的二级法只设有 n、c 及 m 值，三级法则有 n、c、m 及 M 值。其中 n 代表一批产品取样个数；c 代表该批产品的检样菌数中，超过限量的检样数，即结果超过合格菌数限量的最大允许数；m 表示合格菌数限量，将可接受与不可接受的数量区别开；M 表示附加条件，判定为合格的菌数限量，表示边缘的可接受数与边缘的不可接受数之间的界限。

①二级法设定取样数 n，指标值 m，超过指标值 m 的样品数为 c，只要 $c>0$，就判定整批产品不合格。以生食海产品鱼为例，$n=5$，$c=0$，$m=10^2$，$n=5$ 即抽样 5 个，$c=0$ 即意味着在该批检样中未见到有超过 m 值的检样，此批货物为合格品。

②三级法设定取样数 n，指标值 m，附加指标值 M，介于 m 与 M 之间的样品数 c。超过 m 值的检样，即算为不合格品；如果在 c 值范围内，即为附加条件合格，超过 M 值者，则为不合格。例如，冷冻生虾的细菌数标准 $n=5$，$c=3$，$m=10^1$，$M=10^2$，其意义是从一批产品中，取 5 个检样，检样结果中，允许≤3 个检样的菌数是在 m 与 M 值之间，如果有 3 个以上检样的菌数是在 m 与 M 值之间或一个检样菌数超过 M 值，则判定该批产品为不合格品。

二、美国 FDA 取样方案

美国食品及药品管理局（FDA）的取样方案与 ICMSF 的取样方案基本一致，所不同的是严重指标菌所取的 15、30、60 个样可以分别混合，混合的样品量最大不超过 375g。也就是说所取的样品每个为 100g，从中取出 25g，然后将 15 个 25g 混合成一个 375g 样品，混匀后再取 25g 作为试样检验，剩余样品妥善保存备查。各类食品检验时混合样品的最低数量见表 2－12。

表 2－12　各类食品检验时混合样品的最低数量

食品危害度	混合样品的最低数	食品危害度	混合样品的最低数	食品危害度	混合样品的最低数
Ⅰ	4	Ⅱ	2	Ⅲ	1

三、联合国粮食与农业组织（FAO）规定的取样方案

FAO/WHO 2013 年版《食品安全应急中应用风险分析原则和程序指南》一书中的微生物学分析中列举了各种食品的微生物限量标准，由于是按 ICMSF 的取样方案判定的，所以在此引用，见表 2 – 13。

表 2 – 13 联合国粮食与农业组织（FAO）规定的各种食品微生物限量标准

食品	检验项目	取样数 n	污染样品数 c	m	M
液蛋、冰蛋、干蛋	嗜中温性需氧菌	$n=5$	$c=2$	5×10^4	10^6
	大肠菌群	$n=5$	$c=2$	10	10^3
	沙门菌	$n=10$	$c=0$	0	
干奶	嗜中温性需氧菌	$n=5$	$c=2$	5×10^4	5×10^5
	大肠菌群	$n=5$	$c=2$	2	10^2
	沙门菌	$n=0$	$c=0$	0	
	葡萄球菌	$n=5$	$c=1$	10	10^2
冰淇淋	嗜中温性需氧菌	$n=5$	$c=2$	2.5×10^4	2.5×10^5
	大肠菌群	$n=5$	$c=2$	10^2	10^3
	沙门菌	$n=5$	$c=0$	0	
	葡萄球菌	$n=5$	$c=1$	10	10^2
生肉及禽肉	嗜中温性需氧菌	$n=5$	$c=3$	10^6	10^7
	沙门菌	$n=5$	$c=0$	0	
冻鱼、冻虾、冻大红虾尾	嗜中温性需氧菌	$n=5$	$c=3$	10^6	10^7
	大肠菌群	$n=5$	$c=3$	4	4×10^2
	沙门菌	$n=5$	$c=0$	0	
	葡萄球菌	$n=5$	$c=3$	10^3	5×10^3
冷熏鱼、冷虾、对虾大红虾尾、蟹肉	嗜中温性需氧菌	$n=5$	$c=2$	10^5	10^6
	大肠菌群	$n=5$	$c=2$	4	10^2
	沙门菌	$n=5$	$c=0$	0	
	葡萄球菌	$n=5$	$c=2$	5×10^5	5×10^5
	副溶血性弧菌	$n=5$	$c=2$	10^2	
生及冷蔬菜	大肠埃希菌	$n=5$	$c=2$	10	10^3
干菜	大肠埃希菌	$n=5$	$c=2$	2	10^2
干果	大肠埃希菌	$n=5$	$c=2$	2	10
婴幼儿食品	大肠菌群	$n=5$	$c=2$	2	20
挂糖衣饼干	沙门菌	$n=10$	$c=0$	0	

续表

食品	检验项目	取样数 n	污染样品数 c	m	M
干食品及速食食品	嗜中温性需氧菌	$n=5$	$c=2$	10^3	10^4
	大肠菌群	$n=5$	$c=1$	2	
	沙门菌	$n=10$	$c=0$	0	20
食前需加热的干食品	嗜中温性需氧菌	$n=5$	$c=3$	10^4	10^5
	大肠菌群	$n=5$	$c=2$	2	10^2
	沙门菌	$n=5$	$c=0$	0	
冷冻食品	嗜中温性需氧菌	$n=5$	$c=2$	10^5	10^5
	大肠菌群	$n=5$	$c=2$	10^2	10^4
	沙门菌	$n=10$	$c=0$	0	10^3
	葡萄球菌	$n=5$	$c=2$	10	
	大肠埃希菌	$n=5$	$c=2$	2	10^2
坚果	霉菌	$n=5$	$c=2$	10^2	10^4
	大肠菌群	$n=5$	$c=2$	10	10^3
	沙门菌	$n=10$	$c=0$	0	
谷类及产品	嗜中温性需氧菌	$n=5$	$c=3$	10^4	10^5
	大肠埃希菌	$n=5$	$c=2$	2	10
	霉菌	$n=5$	$c=2$	10^2	10^4
调味料	嗜中温性需氧菌	$n=5$	$c=2$	10	10^3
	大肠菌群	$n=5$	$c=2$	10^4	10^6
	霉菌	$n=5$	$c=2$	10^2	10^4
	大肠埃希菌	$n=5$	$c=2$	10	10^3

思　考　题

1. 怎样对不同的水质进行取样和样品处理？
2. 水中细菌菌落数的计数原则有哪些？
3. 简述水中大肠菌群的测定步骤。
4. 空气中的微生物指标有哪些？
5. 简述空气样品的几种采集方法。
6. 简述设备卫生检验的意义。
7. 食品检验样品的采集应遵循哪些原则？
8. 简述2～3种常见食品检样的采集与处理。

第三章　食品微生物检验基础试验

第一节　生理生化试验

各种微生物均含有各自独特的酶系统，用于进行合成代谢及分解代谢。在代谢过程中产生的分解产物及合成产物也有各自的特点，因此可借以区分和鉴定微生物的种类。通过利用生物化学的方法来测定微生物的代谢产物、代谢方式和条件等，从而鉴别细菌的类别、属种的试验称为生化试验或生化反应。

一、生理生化试验的原理及方法

食品中致病菌的检验，首先通过观察菌落的特征和革兰染色形态学观察进行初步鉴定。对分离的未知致病菌要鉴定其属或种，主要通过生理生化试验和血清学反应来完成。故生理生化试验是建立在菌落特征和形态染色反应基础上的。未知致病菌的鉴定最后还要依赖血清学试验。

生理生化试验是将已分离细菌菌落的一部分，接种到一系列含有特殊物质和指示剂的培养基中，观察该菌在这些培养基内的 pH 改变和是否产生某种特殊的代谢产物。生化试验的项目很多，应根据检验目的需要适当选择。现将一些常用的方法介绍如下。

（一）糖类代谢试验

这类试验主要用于观察微生物对某些糖类分解的能力以及不同的分解产物，从而进行微生物学鉴定。

1. 糖（醇、苷）类发酵试验

（1）原理　不同的细菌含有发酵不同糖（醇、苷）类的酶，所以分解糖（醇、苷）类的能力各不相同，即使能分解同一种糖（醇、苷）类，其代谢产物也可能因不同的细菌而不同，有的细菌分解糖类只产酸不产气，有的细菌既产酸又产气，因此可以利用糖（醇、苷）类发酵试验对细菌进行鉴别。细菌分解糖（醇、苷）类以后所生成的酸，可以降低培养基的 pH，使酸碱指示剂变色，所以可以通过观察培养基颜色的变化判定是否分解糖（醇、苷）类；如果细菌分解糖（醇、苷）类除了产酸外，还产生大量的气体，可在液体培养基试管中放置一个小倒管（发酵管或杜氏小管），以便观察，也可以利用半固体培养基观察气体。

可以供糖（醇、苷）类发酵试验的碳水化合物有单糖类（葡萄糖、果糖、甘露糖、半乳糖、阿拉伯糖、木糖、鼠李糖、核糖）、双糖（麦芽糖、乳糖、蔗糖、蕈糖、纤维二糖、木蜜糖）、三糖（棉籽糖、落叶松糖）、多糖（菊糖、淀粉、肝糖、糊精）、醇类（甘油、赤丝藻醇、侧金盏花醇、阿拉伯糖醇、木糖醇、甘露醇、卫矛醇、肌醇和山梨醇）和糖苷类（水杨苷、七叶苷、松柏苷、熊果苷、苦杏仁苷、α－甲基葡萄糖苷）。一般糖（醇、苷）类在培养基中的含量为0.5%～1%。糖（醇、苷）类发酵培养基中常用的指示剂有溴麝香草酚蓝、溴甲酚紫、酸性复红、酚红等，其中以溴麝香草酚蓝的反应较为敏感，因此最为常用。

（2）培养基　液体糖发酵管最常用，也可以采用半固体糖发酵管或固体斜面培养基做糖（醇、苷）类发酵试验。

（3）试验方法　将分离得到的待试菌纯种培养物接种到糖（醇、苷）类发酵培养基（液体、半固体或固体斜面）中，于（36＋1）℃下培养，一般2～3d观察结果，迟缓反应需培养14～30d。若用微量发酵管或需要长时间培养时，注意保持一定的湿度，防止培养基干燥。

（4）应用　糖（醇、苷）类发酵试验是鉴定细菌的生化反应中最常用的重要方法，特别是肠杆菌科的细菌鉴定。如大肠杆菌能分解乳糖和葡萄糖，而沙门菌只能分解葡萄糖，不能分解乳糖。大肠杆菌有甲酸解氢酶，能将分解糖所生成的甲酸进一步分解成二氧化碳和氢气，故产酸又产气，而沙门菌无甲酸解氢酶，分解葡萄糖仅产酸而不产气。在进行大肠菌群测定时，就是根据这一原理而采用乳糖发酵试验进行验证的。

2. 葡萄糖代谢类型鉴别试验［氧化/发酵试验、O/F试验、Hugh-Leifson（HL）试验］

（1）原理　某些细菌在分解葡萄糖的过程中，必须有分子氧参加的为氧化型，氧化型的细菌在无氧的环境中不能分解葡萄糖；细菌在分解葡萄糖的过程中，可以进行无氧降解的，称为发酵型，发酵型的细菌不论在有氧或无氧的环境中都可以分解葡萄糖；不分解葡萄糖的细菌，称为产碱型。

（2）培养基　Hugh-Leifson（HL）培养基。

（3）试验方法　挑取待试菌纯种培养物分别穿刺接种到两支Hugh-Leifson培养基中，其中一支接种后滴加融化的1%琼脂液于培养基表面，也可加灭菌液体石蜡或凡士林，高度约1cm，于（36±1）℃培养，一般培养48h以上，观察结果。

（4）结果判断　结果见表3－1。

表3－1　葡萄糖代谢类型鉴别试验结果

反应类型	封口的培养基	开口的培养基
氧化型	不变	产酸（变黄）
发酵型	产酸（变黄）	产酸（变黄）
产碱型	不变	不变

（5）应用　主要用于鉴别葡萄球菌（发酵型）和微球菌（氧化型）。更重要的是对革兰阴性杆菌的鉴别，肠杆菌科的细菌全是发酵型，而绝大多数非发酵菌则为氧化型或产碱型细菌。

3. 甲基红（MR）试验

（1）原理　某些微生物如大肠杆菌、志贺菌等，在糖代谢过程中能够分解葡萄糖产生丙酮酸，丙酮酸进一步分解而生成甲酸、乙酸、乳酸、琥珀酸等，酸类增多而使培养基的酸度增高；当培养基的 pH 降至 4.5 以下，甲基红指示剂（10mg 甲基红溶于 30mL 95% 乙醇中，然后加入 20mL 蒸馏水）呈红色（即为阳性反应）。若细菌分解葡萄糖产酸量少，或产生的酸进一步转化为其他物质（如醇、酮、醛、气体和水）；则培养基 pH 高于 4.5，呈黄色（即阴性反应）。

（2）培养基　葡萄糖缓冲蛋白胨水。

（3）试验方法　挑取新鲜的待试培养物少许，接种于磷酸盐葡萄糖蛋白胨水培养基，于 (36 ±1)℃或 30℃（以 30℃较好）培养 3 ~5d，从第 48h 起，每日取培养液 1mL，加入甲基红指示剂 1 ~2 滴，立即观察结果。

（4）结果判断　鲜红色为阳性，弱阳性为橘红色，黄色为阴性。

（5）应用　主要用于大肠埃希菌和产气肠杆菌的鉴别，前者为阳性，后者为阴性。肠杆菌科中的肠杆菌属、哈夫尼亚菌属为阴性，而沙门菌属、志贺菌属、柠檬酸杆菌属、变形杆菌属等为阳性。

4. V - P 试验

（1）原理　某些微生物如产气杆菌等能在分解葡萄糖产生丙酮酸后，再使丙酮酸脱羧成为中性的乙酰甲基甲醇，乙酰甲基甲醇在碱性环境下被空气中的氧所氧化，生成二乙酰（丁二酮），二乙酰与培养基中的精氨酸等所含的胍基结合，生成红色化合物，即为 V - P 试验阳性。如果培养基中胍基太少时，可在培养基中加入肌酸、肌酐等，可加速反应。

（2）培养基　葡萄糖缓冲蛋白胨水。

（3）试验方法　将分离得到的待试菌纯种培养物接种到葡萄糖缓冲蛋白胨水中，于 (36 ±1)℃培养 2 ~5d，每 1mL 培养基中，加入 6% α - 萘酚 - 乙醇溶液 0.5mL 和 40% 氢氧化钾溶液 0.2mL，充分振摇试管，观察结果。本试验可采用产气肠杆菌作为阳性对照菌，采用大肠埃希菌作为阴性对照菌。

（4）结果判断　阳性反应立刻或于数分钟内出现红色，如为阴性，应放在 (36 ±1)℃下培养 4h 再进行观察。

（5）应用　本试验常与 MR 试验一起使用，一般情况下，前者为阳性的细菌；后者为阴性，反之亦然。但肠杆菌科的细菌并不一定都遵循此规律，如蜂房哈夫尼亚菌属和奇异变形杆菌的 V - P 试验和 MR 试验常同为阳性。

5. β - 半乳糖苷酶试验

（1）原理　肠杆菌科的细菌发酵乳糖时，需要依靠两种不同系统的酶作用，一种为半乳糖渗透酶，可将乳糖透过细胞壁，送到细菌细胞内；另一种为β-半乳糖苷酶，可将乳糖分解成葡萄糖和半乳糖。具有上述两种酶的细菌，能迅速分解乳糖。当细菌只有β-半乳糖苷酶，而缺乏半乳糖苷渗透酶，或是其活性较弱，不能很快将乳糖运送到细菌细胞内，需要几天时间的培养才能迟缓分解乳糖。

o-硝基苯酚-β-半乳糖苷（ONPG）是乳糖的类似物，且相对分子质量小，不需要半乳糖渗透酶就可进入到细菌细胞中，由细菌细胞内的β-半乳糖苷酶分解为半乳糖和邻硝基酚，因后者为黄色而使培养基呈现黄色。

（2）培养基　ONPG 培养基。

（3）试验方法　挑取待试菌纯种培养物 1 满环接种于 ONPG 培养基中，于(36±1)℃培养 1～3h 或 24h 观察结果。此反应可采用柠檬酸杆菌或亚利桑那菌属作为阳性对照菌，可采用沙门菌作为阴性对照菌。

（4）结果判断　培养基呈现黄色为阳性结果，一般可在 1～3h 内显色；24h 不呈现黄色为阴性结果。

（5）应用　由于本试验对于迅速及迟缓发酵乳糖的细菌均可在短时间内呈现阳性，因此可用于延缓发酵乳糖细菌的快速鉴定。埃希菌属、柠檬酸杆菌属、克雷伯菌属、肠杆菌属、哈夫尼亚菌属和沙雷菌属等为阳性反应，沙门菌、变形杆菌和普罗菲登斯菌属等为阴性反应。

6. 淀粉水解试验

（1）原理　某些细菌可以产生淀粉酶，可将培养基中的淀粉水解为糖类，在培养基上滴加碘试剂后，可与培养基中未转化的淀粉作用呈深蓝色反应，而菌落周围的淀粉由于被淀粉酶水解与碘不发生反应而呈现透明圈。

（2）培养基　淀粉血清琼脂平板。

（3）试验方法　挑取待试菌纯种培养物划线接种于淀粉血清琼脂平板，于(36±1)℃培养 24h，在菌落上滴加革兰碘液，观察结果。

（4）结果判断　培养基呈深蓝色，菌落周围有透明圈者为阳性，菌落周围没有透明圈为阴性。

（5）应用　重型白喉棒状杆菌产生淀粉酶，能分解淀粉，可用于鉴定。

（二）蛋白质及氨基酸代谢试验

1. 靛基质（吲哚）试验

（1）原理　某些细菌具有色氨酸酶，能分解培养基中的色氨酸，产生靛基质，与对二甲氨基苯甲醛作用时，形成玫瑰吲哚而呈红色。

（2）培养基　蛋白胨水或厌氧菌蛋白胨水。

（3）试剂　以下两种试剂选其一即可。

①柯凡克试剂：将 5g 对二甲氨基苯甲醛溶解于 75mL 戊醇中，然后缓慢加入浓盐酸 25mL。

②欧－波试剂：将1g对二甲氨基苯甲醛溶解于95mL 95%乙醇中，然后缓慢加入浓盐酸25mL。

（4）试验方法　挑取分离得到的待试菌纯种培养物少量接种于蛋白胨水中，(36±1)℃培养1～2d，必要时可培养4～5d。观察结果时可加柯凡克试剂0.5mL，轻摇试管；或者加欧－波试剂0.5mL，沿管壁流下，覆盖培养基表面。

（5）结果判断　阳性结果者加入柯凡克试剂后，试剂层为红色，或者加入欧－波试剂后，液面接触处呈玫瑰红色；不变色的为阴性结果。

（6）应用　主要用于肠杆菌科细菌的鉴定。

2. 硫化氢试验

（1）原理　某些细菌（如沙门菌、变形杆菌等）能分解培养基中的含硫氨基酸（如胱氨酸、半胱氨酸等）产生硫化氢，硫化氢遇到铅盐或铁盐，发生反应而生成黑色的硫化铅或硫化铁。

（2）培养基　多用硫酸亚铁琼脂，也可采用醋酸铅试纸培养基或厌氧菌醋酸铅培养基。

（3）试验方法　挑取待试菌纯种固体琼脂培养物，沿硫酸亚铁琼脂管壁穿刺，如采用醋酸铅试纸培养基，穿刺后还要悬挂醋酸铅纸条。于（36±1)℃培养1～2d，观察结果。

（4）结果判断　试纸或培养基变成黑色为阳性结果，阴性则培养基和试纸均不变色。

（5）应用　肠杆菌科中的沙门菌属、柠檬酸杆菌属、爱德华菌属和变形杆菌属多为阳性，其他菌属为阴性。沙门菌属中的甲型副伤寒沙门菌、仙台沙门菌和猪霍乱沙门菌等为阴性，部分伤寒沙门菌菌株也为硫化氢阴性。

3. 尿素酶试验

（1）原理　某些细菌能产生尿素酶，将尿素分解产生氨，氨使培养基变为碱性，酚红指示剂变为红色。培养基由黄色变为红色，为阳性。以此鉴别细菌。

（2）培养基　尿素琼脂或尿素液体培养基。

（3）试验方法　挑取待试菌纯种培养物在尿素琼脂斜面划线接种，也可挑取少量接种到尿素液体培养基中，(36±1)℃培养4～6h或24h，观察结果。

（4）结果判断　阳性者由于产生碱性物质使培养基变成红色，不变色者为阴性结果。

（5）应用　主要用于肠杆菌科中变形杆菌族的鉴定。奇异变形杆菌和普通变形杆菌尿素酶阳性，雷极普罗菲登斯菌和摩氏摩根菌阳性，斯氏和碱化普罗菲登斯菌阴性。

4. 氨基酸脱羧酶试验

（1）原理　某些细菌有氨基酸脱羧酶，可使氨基酸脱羧，产生胺类和二氧化碳。胺类的生成使培养基变碱，使酸碱指示剂溴甲酚紫变色呈深紫色。常用于脱羧酶试验的氨基酸有鸟氨酸、赖氨酸和精氨酸。

（2）培养基 氨基酸脱羧酶试验培养基。

（3）试验方法 从琼脂斜面上挑取待试菌纯种培养物接种氨基酸脱羧酶试验培养基和对照培养基，于（36±1）℃培养18～24h，每天观察结果。本试验可设对照菌株，赖氨酸脱羧酶试验采用产气肠杆菌作为阳性指示菌，阴沟肠杆菌作为阴性指示菌；鸟氨酸脱羧酶试验可采用阴沟肠杆菌作为阳性指示菌，克雷伯菌作为阴性指示菌；精氨酸脱羧酶试验可采用阴沟肠杆菌作为阳性指示菌，产气肠杆菌作为阴性指示菌。

（4）结果判断 氨基酸脱羧酶阳性者由于产生碱性物质，培养基应呈紫色；阴性者无碱性产物，但因葡萄糖产酸而使培养基变为黄色。对照管应为黄色。

（5）应用 赖氨酸和鸟氨酸脱羧酶试验对沙门菌均为阳性，但伤寒沙门菌和鸡沙门菌鸟氨酸为阴性，甲型副伤寒沙门菌赖氨酸为阴性；柠檬酸杆菌属和志贺菌均为阴性，但宋内志贺菌为鸟氨酸阳性，柠檬酸杆菌中少数为鸟氨酸阳性；埃希菌属结果不定。

5. 苯丙氨酸脱氨试验

（1）原理 某些细菌具有氨基酸脱氨酶，可使多种氨基酸发生氧化脱氨基作用，生成α－酮酸，进而与加入的三氯化铁试剂发生反应，呈现不同的颜色变化，例如，异亮氨酸和缬氨酸为橙色反应，甲硫氨酸为紫色反应，亮氨酸为灰紫色反应，组氨酸为绿色反应。

如果产生苯丙氨酸脱氨酶，能将苯丙氨酸氧化脱氨，形成苯丙酮酸。苯丙酮酸遇到三氯化铁时，即呈蓝绿色。延长反应时间，其产生的绿色会较快褪色。

（2）培养基 苯丙氨酸培养基。

（3）试验方法 自琼脂斜面上挑取大量待试菌纯种培养物，划线接种于苯丙氨酸琼脂，（36±1）℃培养18～24h。滴加10%三氯化铁溶液2～3滴，自斜面培养物上流下，观察结果。本试验可以采用普通变形杆菌作为阳性对照菌，以产气肠杆菌为阴性对照菌。

（4）结果判断 斜面呈现绿色为阳性结果；斜面不变色为阴性结果。

（5）应用 主要用于肠杆菌科中细菌的鉴定。变形杆菌属、摩根菌属和普罗菲登斯菌属细菌均为阳性，肠杆菌科中其他细菌均为阴性。

6. 明胶液化试验

（1）原理 有些细菌具有明胶酶（也称类蛋白水解酶），能将明胶先水解为多肽，又进一步将多肽水解为氨基酸，明胶失去凝胶性质，使培养基由固态变为液态。

（2）培养基 明胶培养基。

（3）试验方法 自琼脂斜面上挑取待试菌纯种培养物，穿刺接种于明胶培养基，在22～25℃培养，每天观察结果，记录液化时间，若采用（36±1）℃培养，因为明胶在此温度下自溶，故在观察结果前，先放在冰箱中30min，然后取出观察结果，不再重新凝固为阳性结果。

（4）结果判断　在规定时间内培养基液化为阳性结果，没有液化的为阴性结果。

（5）应用　普通变形杆菌、奇异变形杆菌、沙雷菌和阴沟肠杆菌等能液化明胶，肠杆菌科中的其他细菌很少液化明胶。有些厌氧菌如产气荚膜梭菌、脆弱类杆菌也能液化明胶。另外，许多假单胞菌也能产生明胶酶而使明胶液化。

（三）呼吸酶类试验

1. 氧化酶试验

（1）原理　氧化酶即细胞色素氧化酶，是细胞色素呼吸酶系统的终端呼吸酶。做氧化酶试验时，此酶并不直接与氧化酶试剂发生反应，而是首先使细胞色素C氧化，然后氧化型的细胞色素C再使对苯二胺氧化，产生颜色反应，如果和α-萘酚结合，会生成吲哚酚蓝（靛酚蓝），呈蓝色反应。此试验与氧气和细胞色素C的存在有关。

（2）试剂

①1%盐酸四甲基对苯二胺溶液或1%盐酸二甲基对苯二胺溶液，注意试剂配制好后盛于棕色磨口玻璃瓶内，置冰箱中避光保存两周。

②1%α-萘酚-乙醇溶液。

（3）试验方法　有下述两种方法。

①滤纸法：取白色洁净滤纸条，蘸取菌落少许，加试剂1滴，阳性者立即呈现粉红色，5~10s内呈深紫色。再加α-萘酚1滴，阳性者于0.5min内呈现鲜蓝色，阴性于2min内不变色。

②菌落法：以毛细滴管取试剂，直接滴加于菌落上，其显色反应同滤纸法。

本试验应避免接触含铁物质，否则易出现假阳性。可以采用铜绿色假单胞菌作为阳性对照菌，采用大肠埃希菌作为阴性对照菌。

（4）应用　可用于区别假单胞菌与氧化酶阴性肠杆菌科的细菌，肠杆菌科阴性，假单胞菌属通常阳性。奈瑟菌属细菌均为阳性，莫拉菌属细菌阳性。

2. 细胞色素氧化酶试验

（1）原理　此试验同氧化酶试验实际上为同一试验。待检菌如果有细胞色素氧化酶，在分子氧存在的情况下，首先使细胞色素C氧化，然后氧化型的细胞色素C再使对苯二胺氧化，并和α-萘酚结合，生成吲哚酚蓝（靛酚蓝），呈蓝色反应。因此，此试验离不开氧气和细胞色素C。

（2）试剂

①1%盐酸二甲基对苯二胺溶液。

②1% α-萘酚-乙醇溶液。

（3）试验方法　取37℃（或低于37℃）培养20h的待试菌纯种斜面培养物

一支，将两种试剂各2~3滴，从斜面上端滴下，并将斜面略加倾斜，使试剂混合液流经斜面上的培养物，如是平板培养物，则可直接用试剂混合液滴在菌落上。本试验应避免接触含铁物质，否则易出现假阳性。可以采用铜绿色假单胞菌作为阳性对照菌，采用大肠埃希菌作为阴性对照菌。

（4）结果判断　阳性者30s内产生蓝色反应，阴性反应观察至多2min，观察超过2min，由于试剂在空气中会被氧化而出现假阳性反应。

3. 过氧化氢酶（触酶）试验

（1）原理　大多好氧或兼性厌氧微生物能产生过氧化氢酶，将过氧化氢分解成水和分子态的氧而释放出氧气。一般厌氧微生物则不产生此酶。

$$2H_2O_2 \xrightarrow{\text{过氧化氢酶}} 2H_2O + O_2\uparrow$$

（2）试剂　3% H_2O_2。

（3）试验方法　挑取待试菌纯种培养物一接种环，置于洁净试管内，滴加3% H_2O_2溶液2mL，观察结果。本试验可以采用金黄色葡萄球菌作为阳性对照菌，采用链球菌作为阴性对照菌。注意3% H_2O_2要临用时配制，此外，为了避免出现假阳性结果，试验菌不能用血琼脂平板培养基上的培养物。

（4）结果判断　阳性者半分钟内产生大量气泡；阴性者不产生气泡。

（5）应用　绝大多数含细胞色素的需氧和兼性厌氧菌均产生过氧化氢酶，但链球菌属为阴性。此外，金氏杆菌属的细菌也为阴性。分支杆菌的属间鉴别则用耐热触酶试验。

4. 过氧化物酶试验

（1）原理　有些细菌可产生过氧化物酶，可以将过氧化氢中的氧转移给可氧化的物质。反应如下所示。

$$RH_2 + H_2O_2 \xrightarrow{\text{过氧化物酶}} R + 2H_2O$$

（2）试剂

①2%儿茶酚溶液。

②3% H_2O_2。

（3）试验方法　挑取固体培养基上待试菌纯种培养物一接种环，置于洁净试管内，滴加2%儿茶酚溶液1mL及3% H_2O_2溶液1mL，静置于室温中30~60min。

（4）结果判断　细菌变为黑褐色的为阳性结果；阴性结果不变色。

5. 硝酸盐还原试验

（1）原理　硝酸盐还原反应包括两个过程。一是在合成过程中，硝酸盐还原为亚硝酸盐和氨，再由氨转化为氨基酸和细胞内其他含氮化合物；二是在分解代谢过程中，硝酸盐或亚硝酸盐代替氧作为呼吸酶系统中的终末受氢体。能使硝酸盐还原的细菌从硝酸盐中获得氧而形成亚硝酸盐和其他还原性产物。但硝酸盐还原的过程因细菌不同而异，有的细菌仅使硝酸盐还原为亚硝酸盐，如大肠埃希菌和产气荚膜梭菌；有的细菌则可使其还原为亚硝酸盐和离子态的铵；有的细菌能使硝酸盐或亚硝酸盐还原为氮，如沙雷菌和假单胞菌等；有些细菌还可以将其还原产物在合成代谢中完全利用。硝酸盐或亚硝酸盐如果还原生成气体的终端产物，如氮或氧化氮，就称为脱硝化作用。

硝酸盐还原试验系测定还原过程中所产生的亚硝酸，在酸性环境下，亚硝酸盐能与对氨基苯磺酸作用，生成对重氮苯磺酸。当对重氮苯磺酸与 *N* – 萘胺相遇时，结合成为紫红色的偶氮化合物 *N* – 萘胺偶氮苯磺酸。

（2）培养基　硝酸盐培养基。

（3）试验方法　挑取分离得到的待试菌纯种培养物接种到硝酸盐培养基中，(36 ± 1)℃培养 1 ~ 4d，加入甲液（对氨基苯磺酸 0.8g 溶解于 2.5mol/L 乙酸溶液 100mL）和乙液（将甲萘胺 0.5g 溶解于 2.5mol/L 乙酸溶液 100mL）各一滴，观察结果。若要检查是否有氮气产生，可在培养基管内加一小倒管，如有气泡产生，表示有氮气生成。此试验可以采用大肠埃希菌作为阳性对照菌，采用乙酸钙不动杆菌作为阴性对照菌。

（4）结果判断　立刻或 10min 内出现红色为阳性。若加入试剂后无颜色反应，其原因可能有三个：①硝酸盐没有被还原，试验阴性；②硝酸盐被还原为氨和氮等其他产物而导致假阴性结果，这时应在试管内加入少许锌粉，如出现红色则表明试验确实为阴性，若仍不产生红色，表示试验为假阴性；③培养基不适合细菌生长。

（5）应用　本试验在细菌鉴定中广泛应用。肠杆菌科细菌均能还原硝酸盐为亚硝酸盐；铜绿假单胞菌、嗜麦芽单胞菌、斯氏假单胞菌等假单胞菌可产生氮气；鼻疽假单胞菌能还原硝酸盐为亚硝酸盐；有些厌氧菌如韦荣球菌等试验也为阳性。

（四）有机酸及铵盐利用试验

1. 柠檬酸盐利用试验

（1）原理　某些细菌能利用铵盐作为唯一的氮源，同时利用柠檬酸盐作为唯一的碳源。它们可在柠檬酸盐培养基上生长，并分解柠檬酸钠生成碳酸钠，分解铵盐生成氨，使培养基变碱，此时，培养基中的指示剂——溴麝香草酚蓝就由原来的草绿色变成蓝色。本试验可以用产气肠杆菌作为阳性对照菌，用大肠埃希菌作为阴性对照菌。

（2）培养基　西蒙柠檬酸盐培养基。

（3）试验方法　将分离得到的待试菌纯种培养物挑取少量划线接种到西蒙柠檬酸盐培养基中，也可将待试菌纯种培养物做成生理盐水菌悬液后，挑取一环划线接种于西蒙柠檬酸盐培养基中，(36 ± 1)℃培养 1 ~ 4d，每天观察结果。本试验可以用产气肠杆菌作为阳性对照菌，用大肠埃希菌作为阴性对照菌。

（4）结果判断　阳性者斜面上有菌落生长，同时培养基变成蓝色；阴性者斜面上无细菌生长，培养基仍然保持原色（绿色）。

（5）应用　此试验常作为肠杆菌科中各菌属间的鉴别试验，埃希菌属、变形杆菌属、志贺菌属、爱德华菌属、摩根菌属等为阴性，其他菌属通常为阳性。

2. 丙二酸盐利用试验

（1）原理　琥珀酸脱氢是三羧酸循环的一个重要环节。在丙二酸浓度较高的情况下，丙二酸与琥珀酸会竞争琥珀酸脱氢酶。琥珀酸脱氢酶则不能被释放出来催化琥珀酸脱氢反应，故抑制了三羧酸循环，因而微生物的生长也受到了抑制。而有些微生物可以利用丙二酸钠作为唯一的碳源，在丙二酸钠培养基上生长，分解丙二酸钠产生碳酸钠，使培养基变碱，指示剂溴百里酚蓝也从草绿色变为蓝色。所用的丙二酸钠培养基中，除含有丙二酸钠外，还含有硫酸铵作为氮源，铵盐被分解产生氨导致碱性增强。本试验可以用大肠埃希菌作为阳性对照菌，用普通变形杆菌作为阴性对照菌。

（2）培养基　丙二酸钠培养基。

（3）试验方法　将新鲜培养的待试菌纯种培养物挑取少量接种到丙二酸钠培养基中，(36±1)℃培养48h，观察结果。

（4）结果判断　培养基变成蓝色者为阳性，培养基仍然保持原色（绿色）者为阴性。

（5）应用　肠杆菌科中，亚利桑那菌属和克雷伯菌属为阳性，柠檬酸杆菌属、肠杆菌属和哈夫尼亚菌属有不同的生物型，其他各菌属均为阴性。

3. 葡萄糖铵试验

（1）原理　有些细菌可利用铵盐作为唯一氮源，且不需要尼克酸和某些氨基酸作为生长因子时，可以在葡萄糖胺培养基上生长，并分解葡萄糖产酸，酸碱指示剂溴麝香草酚蓝变色，培养基变成黄色。

（2）培养基　葡萄糖胺培养基。

（3）试验方法　用接种针轻轻触及培养物的表面，在盐水管内做成极稀的悬液，肉眼不见浑浊，以每一接种环内含菌数为20～100个为宜。将接种环灭菌后挑取菌液接种；同时再以同法接种普通斜面一支作为对照。(36±1)℃培养24h，观察结果。本试验要求比较严格，要防止尼克酸的污染，注意试验容器使用前用清洁液浸泡，并用新棉花做成棉塞，否则易造成假阳性的结果。

（4）结果判断　阳性者在对照培养基上生长良好，同时在葡萄糖胺培养基变成黄色，且斜面上形成正常菌落；阴性者只在对照培养基上生长良好，葡萄糖培养基无菌落生长，仍保留原来颜色（绿色）。如在葡萄糖胺斜面上生长极微小的菌落可视为阴性结果。

（5）应用　肠杆菌科中埃希菌属葡萄糖胺试验为阳性，志贺菌属虽然也可以利用铵盐为唯一氮源，但因其生长需要尼克酸等所谓生长因子，因此葡萄糖胺试验为阴性；变形杆菌属和摩根菌属不能利用铵盐为唯一氮源，因此葡萄糖胺试验为阴性。

（五）毒性酶类试验

1. 卵磷脂酶试验

（1）原理　有些细菌能产生卵磷脂酶，即 α－毒素，在有钙离子存在时，能迅速分解卵磷脂，生成甘油酯和水溶性磷酸胆碱。当这些微生物在卵黄琼脂培养基上生长时，菌落周围会形成浑浊带，在卵黄胰胨培养液中生长时，可出现白色沉淀。

（2）培养基　10% 卵黄琼脂平板。

（3）试验方法　将分离得到的待试菌纯种培养物划线接种于卵黄琼脂平板上，也可将其点种在培养基上。置（36 ±1）℃培养 3 ~6h，观察结果。

（4）结果判断　卵磷脂阳性的菌株，（36 ±1）℃培养 3h，就会在菌落周围形成乳白色浑浊环，6h 后可扩展至 5 ~6mm。

（5）应用　此试验主要用于厌氧菌的鉴定。产气荚膜梭菌、诺维梭菌为卵磷脂酶试验阳性，其他梭菌不产生卵磷脂酶。蜡样芽孢杆菌也产生卵磷脂酶。

2. 血浆凝固酶试验

（1）原理　致病性葡萄球菌能产生两种凝固酶，一种和细胞壁结合，它直接作用于血浆中的纤维蛋白原，使之成为不溶解性纤维蛋白，附于细菌表面，生成凝块，因而有抗吞噬作用，玻片试验的阳性结果是由此酶产生的；另一种凝固酶由菌体生成后释放于培养基中，叫作游离凝固酶，它能使凝血酶原变成血浆凝固酶，从而使抗凝的血浆发生凝固，试管法的阳性结果是由此酶产生的。

（2）试验方法

①玻片法：取未稀释的血浆及生理盐水各 1 滴，分别滴于洁净玻片上，挑取分离得到的待试菌纯种培养物，分别与生理盐水及血浆混合，立即观察结果。

②试管法：取新鲜配制兔血浆 0. 5mL，放入小试管中，再加入待试菌 BHI 肉汤 24h 培养物 0. 2 ~0. 3mL，振荡摇匀，置（36 ±1）℃培养箱或水浴锅内，每半小时观察一次，观察 6h。同时，以血浆凝固酶试验阳性和阴性葡萄球菌菌株的肉汤培养物作为对照。也可用商品化的试剂，按说明书操作，进行血浆凝固酶试验。

试管法和玻片法两者所出现的阳性反应，可以得出不同结果。除应注意血浆中可能会含有特异凝集素，而使玻片法出现假阳性外，如果玻片法结果为阴性时，仍应使用试管法做最后确定。

（3）结果判断　玻片法中的血浆中有明显颗粒出现，而盐水中无自凝者为阳性结果；试管法中的小试管在 6h 内呈现凝固（即将试管倾斜或倒置时，呈现凝块），或凝固体积大于原体积的一半，被判定为阳性结果。

（4）应用　在检验葡萄球菌属时，常以它们能否凝固抗凝的人或兔血浆作为区别其是否有致病性的依据。

3. 链激酶试验

（1）原理　A 型溶血性链球菌能产生链激酶（即溶纤维蛋白酶），该酶能激活人体血液中的血浆蛋白酶原，使合成血浆蛋白酶，而后溶解纤维蛋白。产生链激酶的链球菌主要有 A、C 及 G 等群。

（2）试验方法　取草酸钾人血浆 0.2mL，加入无菌生理盐水 0.8mL，再加入试验菌 18 ~ 24h 肉汤培养物 0.5mL，混合后，再加入 0.25% 氯化钙水溶液 0.25mL（如氯化钙已潮解，可适当加大到 0.3% ~0.35%），振荡摇匀，置于 (36 ±1)℃水浴锅中 10min，血浆混合物自行凝固（凝固程度至试管倒置，内容物不流动），然后观察凝固块重新完全溶解的时间。

（3）草酸钾人血浆配制　草酸钾 0.01g 放入灭菌小试管中，再加入 5mL 健康人血，混匀，经离心沉淀，吸取上清液即为草酸钾人血浆。

（4）结果判断　在 24h 内凝固块完全溶解为阳性，24h 后不溶解即为阴性。

（5）应用　在检验溶血性链球菌时，常以它们能否溶化凝固的人血浆来判断是否为 A 型溶血性链球菌，溶化时间越短，表示该菌产生的链激酶越多，强烈者可在 15min 内完全溶化凝固的血浆。

（六）抑菌试验

1. 氰化钾试验

（1）原理　氰化钾可以抑制某些细菌的呼吸酶系统。细胞色素、细胞色素氧化酶、过氧化氢酶和过氧化物酶以铁卟啉作为辅基，氰化钾能和铁卟啉结合，使这些酶失去活性，使细菌的生长受到抑制。有的细菌在含有氰化钾的培养基中因呼吸链末端受到抑制而阻断了生物氧化，故不能生长；有的微生物则对氰化钾具有抗性，在含有氰化钾的培养基中仍能生长。

（2）培养基　氰化钾培养基。

（3）试验方法　将分离得到的待试菌纯种培养物接种于蛋白胨水中成为稀释菌液，挑取一环接种于氰化钾培养基，并另挑取一环接种于对照培养基。(36 ±1)℃培养 1 ~2d，观察结果。本试验可采用产气肠杆菌作为阳性对照菌，大肠埃希菌作为阴性对照菌。试验时注意氰化钾为剧毒药物。此试验失败的主要原因是封口不严，氰化钾逸出，造成假阳性结果。

（4）结果判断　如培养基对照管均生长，试验管也生长者为阳性结果，表示不受氰化钾抑制；试验管无细菌生长为阴性，表示该菌受氰化钾抑制。

（5）应用　本试验常用于肠杆菌科各属的鉴别。沙门菌属、志贺菌属和埃希菌属的细菌可受氰化钾抑制，而肠杆菌科中的其他各菌不受抑制。

2. 杆菌肽敏感试验

（1）原理　A 群链球菌对杆菌肽几乎是 100% 敏感，而其他群链球菌对杆菌肽通常耐药。故此试验可对链球菌进行鉴别。

（2）培养基　血琼脂培养基。

（3）试验方法　用灭菌的棉拭子或涂布器取待检菌的肉汤培养物，均匀涂布于血平板上，用灭菌镊子夹取每片含有0.04mL的杆菌肽纸片置于上述平板上，(36±1)℃培养18~24h，观察结果。用已知的阳性菌株作对照。

（4）结果判断　如有抑菌圈出现即为阳性。临床上判断结果的依据为抑菌环大于10mm者对杆菌肽敏感，抑菌环小于10mm者对杆菌肽有耐药性。

（5）应用　主要用于A群与非A群链球菌的鉴别。从临床分离的菌种中有5%~15%非A群链球菌也对杆菌肽敏感。

（七）三糖铁试验

1. 原理　本培养基适合于肠杆菌科的鉴定。用于观察细菌对糖的利用和硫化氢（变黑）的产生。该培养基含有乳糖、蔗糖和葡萄糖的比例为10:10:1。只能利用葡萄糖的细菌，葡萄糖被分解产酸可使斜面先变黄，但因量少，且生成的少量酸，因接触空气而氧化，加之细菌利用培养基中含氮物质，生成碱性产物，故使斜面后来又变红，底部由于是在厌氧状态下，酸类不被氧化，所以仍保持黄色。而发酵乳糖或蔗糖的细菌，则产生大量的酸，使斜面变黄，底层也呈现黄色。如果细菌能分解含硫氨基酸，生成硫化氢，与培养基中的铁盐反应，生成黑色的硫化亚铁沉淀，接种培养后，产生黑色沉淀。

2. 培养基　三糖铁培养基。

3. 试验方法　以接种针挑取待试菌可疑菌落或纯培养物，穿刺接种并涂布于斜面，置(36±1)℃培养18~24h，观察结果。

4. 结果判断

（1）糖发酵情况　如果斜面碱性（红色）/底层碱性（红色），则表明试验菌不发酵葡萄糖、乳糖和蔗糖；如果斜面碱性（红色）/底层酸性（黄色），则表明试验菌只发酵葡萄糖，不发酵乳糖和蔗糖；如果斜面酸性（黄色）/底层酸性（黄色），则表明试验菌至少分解乳糖或蔗糖中的一种。

（2）分解糖类产气情况　如果培养基中有气泡，或者培养基呈裂开现象，或者琼脂被气体推挤上去，表明试验菌分解葡萄糖、乳糖或者蔗糖，既产酸又产气。

（3）H_2S产生情况　如果培养基底部形成黑色，表明试验菌可分解含硫氨基酸，生成硫化氢。

二、生理生化试验注意事项

利用生理生化试验鉴定微生物种属时，为了提高试验的准确性及待检菌的检出率，应注意：待检菌应是新鲜培养物，一般采用培养18~24h的培养物做生理生化试验；待检菌应是纯种培养物；遵守观察反应的时间；观察结果的时间，多为24h或48h；应做必要的对照试验；提高阳性检出率，至少挑取2~3个待检的疑似菌落分别进行试验。

第二节　血清学试验

血清学试验是根据抗原与相应抗体在体外发生特异性结合，并在一定条件下出现各种抗原－抗体反应的现象，用于检验抗原或抗体的技术。近年来，血清学检验技术发展迅速，新的技术不断涌现，应用范围也越来越广泛，不仅在传染病的诊断、病原微生物的分类鉴定、抗原分析、测定毒素与抗毒素的单位等方面广泛应用，而且在生物学、生物化学、遗传学等各方面都广泛地采用着。

一、抗原与抗体

（一）抗原（antigen）

凡是能刺激有机体产生抗体，并能与相应抗体发生特异性结合的物质，称为抗原。这一概念包括两个基本内容，一个是刺激机体产生抗体，通常称为抗原性或免疫原性；另一个是能和相应抗体发生特异性结合，称为反应原性。

1. 抗原的基本性质

（1）异源性　抗原必须是非自身物质，而且生物种系差异越大，抗原性越好。机体对它本身的物质，一般不产生抗体，而各种微生物以及某些代谢产物（如外毒素等）对动物机体来说是异种物质，具有很好的抗原性。

（2）大相对分子质量　凡是有抗原性的物质，相对分子质量都在1万以上。相对分子质量越大，抗原性越强。在天然抗原中，蛋白质的抗原性最强，其相对分子质量多在7万～10万以上。一般的多糖和类脂物质因相对分子质量不够大，只有与蛋白质结合后才能有抗原性。

（3）特异性　抗原刺激机体后只能产生相应的抗体并能与之结合。这种特异性是由抗原表面的抗原决定簇决定的。所谓抗原决定簇也仅仅是抗原物质表面的一些具有化学活性的基团。

2. 抗原的种类

抗原物质的种类很多，关于它们的分类，至今尚无统一意见。按来源可分为天然抗原和人工抗原；按抗原性完整与否及其在机体内刺激抗体产生的特点，可分为完全抗原和不完全抗原。

（1）完全抗原与不完全抗原

①完全抗原（complete antigen）：能在机体内引起抗体形成，在体外（试管内）可与抗体发生特异性结合，并在一定条件下出现可见反应的物质，称为完全抗原，如细菌、病毒等微生物蛋白质及外毒素等。

②不完全抗原（incomplete antigen）或称为半抗原（hapten）：不能单独刺激机体产生抗体（若与蛋白质或胶体颗粒结合后，则可刺激机体产生抗体），但在试管内可与相应抗体发生特异性结合，并在一定条件下出现可见反应的物质。称

为不完全抗原或半抗原。如肺炎双球菌的多糖，炭疽杆菌的荚膜多肽，这一类半抗原又称为复杂半抗原。还有一些半抗原在体外（试管内）虽与相应抗体发生了结合，但不出现可见反应，却能阻止抗体再与相应抗原的结合，这一类又称为简单半抗原。

（2）细菌抗原　细菌的结构虽然简单，但其蛋白质以及与蛋白质结合的多糖和类脂等，都具有不同强弱的抗原性。主要的细菌抗原有以下几种。

①菌体抗原：是细菌的主要抗原，存在细胞壁上，其主要成分为脂多糖。一般称菌体抗原为 O 抗原。细菌的 O 抗原往往由数种抗原成分所组成，近缘菌之间的 O 抗原可能部分或全部相同，因此对某些细菌可根据 O 抗原的组成不同进行分群。如沙门菌属，按 O 抗原的不同分成 42 个群。O 抗原耐热，在 121℃下 2h 不被破坏。

②鞭毛抗原：存在于鞭毛中，也称为 H 抗原。是由蛋白质组成，具有不同的种和型特异性，故通过对 H 抗原构造的分析，可做菌型鉴别。H 抗原不耐热，在 56～80℃下 30～40min 即遭破坏。在制取 O 抗原时，常据此用煮沸法消除 H 抗原。

③表面抗原：包围在细菌细胞壁最外面的抗原，故称为表面抗原。随菌种和结构的不同可有不同的名称，如肺炎双球菌的表面抗原称为荚膜抗原，大肠杆菌、痢疾杆菌的表面抗原称为包膜抗原或 K 抗原，沙门菌属的表面抗原称为 Vi 抗原等。

④菌毛抗原：存在于菌毛中的抗原，也具有特异的抗原性。

⑤外毒素和类毒素：细菌外毒素具有很强的抗原性，能刺激机体产生抗毒素抗体。外毒素经 0.3%～0.4% 甲醛溶液处理后失去毒性，但仍保持抗原性，即称为类毒素，如白喉类毒素及破伤风类毒素等。白喉外毒素经 0.3%～0.4% 甲醛液处理后可使外毒素的电荷发生改变，封闭其自由氨基，产生甲烯化合物。其他基团（如吲哚异吡唑环）与侧链的关系也可变成为类毒素。抗原决定簇与毒性基团两者是不同的，但在空间排列上是相互靠近的基团。因此，当抗毒素与相应抗原决定簇结合时，可能掩盖了毒性基团，不呈现出毒素的毒性作用。

（二）抗体（antibody）

抗体是机体受抗原刺激后，在体液中出现的一种能与相应抗原发生反应的球蛋白，称为免疫球蛋白（Immunoglobulin，简称 Ig）。含有免疫球蛋白的血清，通常被称为免疫血清或抗血清。

1. 抗体的基本性质

（1）抗体是一些具有免疫活性的球蛋白，具有和一般球蛋白相似的特性，不耐热，加热至 60～70℃即被破坏。抗体可被中性盐沉淀，生产上常用硫酸铵从免疫血清中沉淀免疫球蛋白，以提纯抗体。

（2）抗体在试管内能与相应抗原发生特异性结合，在机体内能在其他防御机能协同作用下，杀灭病原微生物。但某些抗体在机体内与相应抗原相遇时，能引起变态反应，如青霉素过敏等。

（3）抗体的相对分子质量都很高，试验证明，抗体主要由丙种球蛋白所组成，但不是说所有的丙种球蛋白都是抗体。

2. 抗体的种类

抗体的分类也很不一致，使用较多的分类方法有以下几种。

（1）根据抗体获得方式分

①免疫抗体：是指动物患传染病后或经人工注射疫苗后产生的抗体。

②天然抗体：是指动物先天就有的抗体，而且可以遗传给后代。

③自身抗体：是指机体对自身组织成分产生的抗体。这种抗体是引起自身免疫病的原因之一。

（2）根据抗体作用对象分

①抗菌性抗体：是指细菌或内毒素刺激机体所产生的抗体，如凝集素等。此抗体作用于细菌后，可凝集细菌。

②抗毒性抗体：是细菌外毒素刺激机体所产生的抗体，又称抗毒素，具有中和毒素的能力。

③抗病毒性抗体：病毒刺激机体而产生的抗体，具有阻止病毒侵害细胞的作用。

④过敏性抗体：是异种动物血清进入机体后所产生的使动物发生过敏反应的一种抗体。

（3）根据与抗原在试管内是否出现可见反应分

①完全抗体：能与相应抗原结合，在一定条件下出现可见的抗体－抗原反应。

②不完全抗体：该种抗体能与相应的抗原结合，但不出现可见的抗体－抗原反应。不完全抗体与抗原结合后，抗原表面具有抗体球蛋白分子的特性，如与抗球蛋白抗体作用则出现可见的反应。

二、血清学试验

抗原与相应抗体无论在体外或体内均能发生特异性结合，并根据抗原的性质，反应条件及其他参与反应的因素，表现为各种反应，统称为免疫反应。抗原抗体在体外发生的特异性结合反应，称之为血清学试验。

（一）血清学反应的一般特点

1. 特异性和交叉性

血清学反应具有高度特异性，但两种不同抗原分子上如有相同的抗原决定簇，则与抗体结合时可出现交叉反应，如肠炎沙门菌血清能凝集鼠伤寒沙门菌，反之亦然。

2. 可逆性

抗体与抗原的结合是分子表面的结合，虽然相当稳定，但却是可逆的。因为抗原抗体的结合犹如酶与底物的结合，是非共价键的结合，在一定条件下可以发生解离。两者分开后，抗原或抗体的性质不变。

3. 结合比例

抗原抗体的结合是按一定比例进行的，只有两者分子比例适合时才出现可见的反应。如抗原过多或抗体过多，都会抑制可见反应的出现，此即所谓的带现象。如沉淀反应，两者分子比例合适，沉淀物产生既快又多，体积大。分子比例不合适，则沉淀物产生少，体积少，或者根本不产生沉淀物。为了克服带现象，在进行血清学试验时，须对抗原与抗体进行适当稀释。

4. 敏感性

抗体－抗原反应不仅具有高度特异性，而且还有高度的敏感性，不仅可用于定性，还可用于定量、定位。其敏感性大大超过了当前所应用的化学方法。

5. 阶段性

血清学反应分两个阶段，第一阶段为抗原抗体的特异性结合，此阶段需时很短，仅几秒至几分钟，但无可见现象。紧随着第二阶段为可见反应阶段，表现为凝集、沉淀、细胞溶解、破坏等；此阶段需时很长，从数分钟、数小时至数日。反应现象的出现受多种因素的影响。

（二）影响血清学反应的条件

1. 电解质

抗原与抗体一般均为蛋白质，它们在溶液中都具有胶体的性质，当溶液的pH大于它们的等电点时，如中性和弱碱性的水溶液中，它们大多表现为亲水性，且带有一定的负电荷。特异性抗体和抗原有相对应的极性基。抗原与抗体的特异性结合，也就是这些极性基的相互吸附。抗原和抗体结合后就由亲水性变为疏水性，此时受电解质影响，如有适当浓度的电解质存在，就会使它们失去一部分负电荷而相互凝集，于是出现明显的凝集或沉淀现象。若无电解质存在，则不发生可见现象。因此血清学反应中，通常应用0.85%的NaCl水溶液作为抗原和抗体的稀释液，供应适当浓度的电解质。

2. 温度

抗原抗体反应与温度有密切关系，一定的温度可以增加抗原抗体碰撞结合机会，并加快反应速度。一般在37℃水浴锅中保持一定的时间，即出现可见的反应，但若温度过高，超过56℃后，则抗原抗体将变性破坏，反应速度往往降低。

3. pH

合适的pH是抗体抗原反应的必要条件之一，pH过高过低可直接影响抗原抗体的理化性质，当pH低达3时，因接近细菌抗原的等电点，将出现非特异性酸凝集，造成假象，将严重影响血清学反应的可靠性。过高或过低的pH均可以使抗原抗体复合物重新解离。大多数血清学反应的适宜 pH 为 6 ~ 8。

4. 杂质异物

反应中如存在与反应无关的蛋白质、类脂、多糖等非特异性物质时，往往会抑制反应的进行，或引起非特异性反应。

（三）血清学反应的类型

1. 凝集反应

细菌、细胞等颗粒性抗原悬液加入相应抗体，在适量电解质存在的条件下，抗原抗体发生特异性结合，且进一步凝集成肉眼可见的小块，称为凝集反应。其参与反应的颗粒性抗原称为凝集原，参与反应的抗体称为凝集素。该类反应可分为直接凝集反应和间接凝集反应。直接凝集反应是抗原与抗体直接结合而发生的凝集。如细菌、红细胞等表面的结构抗原与相应抗体结合时所出现的凝集。直接凝集反应又分为玻片法和试管法，其中在食品微生物检验中最常用的是玻片法。

玻片法通常为定性试验，用已知抗体检测未知抗原。鉴定分离菌种时，可取已知抗体滴加在玻片上，用接种环取待检菌涂于抗体溶液中。轻轻转动玻片，使其充分混匀，静置数分钟，观察结果。如出现细菌凝集成块的现象，即为阳性反应。该方法简便快速，除鉴定菌种外，尚用于菌种分型，测定人类红细胞的 ABO 血型等。

2. 沉淀反应

可溶性抗原（如血清蛋白、细菌培养滤液、细菌浸出液、组织浸出液等）与相应抗体发生特异性结合，在有适量电解质存在的条件下，形成肉眼可见的沉淀物，称为沉淀反应。参加反应的可溶性抗原称为沉淀原，参加反应的抗体称为沉淀素。沉淀原可以是多糖、蛋白质或它们的结合物等。同凝集原比较，沉淀原的分子小，单位体积内所含的抗原量多，与抗体结合的总面积大。沉淀反应的试验方法有环状法、絮状法和琼脂扩散法三种基本类型。

在做定量试验时，为了不使抗原过剩而生成不可见的可溶性抗原抗体复合物，应稀释抗原，并以抗原的稀释度作为沉淀反应的效价。

3. 补体结合反应

这是一种有补体参与并以溶血现象为指示的抗原 - 抗体反应。参与本反应的有 5 种成分，分两个反应系统，一个为检验系统（溶菌系统），包括已知抗原（或抗体）、被检抗体（或抗原）和补体；另一个为指示系统（溶血系统），包括绵羊红细胞、溶血素和补体。

补体是一组球蛋白，存在于动物血清中，本身没有特异性，能与任何抗原抗体复合物结合，但不能与单独的抗原或抗体结合。被抗原抗体复合物结合的补体不再游离。试验中常以新鲜的豚鼠血清作为补体的来源。试验时，先将抗原与血清在试管内混合，然后加入补体。如果抗原与血清相对应，则发生特异性结合，加入的补体被它们的复合物结合而被固定。如果抗原与抗体不对应，则补体仍游离存在。但因补体是否已被抗原抗体复合物结合，不能用肉眼观察，所以还需借助于溶血系统，即再加入绵羊红细胞和溶血素。如果不发生溶血，说明检验系统中的抗原与抗体相对应，补体已被它们的复合物结合而固定；如果发生溶血，说明被检系统中的抗原抗体不相对应，或者两者缺一，补体仍游离存在而激活了溶血系统。

思　考　题

1. 什么是生化试验？
2. 做生化试验要注意哪些事项？
3. 简述糖醇类发酵试验的原理，写出其试验方法和结果的记录。
4. 简述甲基红试验（MR）的原理，写出其试验方法和结果的记录。
5. 简述靛基质（Imdole）（吲哚）试验的原理，写出其试验方法、结果的记录和注意事项。
6. 简述氨基酸脱羧酶试验的原理，写出结果的记录、阳性反应试验管颜色变化过程和原理。
7. 简述氰化钾试验的原理，写出其试验方法、结果的记录和注意事项。
8. 简述溶血试验的溶血类型及现象。
9. 简述链激酶试验的原理。
10. 简述血浆凝固酶试验的原理，并写出玻片法的试验方法。
11. 简述三糖铁（TSI）试验的原理。
12. 简述血清学反应、抗原、抗体、抗原－抗体反应的概念。
13. 影响血清学试验的因素有哪些？
14. 血清学试验常用的电解质有哪些？有什么作用？
15. 写出血清学试验中玻片凝集法的原理和试验的方法与步骤。

第四章　食品卫生细菌学检验

第一节　菌落总数检验

食品中菌落总数（aerobic plate count）是指食品检样经过处理，在一定条件下（如培养基、培养温度和培养时间等）培养后，所得每克（毫升）检样中形成的微生物菌落总数。

菌落总数主要作为判别食品被污染程度的标志，也可以应用这一方法观察细菌在食品中繁殖的动态，以便为被检样品进行卫生学评价提供依据。从食品卫生学观点来看，食品中菌落总数越多，说明食品质量越差，病原菌污染的可能性越大。菌落总数的检验技术是每一位食品检验工应掌握的基本技能。

每种细菌都有一定的生理特性，培养时只有分别满足不同的培养条件（如培养温度、培养时间、pH、需氧性质等），才能将各种细菌培养出来。但在实际工作中，细菌菌落总数的测定一般都只用一种常用方法，即平板活菌计数法，因而并不能测出每克或每毫升中的实际总活菌数，如厌氧菌、微嗜氧菌和嗜冷菌在此条件下不生长，有特殊营养要求的一些细菌也受到了限制，因此所得结果，只反映一群在平板计数琼脂中发育的、嗜温的、需氧的和兼性厌氧的细菌菌落的总数。此外，菌落总数并不能区分细菌的种类，所以有时被称为杂菌数或需氧菌数等。

菌落总数的测定（平板活菌计数法）是根据微生物在固体培养基上所形成的菌落（即由一个单细胞繁殖而成，且肉眼可见的子细胞群体）的生理及培养特征进行的。也就是说，一个菌落即代表一个单细胞。但食品检样中的细菌细胞是以单个、成双、链状、葡萄状或成堆的形式存在，因而在营养琼脂平板上出现的菌落可以来源于细胞块，也可以来源于单个细胞，因此平板上所得需氧和兼性厌氧菌菌落的数字不应报告为活菌数，而应以单位质量、容积或表面积内的菌落数或菌落形成单位数（colony forming units，CFU）报告。

中华人民共和国卫生部2010年3月26日发布了GB 4789.2—2010《食品安全国家标准　食品微生物学检验　菌落总数测定》，该标准适用于食品中菌落总数的测定。

下面按GB 4789.2—2010《食品安全国家标准　食品微生物学检验　菌落总数测定》要求介绍食品卫生细菌学菌落总数的检验技术。

一、设备和材料

检验食品中细菌菌落总数所需设备和材料除微生物实验室常规灭菌及培养设备外，其他设备和材料如下。

（1）恒温培养箱　(36±1)℃，(30±1)℃。

（2）冰箱　2~5℃。

（3）恒温水浴箱　(46±1)℃。

（4）天平　感量为0.1g。

（5）均质器。

（6）振荡器。

（7）无菌锥形瓶　容量250mL、500mL。

（8）无菌吸管　1mL（具0.01mL刻度）、10mL（具0.1mL刻度）或微量移液器及吸头。

（9）无菌培养皿　直径90mm。

（10）放大镜或/和菌落计数器。

（11）pH计或pH比色管或精密pH试纸。

二、培养基和试剂

检验食品中菌落总数需要的培养基和试剂如下。

（1）平板计数琼脂（plate count agar，PCA）培养基。

（2）磷酸盐缓冲液

①成分：磷酸二氢钾（KH_2PO_4）34.0g，蒸馏水500mL，pH7.2。

②制法

储存液：称取34.0g的磷酸二氢钾溶于500mL蒸馏水中，用大约175mL的1mol/L NaOH溶液调节pH，用蒸馏水稀释至1000mL后储存于冰箱。

稀释液：取储存液1.25mL，用蒸馏水稀释至1000mL，分装于适宜容器中，121℃高压灭菌15min。

（3）0.85%无菌生理盐水：称取8.5g氯化钠溶于1000mL蒸馏水中，121℃高压灭菌15min。

三、检验程序

菌落总数的检验程序如图4-1所示。

四、操作步骤

1. 样品的稀释

（1）固体和半固体样品　称取25g样品置于盛有225mL磷酸盐缓冲液或生

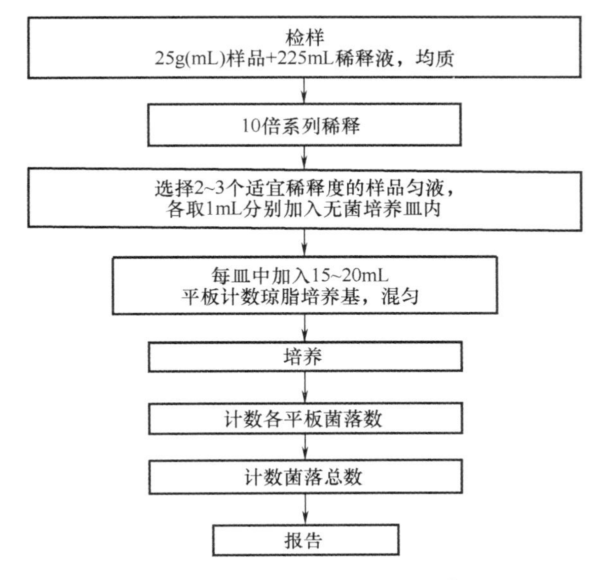

图 4-1　菌落总数的检验程序

理盐水的无菌均质杯内，8000～10000r/min 均质 1～2min，或放入盛有 225mL 稀释液的无菌均质袋中，用拍击式均质器拍打 1～2min，制成 1∶10 的样品匀液。

（2）液体样品　以无菌吸管吸取 25mL 样品置于盛有 225mL 磷酸盐缓冲液或生理盐水的无菌锥形瓶（瓶内预置适当数量的无菌玻璃珠）中，充分混匀，制成 1∶10 的样品匀液。

（3）用 1mL 无菌吸管或微量移液器吸取 1∶10 样品匀液 1mL，沿管壁缓慢注于盛有 9mL 稀释液的无菌试管中（注意吸管或吸头尖端不要触及稀释液面），振摇试管或换用 1 支无菌吸管反复吹打使其混合均匀，制成 1∶100 的样品匀液。

（4）按（3）操作程序，制备 10 倍系列稀释样品匀液。每递增稀释一次，换用 1 支 1mL 无菌吸管或吸头。

（5）根据对样品污染状况的估计，选择 2～3 个适宜稀释度的样品匀液（液体样品可包括原液），在进行 10 倍递增稀释时，吸取 1mL 样品匀液于无菌平皿内，每个稀释度做两个平皿。同时，分别吸取 1mL 空白稀释液加入两个无菌平皿内做空白对照。

（6）及时将 15～20mL 冷却至 46℃ 的平板计数琼脂培养基［可放置于 (46±1)℃恒温水浴箱中保温］倾注平皿，并转动平皿使其混合均匀。

2. 培养

（1）待琼脂凝固后，将平板翻转，(36±1)℃培养（48±2）h。水产品（30±1)℃培养（72±3）h。

（2）如果样品中可能含有在琼脂培养基表面弥漫生长的菌落时，可在凝固后的琼脂表面覆盖一薄层琼脂培养基（约 4mL），凝固后翻转平板，(36 ±1)℃培养（48 ±2）h。水产品（30 ±1)℃培养（72 ±3）h。

3. 菌落计数

可用肉眼观察，必要时用放大镜或菌落计数器，记录稀释倍数和相应的菌落数量。菌落计数以菌落形成单位（CFU）表示。

（1）选取菌落数在 30 ~300CFU、无蔓延菌落生长的平板计数菌落总数。低于 30CFU 的平板记录具体菌落数，大于 300CFU 的可记录为多不可计。每个稀释度的菌落数应采用两个平板的平均数。

（2）其中一个平板有较大片状菌落生长时，则不宜采用，而应以无片状菌落生长的平板计算该稀释度的菌落数；若片状菌落不到平板的一半，而其余一半中菌落分布又很均匀，即可计算半个平板后乘以 2，代表一个平板菌落数。

（3）当平板上出现菌落间无明显界线的链状生长时，则将每条单链作为一个菌落计数。

五、结果与报告

1. 菌落总数的计算方法

（1）若只有一个稀释度平板上的菌落数在适宜计数范围内，计算两个平板菌落数的平均值，再将平均值乘以相应稀释倍数，作为每 1g（mL）样品中菌落总数结果。

（2）若有两个连续稀释度的平板菌落数在适宜计数范围内时，按公式（4 -1）计算：

$$N = \frac{\sum C}{(n_1 + 0.1n_2)d} \qquad (4-1)$$

式中 N——样品中菌落数

ΣC——平板（含适宜范围菌落数的平板）菌落数之和

n_1——第一稀释度（低稀释倍数）平板个数

n_2——第二稀释度（低稀释倍数）平板个数

d——稀释因子（第一稀释度）

例：

稀释度	1:100（第一稀释度）	1:1000（第二稀释度）
菌落数/CFU	232，244	33，35

$$N = \frac{\sum C}{(n_1 + 0.1n_2)d} = \frac{232 + 244 + 33 + 35}{[2 + (0.1 \times 2)] \times 10^{-2}} = \frac{544}{0.022} = 24727$$

上述数据按下面“2. 菌落总数的报告”中的第（2）项要求进行数字修约，修约后表示为 25000 或 2.5×10^4。

（3）若所有稀释度的平板上菌落数均大于300CFU，则对稀释度最高的平板进行计数，其他平板可记录为多不可计，结果按平均菌落数乘以最高稀释倍数计算。

（4）若所有稀释度的平板菌落数均小于30CFU，则应按稀释度最低的平均菌落数乘以稀释倍数计算。

（5）若所有稀释度（包括液体样品原液）平板均无菌落生长，则以小于1乘以最低稀释倍数计算。

（6）若所有稀释度的平板菌落数均不在30～300CFU，其中一部分小于30CFU或大于300CFU时，则以最接近30CFU或300CFU的平均菌落数乘以稀释倍数计算。

2. 菌落总数的报告

（1）菌落数小于100CFU时，按“四舍五入”原则修约，以整数报告。

（2）菌落数大于或等于100CFU时，第3位数字采用“四舍五入”原则修约后，取前2位数字，后面用0代替位数，也可用10的指数形式来表示。按“四舍五入”原则修约后，采用两位有效数字。

（3）若所有平板上为蔓延菌落而无法计数，则报告菌落蔓延。

（4）若空白对照上有菌落生长，则此次检测结果无效。

（5）称重取样以CFU/g为单位报告，体积取样以CFU/mL为单位报告。

六、细菌菌落总数测定的其他方法

1. 平板表面涂布法

将营养琼脂制成平板，经50℃1～2h或35℃18～20h干燥后，于其上滴加检样稀释液0.2mL，用L形棒涂布于整个平板表面，放置约10min，将平板翻转，移至(36±1)℃温箱内培养（24±2）h［水产品在30℃下培养（48±2）h］，取出按前述方法进行菌落计数，然后乘以5换算为1mL检样的菌落数，再乘以样品的稀释倍数，即得每克或每毫升检样所含菌落数。

此法优于上述倾注法，因菌落生长于表面，便于识别和检查其形态，即使检样中带有食品颗粒也不会发生混淆，同时还可使细菌不受熔化琼脂的热力损伤，从而可避免由于检验操作中的不良因素而使检样中菌落数降低。但是此法取样量较倾注法少，代表性将受到一定影响。

2. 平板表面点滴法

与涂布法相似，不同之处在于用标定好的微量吸管或注射器针头按滴（每滴相当于0.025mL）将检样稀释液滴加于琼脂平板固定的区域（预先在平板背面用标记笔划为4个区域），每个区域滴1滴，每个稀释度滴2个区域，作为平行试验。滴加后，将平板平置5～10min，然后翻转平板，移入温箱内培养6～8h后进行计数，将所得菌落数乘以40换算为1mL检样菌落数，再乘以样品稀释的倍数，即得每克或每毫升检样所含菌落数。本法快速，节省人力物力，适用于基层检测单位和食品企业内部测定细菌总数。但此法取样量少，代表性可能受到影响，也可能因食品中细菌数少于3000个/g（mL）而受到限制。

七、非常见细菌菌落总数的测定方法

自然界存在的微生物绝大多数是嗜温性好氧菌，生产中的有益微生物、引起人类疾病的微生物和引起食品腐化变质的微生物也基本上是这一类型。在这里把非嗜温好氧性细菌称为非常见菌。

标准平板培养计数法是国家制定的菌落总数测定方法，能反映多数食品的卫生质量，但对某些食品却不适用。如引起新鲜鱼贝类食品变质的细菌常常是低温细菌，为了解这类食品的新鲜度，就必须采取低温培养。又如罐装食品中可能存在的细菌一般是嗜热菌，所以就必须以测定嗜热菌的多少来判定含菌情况，即必须用较高的温度培养。如果食品中混杂有多种细菌，菌种之间生长的速度就必然存在着差异，这样，就希望尽可能使多种细菌都能在平板上产生菌落，从而才能比较正确地反映出食品的卫生质量。培养的时间与培养的温度有关，在不同的培养温度范围内，一般常采用的时间见表4-1。

表4-1 菌落总数测定所采用的时间和温度

培养的细菌	培养温度/℃	培养时间
嗜温菌	30~37	(48±2) h
嗜冷菌	20~25	5~7d
	5~10	10~14d
嗜热菌	45~55	2~3d

1. 嗜冷菌的测定

取样后应尽快地进行冷藏、检验。用无菌吸管吸取冷检样液0.1mL或1mL于表面已十分干燥的TS琼脂或CVT琼脂平板上，然后用无菌L形玻璃棒涂布开来，放置片刻。然后放入培养箱，30℃培养3d，观察并对菌落计数。

2. 嗜热菌（芽孢）的计数

将检样25g加入到盛有225mL无菌水的三角瓶中，迅速煮沸5min以杀死细菌营养体及耐热性低的芽孢，然后将三角瓶浸入冷水中冷却。

（1）平酸菌计数　在5个无菌培养皿中注入2mL已煮沸冷却且已处理过的样品，用葡萄糖胰蛋白琼脂倾注平板，凝固后在50~55℃下培养48~72h，计算平板上菌落的平均数。

平酸菌在平板上的菌落为圆形，直径2~5mm，具有不透明的中心及黄色晕，晕很狭。产酸弱的细菌，其菌落周围不存在或不易观察到黄色晕。平板从培养箱内取出后应立即进行计数，因为黄色会很快消褪。如在48h后不易辨别是否产酸，则可培养72h。

（2）不产生硫化氢的嗜热性厌氧菌检验　将已处理的样品加入等量新制备的去氧肝汤（总量为20mL）试管中，以2%无菌琼脂封顶，先加热到50～55℃，在55℃下培养72h。当有气体生成（琼脂破裂，气味似干酪）时，可以认为有嗜热性厌氧菌存在。

（3）产生硫化氢的嗜热性厌氧菌计数　将已处理的样品加入到已熔化的亚硫酸盐琼脂试管中，共6份。将试管浸入冷水中，培养基固化后，加热到50～55℃，然后在55℃下培养48h。能产生硫化氢的细菌会在亚硫酸盐琼脂试管内形成特征性的黑小片（因为硫化氢转化为硫化铁等硫化物），计算黑小片数目。某些嗜热菌不生成硫化氢，但代之以生成还原性氢，使全部培养基变黑色。

3. 厌氧菌的计数

将检样稀释液1mL注入已熔化并凉至45～50℃的硫乙醇酸钠琼脂管内，摇匀，倾注平板。冷凝后，在其上再叠一层3%无菌琼脂，凝固后，在37℃培养96h，对菌落计数。

4. 革兰阴性菌的计数

倾注15～20mL平板计数用营养琼脂于无菌培养皿中，凝固后，吸注检样稀释液0.1mL于平板上，共2份。立即用L形无菌玻棒涂开，放置片刻，再层叠已溶化并凉至45～50℃的VRB 3～4mL，在30℃下培养48h后，对菌落计数。

5. 乳酸菌、乳酸链球菌、双歧杆菌的计数

乳酸菌和乳酸链球菌是酸乳生产中的常用菌种，检验乳酸菌饮料中这两种菌的含量，可以对产品的质量做出正确的评价。双歧杆菌是人体肠道中正常的菌群，对保持肠道的微生态环境有益处。

目前双歧杆菌保健食品风行，检验其中的双歧杆菌含量具有重要意义。这些菌的检验方法与菌落总数测定方法一样，先将样品稀释，再吸取1mL稀释液于培养皿中，加入冷却至45℃的溴甲酚（BCP）培养基或改良LAB培养基、豆芽汁培养基、改良MRS琼脂、心脑培养基等，轻轻摇匀，静置，凝固后35～37℃倒置培养（72±2）h，对菌落计数。根据稀释度求出原样中乳酸菌数、乳链球菌数或双歧杆菌数。

（注：BCP培养基用于乳酸菌、乳链球菌计数，LAB培养基用于三种菌计数，豆芽汁培养基用于乳链球菌计数，MRS琼脂用于乳酸菌计数，心脑培养基用于双歧杆菌计数。）

第二节　大肠菌群检验

大肠菌群（coliforms）是指一群在一定培养条件下能发酵乳糖、产酸产气的需氧和兼性厌氧革兰阴性无芽孢杆菌。它包括埃希菌属、柠檬酸菌属、肠杆菌属（又称产气杆菌属，包括阴沟肠杆菌和产气肠杆菌）、克雷伯菌属中的一部分和

沙门菌属的第Ⅲ亚属（能发酵乳糖）的细菌。

大肠菌群主要来源于人畜粪便，故以此作为粪便污染指标来评价食品的卫生质量，具有广泛的卫生学意义。它反映了食品是否被粪便污染，同时间接地指出食品是否有肠道致病菌污染的可能性。

人类消费的食品应有较好的卫生品质，不应含有病原微生物。由于许多传染病都能通过消化道传染，尤其是肠道传染病，疾病的传播主要是病原微生物随粪便排出后污染了饮水、食品等，污染病原微生物的食品除可引起食物中毒外，还可传播人畜共患性疾病或者其他疾病，成为传播病原微生物、引起传染的媒介。但要从食品中直接检查病原微生物是有困难的，这是因为：第一，肠道病原微生物的种类很多，要逐个地检查并非易事，难以经常进行；第二，污染的病原微生物数目较少，不易检查出来；第三，随病原菌同时污染的非病原菌所占比例比病原菌大得多，在培养时又比病原菌繁殖快，从而阻碍了病原菌的生长；第四，有些病原微生物，如病毒的检出需要较复杂的设备和条件，一般实验室难以进行这类检验工作。因此，最简便易行而又能说明问题的方法是通过对肠道细菌的检验来作为粪便污染的指标，这样既能说明食品的清洁卫生程度，又可间接地表示有无病原微生物污染的可能。早在 19 世纪末就有人用检查大肠杆菌的办法来确定水中有无伤寒沙门菌。水受到沙门菌的污染，有时水中该菌的数量很少，不易直接检出。若水中检出一定数量的大肠杆菌，则说明水已被粪便污染，沙门菌或其他肠道病原菌就有可能存在。

正常粪便中的细菌种类很多，但符合理想指标菌条件和特性的细菌主要有三种类群，即大肠杆菌、粪链球菌和产气荚膜梭菌。在粪便中大肠杆菌数量最多，每克粪便中可达 30 亿个，其在外界环境中的存活期限与主要肠道致病菌大致相同，可作为粪便污染食品、饮水等的指标菌。粪链球菌在粪便中数量中等，其存活期较病原菌要短一些，仅可作为近期粪便污染的指标，同时它对低温的耐受性比大肠杆菌强，有不少人认为，以它作为冷冻食品中粪便污染的指标菌更为准确。产气荚膜梭菌在粪便中数量较少，且其形成的芽孢在外界存活时间较长，以它作为指标菌不如前两种细菌。

根据以上三种细菌的情况来看，它们虽与粪便及肠道致病菌密切相关，而其中以大肠杆菌更优，但从大肠菌群变异试验的结果来看，该菌群由粪便排出体外后，其菌群的型别在外界环境下即开始改变。初期以典型大肠杆菌占优势，但随放置时间的延长，逐渐向大肠菌群中的其他型转化，放置两周后，其他型即占绝对优势。还有研究表明，正常人类粪便以典型大肠杆菌为主，而在腹泻患者粪便中，大肠菌群的其他型别有明显的增加。所以单一以大肠杆菌作为指标菌，不仅检出方法繁杂不够快速，而且并不准确，比不上以大肠菌群作为指标菌，其具有较好的指标条件和特异性，故以大肠菌群作为食品被粪便污染的指标细菌，现已广泛地应用于世界上许多国家，其中也包括中国。而粪便中的其他细菌，只是在特定的情况下被选作粪便污染菌，均未被列为公认的粪便污染指标细菌。

中华人民共和国卫生部 2010 年 3 月 26 日发布了 GB 4789.3—2010《食品安全国家标准　食品微生物学检验　大肠菌群计数》。

下面按 GB 4789.3—2010《食品安全国家标准　食品微生物学检验　大肠菌群计数》要求介绍检验大肠菌群的检验技术。

一、设备和材料

食品中大肠菌群的检验，除微生物实验室常规灭菌及培养设备外，其他设备和材料如下。

（1）恒温培养箱　(36 ± 1)℃。

（2）冰箱　2 ~ 5℃。

（3）恒温水浴箱　(46 ± 1)℃。

（4）天平　感量 0.1g。

（5）均质器。

（6）振荡器。

（7）无菌吸管　1mL（具 0.01mL 刻度）、10mL（具 0.1mL 刻度）或微量移液器及吸头。

（8）无菌锥形瓶　容量 500mL。

（9）无菌培养皿　直径 90mm。

（10）pH 计或 pH 比色管或精密 pH 试纸。

（11）菌落计数器。

二、培养基和试剂

食品中大肠菌群的检验所需要的培养基和试剂如下：

（1）月桂基硫酸盐胰蛋白胨（Lauryl Sulfate Tryptose，LST）肉汤。

（2）煌绿乳糖胆盐（Brilliant Green Lactose Bile，BGLB）。

（3）结晶紫中性红胆盐琼脂（Violet Red Bile Agar，VRBA）。

（4）磷酸盐缓冲液

①储存液：称取 34.0g 的磷酸二氢钾溶于 500mL 蒸馏水中，用大约 175mL 的 1mol/L NaOH 溶液调节 pH，用蒸馏水稀释至 1000mL 后储存于冰箱。

②稀释液：取储存液 1.25mL，用蒸馏水稀释至 1000mL，分装于适宜容器中，121℃高压灭菌 15min。

（5）0.85% 无菌生理盐水。

（6）无菌 1mol/L NaOH：称取 40g 氢氧化钠溶于 1000mL 蒸馏水中，121℃高压灭菌 15min。

（7）无菌 1mol/L HCl：移取浓盐酸 90mL，用蒸馏水稀释至 1000mL，121℃

高压灭菌 15min。

三、大肠菌群 MPN 计数法（第一法）

1. 检验程序

大肠菌群 MPN 计数的检验程序如图 4－2 所示。

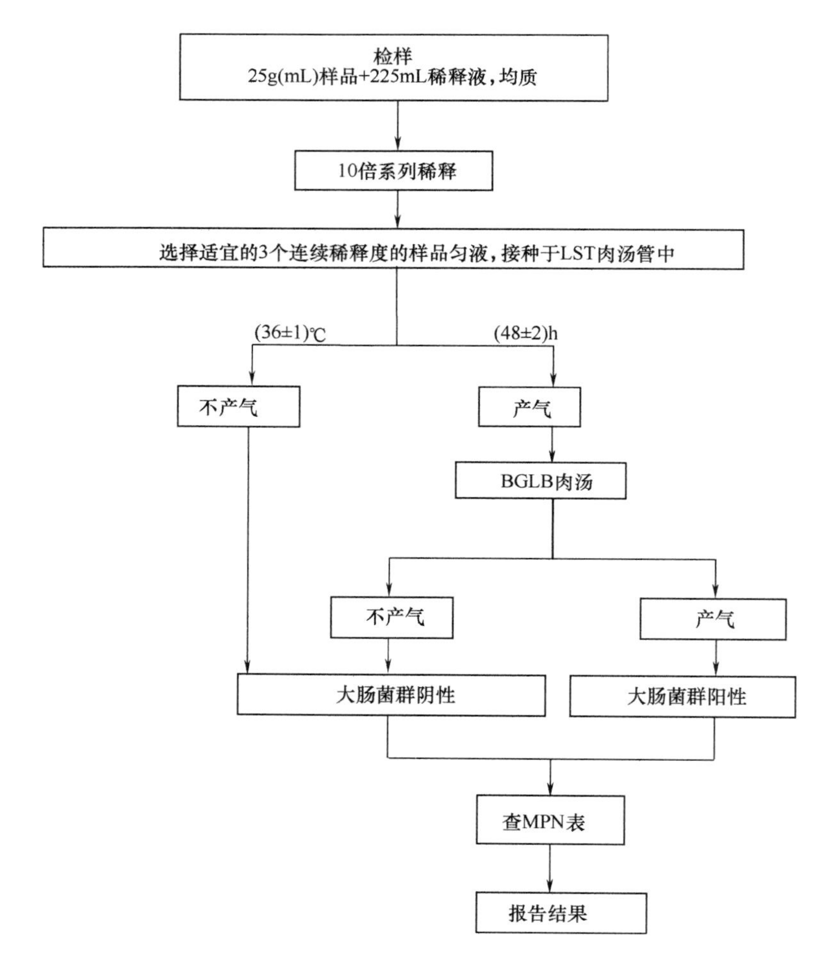

图 4－2　大肠菌群 MPN 计数法检验程序

2. 操作步骤

（1）样品的稀释

①固体和半固体样品：称取 25g 样品，放入盛有 225mL 磷酸盐缓冲液或生理盐水的无菌均质杯内，8000～10000r/min 均质 1～2min，或放入盛有 225mL 磷酸盐缓冲液或生理盐水的无菌均质袋中，用拍击式均质器拍打 1～2min，制成1∶10 的样品匀液。

②液体样品：以无菌吸管吸取25mL样品置于盛有225mL磷酸盐缓冲液或生理盐水的无菌锥形瓶（瓶内预置适当数量的无菌玻璃珠）中，充分混匀，制成1∶10的样品匀液。

③样品匀液的pH应为6.5~7.5，必要时分别用1mol/L NaOH溶液或1mol/L HCl溶液调节。

④用1mL无菌吸管或微量移液器吸取1∶10样品匀液1mL，沿管壁缓缓注入9mL磷酸盐缓冲液或生理盐水的无菌试管中（注意吸管或吸头尖端不要触及稀释液面），振摇试管或换用1支1mL无菌吸管反复吹打，使其混合均匀，制成1∶100的样品匀液。

⑤根据对样品污染状况的估计，按上述操作，依次制成10倍递增系列稀释样品匀液。每递增稀释一次，换用1支1mL无菌吸管或吸头。从制备样品匀液至样品接种完毕，全过程不得超过15min。

（2）初发酵试验　每个样品选择3个适宜的连续稀释度的样品匀液（液体样品可以选择原液），每个稀释度接种3管月桂基硫酸盐胰蛋白胨（LST）肉汤，每管接种1mL（如接种量超过1mL，则用双料LST肉汤），（36±1）℃培养（24±2）h，观察导管内是否有气泡产生，（24±2）h产气者进行复发酵试验，如未产气则继续培养至（48±2）h，产气者进行复发酵试验。未产气者为大肠菌群阴性。

（3）复发酵试验　用接种环从产气的LST肉汤管中分别取培养物1环，移种于煌绿乳糖胆盐肉汤（BGLB）管中，（36±1）℃培养（48±2）h，观察产气情况。产气者，计为大肠菌群阳性管。

（4）大肠菌群最可能数（MPN）的报告　按复发酵试验确证的大肠菌群LST阳性管数，检索MPN表（表4-2），报告每1g（mL）样品中大肠菌群的MPN值。

表4-2　大肠菌群最可能数（MPN）检索表

阳性管数			MPN	95%置信区间		阳性管数			MPN	95%置信区间	
0.10	0.01	0.001		下限	上限	0.10	0.01	0.001		下限	上限
0	0	0	<3.0	—	9.5	1	1	0	7.4	1.3	20
0	0	1	3.0	0.15	9.6	1	1	1	11	3.6	38
0	1	0	3.0	0.15	11	1	2	0	11	3.6	42
0	1	1	6.1	1.2	18	1	2	1	15	4.5	42
0	2	0	6.2	1.2	18	1	3	0	16	4.5	42
0	3	0	9.4	3.6	38	2	0	0	9.2	1.4	38
1	0	0	3.6	0.17	18	2	0	1	14	3.6	42
1	0	1	7.2	1.3	18	2	0	2	20	4.5	42
1	0	2	11	3.6	38	2	1	0	15	3.7	42

续表

阳性管数			MPN	95%置信区间		阳性管数			MPN	95%置信区间	
0.10	0.01	0.001		下限	上限	0.10	0.01	0.001		下限	上限
2	1	1	20	4.5	42	3	1	1	75	17	200
2	1	2	27	8.7	94	3	1	2	120	37	420
2	2	0	21	4.5	42	3	1	3	160	40	420
2	2	1	28	8.7	94	3	2	0	93	18	420
2	2	2	35	8.7	94	3	2	1	150	37	420
2	3	0	29	8.7	94	3	2	2	210	40	430
2	3	1	36	8.7	94	3	2	3	290	90	1000
3	0	0	23	46	94	3	3	0	240	42	1000
3	0	1	38	8.7	110	3	3	1	460	90	2000
3	0	2	64	17	180	3	3	2	1100	180	4100
3	1	0	43	9	180	3	3	3	>1100	420	—

注：（1）本表采用3个稀释度［0.1g（mL）、0.01g（mL）和0.001g（mL）］，每个稀释度接种3管。

（2）表内所列检样量如改用1g（mL）、0.1g（mL）和0.01g（mL）时，表内数字应相应降低10倍；如改用0.01g（mL）、0.001g（mL）、0.0001g（mL）时，则表内数字应相应增高10倍，其余类推。

（3）最可能数（mostprobablenumber，MPN）：基于泊松分布的一种间接计数方法。

四、大肠菌群平板计数法（第二法）

1. 检验程序

大肠菌群平板计数法的检验程序如图4－3所示。

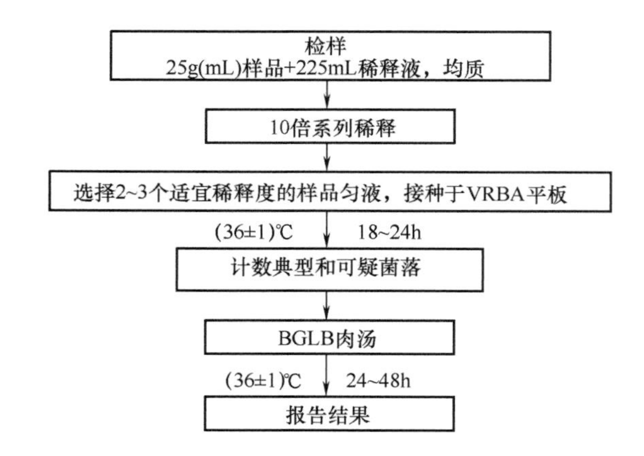

图4－3　大肠菌群平板计数法检验程序

2. 操作步骤

（1）样品的稀释按第一法操作步骤“（1）样品的稀释”进行。

（2）平板计数

①选取2～3个适宜的连续稀释度，每个稀释度接种2个无菌平皿，每皿1mL。同时取1mL生理盐水加入无菌平皿作空白对照。

②及时将15～20mL冷至46℃的结晶紫中性红胆盐琼脂（VRBA）倾注于每个平皿中。小心旋转平皿，将培养基与样液充分混匀，待琼脂凝固后，再加3～4mL VRBA覆盖平板表层。翻转平板，置于（36±1）℃培养18～24h。

（3）平板菌落数的选择　选取菌落数在15～150CFU的平板，分别计数平板上出现的典型和可疑大肠菌群菌落。典型菌落为紫红色，菌落周围有红色的胆盐沉淀环，菌落直径为0.5mm或更大。

（4）证实试验　从VRBA平板上挑取10个不同类型的典型和可疑菌落，分别移种于BGLB肉汤管内，（36+1）℃培养24～48h，观察产气情况。凡BGLB肉汤管产气，即可报告为大肠菌群阳性。

（5）大肠菌群平板计数的报告　经最后证实为大肠菌群阳性的试管比例乘以操作步骤“（3）平板菌落数的选择”中计数的平板菌落数，再乘以稀释倍数，即为每1g（mL）样品中大肠菌群数。例：10^{-4}样品稀释液1mL，在VRBA平板上有100个典型和可疑菌落，挑取其中10个接种BGLB肉汤管，证实有6个阳性管，则该样品的大肠菌群数为：$100 \times 6/10 \times 10^4$/g（mL）$= 6.0 \times 10^5$ CFU/g（mL）。

思考题

1. 食品中检出的菌落数是否代表该食品被污染的所有细菌数？为什么？

2. 大肠菌群的定义是什么？为什么选择大肠菌群作为食品被粪便污染的指标菌？

第五章 常见致病菌检验

第一节 沙门菌检验

一、病原学特性

沙门菌是肠杆菌中的一个大菌属，广泛存在于水和土壤中，在工厂和厨房设施的表面上都发现有该类细菌。到目前为止，已发现有近2000个血清型和生化型。它们主要寄生在人和动物的肠道内，可使其发生疾病。沙门菌为革兰阴性的短杆菌，不产芽孢及荚膜，周生鞭毛，能运动，兼性厌氧。嗜温性，最适生长温度为37℃，但在18~20℃时也能生长繁殖，且具有极强的抗寒性，如在0℃以下的冰雪中能存活3~4个月。在自然环境的粪便中可存活1~2个月。沙门菌的耐盐性很强，在含盐10%~15%的腌鱼、腌肉中能存活2~3个月。高水分活度下生长良好，当水分活度低于0.94时生长受抑。抗热性差，在60℃下20~30min就可被杀死。因此，蒸煮、巴氏消毒、正常家庭烹调、注意个人卫生等均可防止沙门菌污染。沙门菌不产生尿素酶，不利用丙二酸钠，不液化明胶，在含有氰化钾的培养基上不能生长。能使赖氨酸、精氨酸、鸟氨酸脱羧基，不发酵蔗糖、乳糖、水杨苷等，在TSI、BS、HE、DHL等选择性培养基上生长，能产生它们特有的菌落特征。

二、沙门菌食物中毒

沙门菌很容易通过食品传染给人，发生食物中毒。沙门菌食物中毒的主要临床症状为急性肠胃炎症状，如呕吐、腹痛、腹泻，腹泻一天可达数次，甚至十多次，还可引起头痛、发热等。沙门菌食品中毒的潜伏期一般为12~36h，潜伏期的长短与进食菌的数量以及菌的致病力强弱有关。致病力强的沙门菌，当每克或每毫升食品中含菌量在2×10^5个时，即可导致发病。中毒严重可引起死亡。

沙门菌可以通过人和动物的患者或带菌者，以各种途径散布，也可以是被污染的食品、物品通过人手、老鼠或苍蝇等传染给其他食品，从而引发食物中毒。

三、检验方法

食品中沙门菌的检验是食品卫生和检验工作者所必须掌握的一项基本技术。沙门菌检验目前通用的方法分五个步骤：前增菌、选择性增菌、选择性平板分离、生物化学筛选和血清学鉴定。

中华人民共和国卫生部2010年3月16日发布了GB 4789.4—2010《食品安全国家标准　食品微生物学检验　沙门菌检验》。下面按GB 4789.4—2010《食品安全国家标准　食品微生物学检验　沙门菌检验》要求介绍沙门菌检验技术。

1. 设备和材料

检验食品中沙门菌所需设备和材料，除微生物实验室常规灭菌及培养设备外，其他设备和材料如下。

（1）冰箱　2~5℃。

（2）振荡器。

（3）恒温培养箱　(36+1)℃，(42±1)℃。

（4）均质器。

（5）电子天平　感量0.1g。

（6）无菌锥形瓶　容量500mL、250mL。

（7）无菌吸管　1mL（具0.01mL刻度）、10mL（具0.1mL刻度）或微量移液器及吸头。

（8）无菌培养皿　直径90mm。

（9）无菌试管　3mm×50mm、10mm×75mm。

（10）无菌毛细管。

（11）pH计或pH比色管或精密pH试纸。

（12）全自动微生物生化鉴定系统。

2. 培养基和试剂

沙门菌检验所需培养基和试剂如下。

（1）缓冲蛋白胨水（BPW）。

（2）四硫磺酸钠煌绿（TTB）增菌液。

（3）亚硒酸盐胱氨酸（SC）增菌液。

（4）亚硫酸铋（BS）琼脂。

（5）HE（Hektoen Enteric）琼脂。

（6）木糖赖氨酸脱氧胆盐（XLD）琼脂。

（7）沙门菌属显色培养基（生化试剂商店有售）。

（8）三糖铁（TSI）琼脂。

（9）蛋白胨水、靛基质试剂。

（10）尿素琼脂（pH7.2）。

（11）氰化钾（KCN）培养基。

（12）赖氨酸脱羧酶试验培养基。

（13）糖发酵管。

（14）邻硝基酚β-D-半乳糖苷（ONPG）培养基。

（15）半固体琼脂。

（16）丙二酸钠培养基。

（17）沙门菌 O 和 H 诊断血清。

（18）生化鉴定试剂盒。

3. 检验程序

沙门菌检验程序如图 5－1 所示。

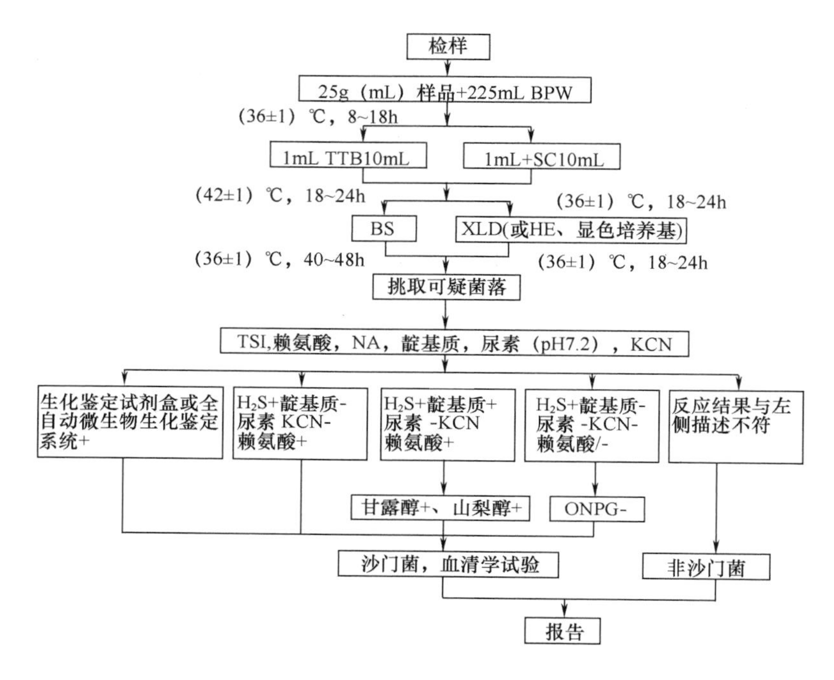

图 5－1　沙门菌检验程序

4. 操作步骤

（1）前增菌　称取 25g（mL）样品放入盛有 225mL BPW 的无菌均质杯中，以 8000～10000r/min 均质 1～2min，或置于盛有 225mL BPW 的无菌均质袋中，用拍击式均质器拍打 1～2min。若样品为液态，不需要均质，振荡混匀。如需测定 pH，用 1mol/mL 无菌 NaOH 或 HCl 调 pH 至 6.8±0.2。无菌操作将样品转至 500mL 锥形瓶中，如使用均质袋，可直接进行培养，于（36±1）℃培养 8～18h。如为冷冻产品，应在 45℃以下不超过 15min，或 2～5℃不超过 18h 解冻。

（2）增菌　轻轻摇动培养过的样品混合物，移取 1mL，转种于 10mL TTB 内，于（42±1）℃培养 18～24h。同时，另取 1mL，转种于 10mL SC 内，（36±1）℃培养 18～24h。

（3）分离　分别用接种环取增菌液 1 环，划线接种于一个 BS 琼脂平板和一个 XLD 琼脂平板（或 HE 琼脂平板或沙门菌属显色培养基平板）上。（36±1）℃

分别培养18～24h（XLD琼脂平板、HE琼脂平板、沙门菌属显色培养基平板）或40～48h（BS琼脂平板），观察各个平板上生长的菌落，各个平板上的菌落特征见表5－1。

表5－1　　沙门菌属在不同选择性琼脂平板上的菌落特征

选择性琼脂平板	沙门菌
BS琼脂	菌落为黑色有金属光泽、棕褐色或灰色，菌落周围培养基可呈黑色或棕色；有些菌株形成灰绿色的菌落，周围培养基不变
HE琼脂	蓝绿色或蓝色，多数菌落中心黑色或几乎全黑色；有些菌株为黄色，中心黑色或几乎全黑色
XLD琼脂	菌落呈粉红色，带或不带黑色中心，有些菌株可呈现大的、带光泽的黑色中心，或呈现全部黑色的菌落；有些菌株为黄色菌落，带或不带黑色中心
沙门菌属显色培养基	按照显色培养基的说明进行判定

（4）生化试验

①自选择性琼脂平板上分别挑取2个以上典型或可疑菌落，接种三糖铁琼脂，先在斜面划线，再于底层穿刺；接种针不要灭菌，直接接种赖氨酸脱羧酶试验培养基和营养琼脂平板，于（36±1）℃培养18～24h，必要时可延长至48h。在三糖铁琼脂和赖氨酸脱羧酶试验培养基内，沙门菌属的反应结果见表5－2。

表5－2　沙门菌在三糖铁琼脂和赖氨酸脱羧酶试验培养基内的反应结果

三糖铁琼脂				赖氨酸脱羧酶试验培养基	初步判断
斜面	底层	产气	硫化氢		
K	A	+（－）	+（－）	+	可疑沙门菌属
K	A	+（－）	+（－）	－	可疑沙门菌属
A	A	+（－）	+（－）	+	可疑沙门菌属
A	A	+/－	+/－	－	非沙门菌
K	K	+/－	+/－	+/－	非沙门菌

注：K：产碱，A：产酸；+：阳性，－：阴性；+（－）：多数阳性，少数阴性；+/－：阳性或阴性。

②接种三糖铁琼脂和赖氨酸脱羧酶试验培养基的同时，可直接接种蛋白胨水（供做靛基质试验）、尿素琼脂（pH 7.2）、氰化钾（KCN）培养基，也可在初步判断结果后从营养琼脂平板上挑取可疑菌落接种。（36±1）℃培养18～24h，必要时可延长至48h，按表5－3判定结果。将已挑菌落的平板储存于2～5℃或室

温至少保留24h，以备必要时复查。

表5－3　　沙门菌属生化反应初步鉴别表（Ⅰ）

反应序号	硫化氢（H_2S）	靛基质	pH7.2尿素	氰化钾（KCN）	赖氨酸脱羧酶
A1	+	－	－	－	+
A2	+	+	－	－	+
A3	－	－	－	－	+/－

注：+阳性；－阴性；+/－阳性或阴性。

a. 反应序号A1：典型反应判定为沙门菌属。如尿素、KCN和赖氨酸脱羧酶3项中有1项异常，按表5－4可判定为沙门菌。如有2项异常为非沙门菌。

表5－4　　沙门菌属生化反应初步鉴别表（Ⅱ）

pH 7.2尿素	氰化钾（KCN）	赖氨酸脱羧酶	判定结果
－	－	－	甲型副伤寒沙门菌（要求血清学鉴定结果）
－	+	+	沙门菌Ⅳ或Ⅴ（要求符合本群生化特性）
+	－	+	沙门菌个别变体（要求血清学鉴定结果）

注：+表示阳性；－表示阴性。

b. 反应序号A2：补做甘露醇和山梨醇试验，沙门菌靛基质阳性变体两项试验结果均为阳性，但需要结合血清学鉴定结果进行判定。

c. 反应序号A3：补做ONPG。ONPG阴性为沙门菌，同时赖氨酸脱羧酶阳性，甲型副伤寒沙门菌为赖氨酸脱羧酶阴性。

d. 必要时按表5－5进行沙门菌生化群的鉴别。

表5－5　　沙门菌属各生化群的鉴别

项目	Ⅰ	Ⅱ	Ⅲ	Ⅳ	Ⅴ	Ⅵ
卫矛醇	+	+	－	－	+	－
山梨醇	+	+	+	+	+	－
水杨苷	－	－	－	+	－	－
ONPG	－	－	+	－	+	－
丙二酸盐	－	+	+	－	－	－
KCN	－	－	－	+	+	－

注：+表示阳性；－表示阴性。

③如选择生化鉴定试剂盒或全自动微生物生化鉴定系统，可根据①的初步判断结果，从营养琼脂平板上挑取可疑菌落，用生理盐水制成浊度适当的菌悬液，

使用生化鉴定试剂盒或全自动微生物生化鉴定系统进行鉴定。

四、结果与报告

在实际工作中，常常根据以上试验就可判断检样中沙门菌生长情况，并做出报告。

若需要进一步分型鉴定，则还应做血清学反应试验。根据血清学分型鉴定的结果，按照有关沙门菌属抗原表判定菌型。如果需要做血清学分型试验，则可查阅相关资料。综合以上生化试验和血清学鉴定的结果做出报告。即报告为：25g（mL）样品中检出或未检出沙门菌。

第二节　金黄色葡萄球菌检验

金黄色葡萄球菌在自然界中无处不在，空气、土壤、水及人和动物的排泄物中都可找到。因而，食品受其污染的机会很多。近年来，美国疾病控制中心报告，由金黄色葡萄球菌引起的感染占第二位，仅次于大肠杆菌。金黄色葡萄球菌肠毒素是个世界性卫生问题，在美国由金黄色葡萄球菌肠毒素引起的食物中毒占整个细菌性食物中毒的33%，加拿大则更多，占45%，我国每年发生的此类中毒事件也非常多。

金黄色葡萄球菌的流行病学一般有如下特点：多见于春夏季；中毒食品以乳、肉、蛋、鱼及其制品最为常见。此外，剩饭、油煎蛋、糯米糕及凉粉等引起的中毒事件也有报道。上呼吸道感染患者鼻腔带菌率83%，所以人畜化脓性感染部位常成为污染源。

一般说，金黄色葡萄球菌可通过以下途径污染食品：食品加工人员、炊事员或销售人员带菌，造成食品污染；食品在加工前本身带菌，或在加工过程中受到了污染，产生了肠毒素，引起食物中毒；熟食制品包装不严，运输过程受到污染；奶牛患化脓性乳腺炎或禽畜局部化脓对肉体其他部位的污染等。

食品中金黄色葡萄球菌的检出主要应用细菌学检验技术，首先将检样进行涂片镜检，如发现有典型的金黄色葡萄球菌存在，便可初步判断检样中金黄色葡萄球菌存在。但有时因检样中菌数太少，或不为典型的葡萄状，需进行培养分离后再进行鉴定。有时也可把检样接种到葡萄糖肉汤培养基中，30℃增菌培养24～48h，再进行涂片镜检。

中华人民共和国卫生部2010年3月16日发布了GB 4789.10—2010《食品安全国家标准　食品微生物学检验　金黄色葡萄球菌检验》，规定了食品中金黄色葡萄球菌（Staphylococcus aureus）的检验方法。下面以GB 4789.10—2010《食品安全国家标准　食品微生物学检验　金黄色葡萄球菌检验》介绍金黄色葡萄球菌的检验技术。

该标准第一法适用于食品中金黄色葡萄球菌的定性检验；第二法适用于金黄色葡萄球菌含量较高的食品中金黄色葡萄球菌的计数；第三法适用于金黄色葡萄球菌含量较低而杂菌含量较高的食品中金黄色葡萄球菌的计数。

一、病原学特性

典型的金黄色葡萄球菌为球形，直径0.5～1μm，显微镜下排列成葡萄串状。金黄色葡萄球菌无芽孢、鞭毛，大多数无荚膜，革兰染色阳性。金黄色葡萄球菌营养要求不高，在普通培养基上生长良好，需氧或兼性厌氧，最适生长温度37℃，最适生长 pH 7.4。平板上菌落厚、有光泽、圆形凸起，直径1～2mm。血平板菌落周围形成不透明的溶血环，有时也为白色、大而凸起、圆形表面光滑，在 Baird-Parker 平板上菌落呈圆形、光滑凸起、湿润、直径2～3mm，颜色灰色到黑色，边缘为淡色，周围为一浑浊带，在其外层有一透明圈。用接种针接触菌落似有奶油至树胶的硬度，偶尔会遇到非脂肪溶解的类似菌落，但无浑浊带及透明圈。长期保存的冷冻或干燥食品中所分离的菌落比典型菌落所产生的黑色较淡些，外观可能粗糙且干燥。金黄色葡萄球菌有高度的耐盐性，可在10%～15%氯化钠肉汤中生长。可分解葡萄糖、麦芽糖、乳糖、蔗糖，产酸不产气。甲基红反应阳性，V－P 反应弱阳性。许多菌株可分解精氨酸，水解尿素，还原硝酸盐，液化明胶。金黄色葡萄球菌具有较强的抵抗力，对磺胺类药物敏感性低，但对青霉素、红霉素等高度敏感。

金黄色葡萄球菌是人类化脓感染中最常见的病原菌，可引起局部化脓感染，也可引起肺炎、胃肠炎、心包炎等，甚至败血症、脓毒症等全身感染。金黄色葡萄球菌的致病力强弱主要取决于其产生的毒素（如溶血毒素、杀白细胞素、肠毒素）和侵袭性酶（如血浆凝固酶、脱氧核糖核酸酶等）。

二、葡萄球菌食物中毒

葡萄球菌性食物中毒是由于进食被金黄色葡萄球菌及其所产生的肠毒素所污染的食物而引起的一种急性疾病。引起葡萄菌性食物中毒的常见食品主要有淀粉类（如剩饭、粥、米面等）、牛乳及乳制品、鱼肉、蛋类等，被污染的食物在室温20～22℃搁置5h 以上时，病菌大量繁殖并产生肠毒素，此毒素耐热力很强，经加热煮沸30min，仍可保持其毒力而致病。该病以夏秋两季为多。

三、设备和材料

检验金黄色葡萄球菌所需设备和材料除微生物实验室常规灭菌及培养设备外，其他设备和材料如下。

（1）恒温培养箱　(36±1)℃。

（2）冰箱　2～5℃。

（3）恒温水浴箱　37～65℃。

（4）天平　感量0.1g。

（5）均质器。

（6）振荡器。

（7）无菌吸管　1mL（具0.01mL刻度）、10mL（具0.1mL刻度）或微量移液器及吸头。

（8）无菌锥形瓶　容量100mL、500mL。

（9）无菌培养皿　直径90mm。

（10）注射器　0.5mL。

（11）pH计或pH比色管或精密pH试纸。

（一）培养基和试剂

检验金黄色葡萄球菌所需培养基和试剂有如下。

（1）10%氯化钠胰酪胨大豆肉汤。

（2）营养琼脂小斜面。

（3）血脂平板。

（4）Baird-Parker琼脂平板。

（5）7.5%氯化钠肉汤

成分：蛋白胨10.0g；牛肉膏5.0g；氯化钠75g；蒸馏水1000mL；pH 7.4。

制法：将上述成分加热溶解，调节pH，分装，每瓶225mL，121℃高压灭菌15min。

（6）脑心浸出液肉汤（BHI）

成分：胰蛋白质胨10.0g；氯化钠5.0g；磷酸氢二钠（$12H_2O$）2.5g；葡萄糖2.0g；牛心浸出液500mL；pH（7.4±0.2）。

制法：加热溶解，调节pH，分装16mm×160mm试管，每管5mL置121℃灭菌15min。

（7）兔血浆

成分：兔血浆，柠檬酸钠3.8g，蒸馏水100mL。

制法：取3.8%柠檬酸钠溶液10mL于100mL蒸馏瓶中，加兔全血4mL，溶解后过滤，装瓶，121℃高压灭菌15min，混好静置（或以3000r/min离心30min），使血液细胞下降，即可得血浆。

（8）磷酸盐缓冲液

成分：磷酸二氢钾（KH_2PO_4）34.0g；蒸馏水500mL；pH 7.2。

制法：储存液：称取34.0g的磷酸二氢钾溶于500mL蒸馏水中，用大约175mL的1mol/L NaOH溶液调节pH至7.2，用蒸馏水稀释至1000mL后储存于冰箱。稀释液：取储存液1.25mL，用蒸馏水稀释至1000mL，分装于适宜容器中，121℃高压灭菌15min。

（9）革兰染色液。

（10）0.85%无菌生理盐水。

（二）金黄色葡萄球菌定性检验（第一法）

金黄色葡萄球菌定性检验程序如图5－2所示。

1. 检验程序

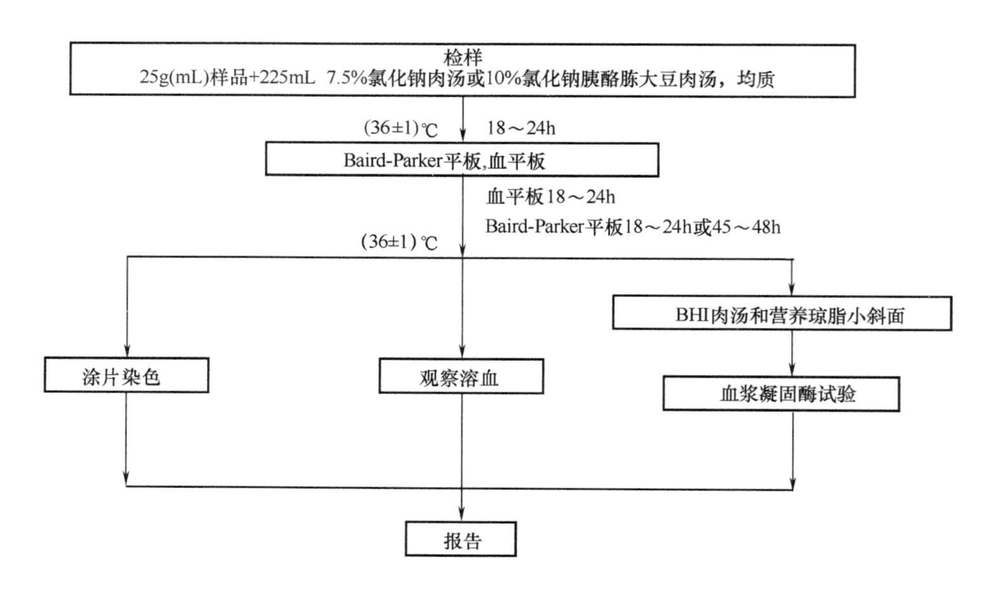

图5－2 金黄色葡萄球菌定性检验程序

2. 操作步骤

（1）样品的处理　称取25g样品至盛有225mL 7.5%氯化钠肉汤或1%氯化钠胰酪胨大豆肉汤的无菌均质杯内，8000～10000r/min均质1～2min，或放入盛有225mL 7.5%氯化钠肉汤或10%氯化钠胰酪胨大豆肉汤的无菌均质袋中，用拍击式均质器拍打1～2min。若样品为液态，吸取25mL样品至盛有225mL 7.5%氯化钠肉汤或10%氯化钠胰酪胨大豆肉汤的无菌锥形瓶（瓶内可预置适当数量的无菌玻璃珠）中，振荡混匀。

（2）增菌和分离培养

①将上述样品匀液于（36±1）℃培养18～24h。金黄色葡萄球菌在7.5%氯化钠肉汤中呈浑浊生长，污染严重时在10%氯化钠胰酪胨大豆肉汤内呈浑浊生长。

②将上述培养物，分别划线接种到Baird-Parker平板和血平板，血平板（36±1）℃培养18～24h。Baird-Parker平板（36±1）℃培养18～24h或45～48h。

③金黄色葡萄球菌在Baird-Parker平板上，菌落直径为2～3mm，颜色呈灰色到黑色，边缘为淡色，周围为一浑浊带，在其外层有一透明圈。用接种针接触菌

落有似奶油至树胶样的硬度，偶尔会遇到非脂肪溶解的类似菌落，但无浑浊带及透明圈。长期保存的冷冻或干燥食品中所分离的菌落比典型菌落所产生的黑色较淡些，外观可能粗糙且干燥。在血平板上，形成菌落较大，圆形、光滑凸起、湿润、金黄色（有时为白色），菌落周围可见完全透明溶血圈。挑取上述菌落进行革兰染色镜检及血浆凝固酶试验。

（3）鉴定

①染色镜检：金黄色葡萄球菌为革兰阳性球菌，排列呈葡萄球状，无芽孢，无荚膜，直径为 0.5 ~ 1μm。

②血浆凝固酶试验：挑取 Baird-Parker 平板或血平板上可疑菌落 1 个或多个，分别接种到 5mL BHI 和营养琼脂小斜面，(36 ± 1)℃培养 18 ~ 24h。

取新鲜配置兔血浆 0.5mL，放入小试管中，再加入 BHI 培养物 0.2 ~ 0.3mL，振荡摇匀，置（36 ± 1)℃温箱或水浴箱内，每半小时观察一次，观察 6h，如呈现凝固（即将试管倾斜或倒置时，呈现凝块）或凝固体积大于原体积的一半，被判定为阳性结果。同时以血浆凝固酶试验阳性和阴性葡萄球菌的肉汤培养物作为对照。也可用商品化的试剂，按说明书操作，进行血浆凝固酶试验。结果如可疑，挑取营养琼脂小斜面的菌落到 5mL BHI，（36 ± 1)℃培养 18 ~ 48h，重复试验。

（4）葡萄球菌肠毒素的检验　可疑食物中毒样品或产生葡萄球菌肠毒素的金黄色葡萄球菌菌株的鉴定，见本节后面的（五）葡萄球菌肠毒素检验。

3. 结果与报告

（1）结果判定：符合上述（2）增菌和分离培养③和（3）鉴定的可判定为金黄色葡萄球菌。

（2）结果报告：在 25g（mL）样品中检出或未检出金黄色葡萄球菌。

（三）金黄色葡萄球菌 Baird-Parker 平板计数（第二法）

1. 检验程序

金黄色葡萄球菌平板计数程序如图 5 - 3 所示。

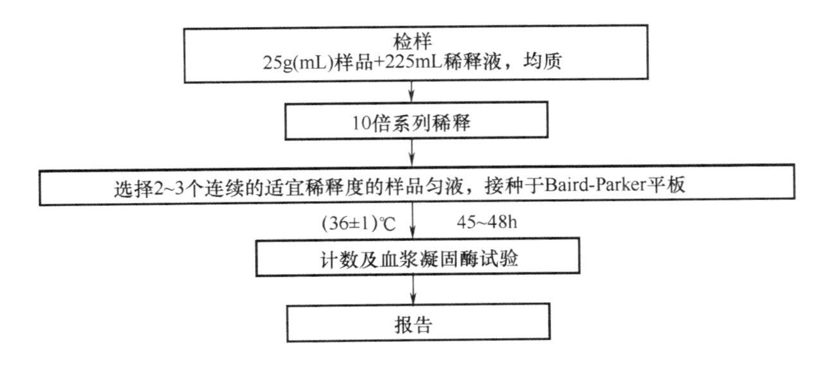

图 5 - 3　金黄色葡萄球菌 Baird-Parker 平板计数程序

2. 操作步骤

（1）样品的稀释

①固体和半固体样品：称取25g样品置于盛有225mL磷酸盐缓冲液或生理盐水的无菌均质杯内，8000～10000r/min均质1～2min，或置于盛有225mL稀释液的无菌均质袋中，用拍击式均质器拍打1～2min，制成1∶10的样品匀液。

②液体样品：以无菌吸管吸取25mL样品置于盛有225mL磷酸盐缓冲液或生理盐水的无菌锥形瓶（瓶内预置适当数量的无菌玻璃珠）中，充分混匀，制成1∶10的样品匀液。

③用1mL无菌吸管或微量移液器吸取1∶10样品匀液1mL，沿管壁缓慢注于盛有9mL稀释液的无菌试管中（注意吸管或吸头尖端不要触及稀释液面），振摇试管或换用1支1mL无菌吸管反复吹打使其混合均匀，制成1∶100的样品匀液。

④按③操作程序，制备10倍系列稀释样品匀液。每递增稀释一次，换1支1mL无菌吸管或吸头。

（2）样品的接种　根据对样品污染状况的估计，选择2～3个适宜稀释度的样品匀液（液体样品可包括原液），在进行10倍递增稀释时，每个稀释度分别吸取1mL样品匀液以0.3mL、0.3mL、0.4mL接种量分别加入三块Baird-Parker平板，然后用无菌L棒涂布整个平板，注意不要触及平板边缘。使用前用无菌L棒涂布整个平板，注意不要触及平板边缘。使用前，如Baird-Parker平板表面有水珠，可放在25～50℃的培养箱里干燥，直到平板表面的水珠消失。

（3）培养　在通常情况下，涂布后，将平板静置10min，如样液不易吸收，可将平板放在培养箱（36±1）℃培养1h，等样品匀液吸收后翻转平皿，倒置于培养箱，(36±1)℃培养45～48h。

（4）典型菌落计数和确认

①金黄色葡萄球菌在Baird-Parker平板上，菌落直径为2～3mm，颜色呈灰色到黑色，边缘为淡色，周围为一浑浊带，在其外层有一透明圈。用接种针接触菌落有似奶油至树胶样的硬度，偶尔会遇到非脂肪溶解的类似菌落，但无浑浊带及透明圈。长期保存的冷冻或干燥食品中所分离的菌落比典型菌落所产生的黑色较淡些，外观可能粗糙且干燥。

②选择有典型金黄色葡萄球菌菌落且同一稀释度3个平板所有菌落数合计在20～200CFU的平板，计数典型菌落数。如果：

a. 只有一个稀释度平板的菌落数在20～200CFU且有典型菌落，计数该稀释度平板上的典型菌落。

b. 最低稀释度平板的菌落数小于20CFU且有典型菌落，计数该稀释度平板上的典型菌落。

c. 某一稀释度平板的菌落数大于200CFU且有典型菌落，但下一稀释度平板上没有典型菌落，应计数该稀释度平板上的典型菌落。

d. 某一稀释度平板的菌落数大于200CFU且有典型菌落，且下一稀释度平板上有典型菌落，但其平板上的菌落数不在20～200CFU，应计数该稀释度平板上的典型菌落。

以上按公式（5－1）计算。

e. 2个连续稀释度的平板菌落数均在20～200CFU，按公式（5－2）计算。

③从典型菌落中任选5个菌落（小于5个全选），分别做血浆凝固酶试验。

3. 结果计算

公式（5－1）：

$$T = \frac{AB}{Cd} \qquad (5-1)$$

式中　T——样品中金黄色葡萄球菌菌落数

A——某一稀释度典型菌落的总数

B——某一稀释度血浆凝固酶阳性的菌落数

C——某一稀释度用于血浆凝固酶试验的菌落数

d——稀释因子

公式（5－2）：

$$T = \frac{A_1B_1/C_1 + A_2B_2/C_2}{1.1d} \qquad (5-2)$$

式中　T——样品中金黄色葡萄球菌菌落数

A_1——第一稀释度（低稀释倍数）典型菌落的总数

A_2——第二稀释度（高稀释倍数）典型菌落的总数

B_1——第一稀释度（低稀释倍数）血浆凝固酶阳性的菌落数

B_2——第二稀释度（高稀释倍数）血浆凝固酶阳性的菌落数

C_1——第一稀释度（低稀释倍数）用于血浆凝固酶试验的菌落数

C_2——第二稀释度（高稀释倍数）用于血浆凝固酶试验的菌落数

1.1——计算系数

d——稀释因子（第一稀释度）

4. 结果与报告

根据Baird-Parker平板上金黄色葡萄球菌的典型菌落数，按3. 结果计算中公式计算报告每g（mL）样品中金黄色葡萄球菌数，以CFU/g（mL）表示；如T值为0，则以小于1乘以最低稀释倍数报告。

（四）金黄色葡萄球菌MPN计数（第三法）

1. 检验程序

金黄色葡萄球菌MPN计数程序如图5－4所示。

2. 操作步骤

（1）样品的稀释　按第二法操作步骤（1）样品的稀释进行。

（2）接种和培养

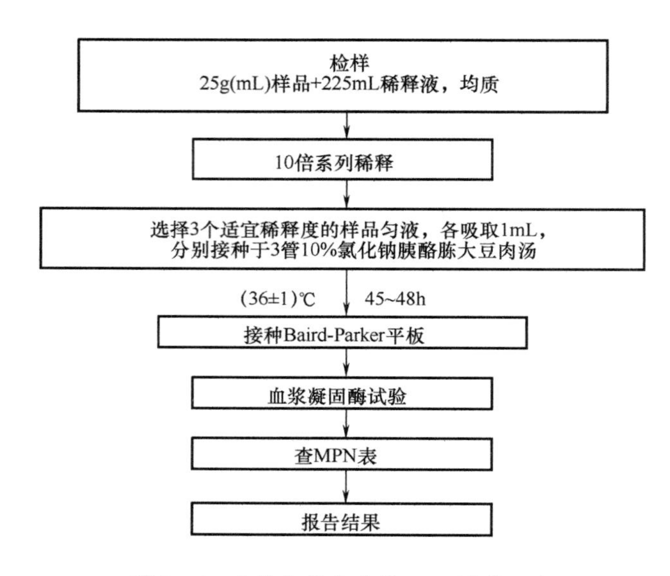

图 5－4　金黄色葡萄球菌 MPN 计数程序

①根据对样品污染状况的估计，选择 3 个适宜稀释度的样品匀液（液体样品可包括原液），在进行 10 倍递增稀释时，每个稀释度分别吸取 1mL 样品匀液接种到 10% 氯化钠胰酪胨大豆肉汤管，每个稀释度接种 3 管，将上述接种物于 (36 ± 1)℃ 培养 45 ~ 48h。

②用接种环从有细菌生长的各管中，移取 1 环，分别接种于 Baird-Parker 平板，(36 ± 1)℃ 培养 45 ~ 48h。

（3）典型菌落确认

①见第二法 2 操作步骤中（4）典型菌落计数和确认。

②从典型菌落中至少挑取 1 个菌落接种到 BHI 肉汤和营养琼脂斜面，(36 ± 1)℃ 培养 18 ~ 24h。进行血浆凝固酶试验。

3. 结果与报告

计算血浆凝固酶试验阳性菌落对应的管数，查 MPN 检索表（表 5－6），报告每 g（mL）样品中金黄色葡萄球菌的最可能数，以 MPN/g（mL）表示。

表 5－6　　金黄色葡萄球菌最可能数（MPN）检索表

阳性管数			MPN	95% 置信区间		阳性管数			MPN	95% 置信区间	
0.10	0.01	0.001		下限	上限	0.10	0.01	0.001		下限	上限
0	0	0	<3.0	—	9.5	0	2	0	6.2	1.2	18
0	0	1	3.0	0.15	9.6	0	3	0	9.4	3.6	38
0	1	0	3.0	0.15	11	1	0	0	3.6	0.17	18
0	1	1	6.1	1.2	18	1	0	1	7.2	1.3	18

续表

阳性管数			MPN	95%置信区间		阳性管数			MPN	95%置信区间	
0.10	0.01	0.001		下限	上限	0.10	0.01	0.001		下限	上限
1	0	2	11	3.6	38	2	3	1	36	8.7	94
1	1	0	7.4	1.3	20	3	0	0	23	4.6	94
1	1	1	11	3.6	38	3	0	1	38	8.7	110
1	2	0	11	3.6	42	3	0	2	64	17	180
1	2	1	15	4.5	42	3	1	0	43	9	180
1	3	0	16	4.5	42	3	1	1	75	17	200
2	0	0	9.2	1.4	38	3	1	2	120	37	420
2	0	1	14	3.6	42	3	1	3	160	40	420
2	0	2	20	4.5	42	3	2	0	93	18	420
2	1	0	15	3.7	42	3	2	1	150	37	420
2	1	1	20	4.5	42	3	2	2	210	40	430
2	1	2	27	8.7	94	3	2	3	290	90	1000
2	2	0	21	4.5	42	3	3	0	240	42	1000
2	2	1	28	8.7	94	3	3	1	460	90	2000
2	2	2	35	8.7	94	3	3	2	1100	180	4100
2	3	0	29	8.7	94	3	3	3	>1100	420	-

注：(1) 本表采用3个稀释度［0.1g (mL)、0.01g (mL) 和0.001g (mL)］，每个稀释度接种3管。

(2) 表内所列检样量如改用1g (mL)、0.1g (mL) 和0.01g (mL) 时，表内数字应相应降低10倍；如改用0.01g (mL)、0.001g (mL)、0.0001g (mL) 时，则表内数字应相应增高10倍，其余类推。

(五) 葡萄球菌肠毒素检验

1. 试剂和材料

除另有规定外，所用试剂均为分析纯，试验用水应符合GB/T6682—2008《分析实验室用水规格和试验方法》对一级水的规定。

(1) A、B、C、D、E型金黄色葡萄球菌肠毒素分型ELISA检测试剂盒。

(2) pH试纸，范围在3.5~8.0，精度0.1。

(3) 0.25mol/L、pH 8.0的Tris缓冲液　将121.1g的Tris溶解到800mL的去离子水中，待温度冷至室温后，加42mL浓HCl，调pH至8.0。

(4) pH 7.4的磷酸盐缓冲液：称取 $NaH_2PO_4 \cdot H_2O$ 0.55g（或 $NaH_2PO_4 \cdot 2H_2O$ 0.62g）、$Na_2HPO_4 \cdot 2H_2O$ 2.85g（或 $Na_2HPO_4 \cdot 12H_2O$ 5.73g）、NaCl8.7g溶于1000mL蒸馏水中，充分混匀即可。

(5) 庚烷。

(6) 10%次氯酸钠溶液。

(7) 肠毒素产毒培养基

①成分：蛋白胨20.0g、胰消化酪蛋白200mg（氨基酸）、氯化钠5.0g、磷酸氢二钾1.0g、磷酸二氢钾1.0g、氯化钙0.1g、硫酸镁0.2g、菸酸0.01g、蒸馏水1000mL、pH 7.2～7.4

②制法：将所有成分混于水中，溶解后调节pH，121℃高压灭菌30min。

（8）营养琼脂

①成分：蛋白胨10.0g、肉膏3.0g、氯化钠5.0g、琼脂15.0g～20.0g、蒸馏水1000mL。

②制法：将除琼脂以外的各成分溶解于蒸馏水内，加入15%氢氧化钠溶液约2mL，校正pH至7.2～7.4。加入琼脂，加热煮沸，使琼脂熔化。分装烧瓶，121℃高压灭菌15min。

2. 仪器和设备

（1）电子天平　感量0.01g。

（2）均质器。

（3）离心机　转速3000～5000g。

（4）离心管　50mL。

（5）滤器　滤膜孔径0.2μm。

（6）微量加样器　20～200μL、200～1000μL。

（7）微量多通道加样器　50～300μL。

（8）自动洗板机（可选择使用）。

（9）酶标仪　波长450nm。

3. 原理

本方法可用A、B、C、D、E型金黄色葡萄球菌肠毒素分型酶联免疫吸附试剂盒完成。本方法测定的基础是酶联免疫吸附反应（ELISA）。96孔酶标板的每一个微孔条的A～E孔分别包被了A、B、C、D、E型葡萄球菌肠毒素抗体，H孔为阳性质控，已包被混合型葡萄球菌肠毒素抗体，F和G孔为阴性质控，包被了非免疫动物的抗体。样品中如果有葡萄球菌肠毒素，游离的葡萄球菌肠毒素则与各微孔中包被的特定抗体结合，形成抗原抗体复合物，其余未结合的成分在洗板过程中被洗掉；抗原抗体复合物再与过氧化物酶标记物（二抗）结合，未结合上的酶标记物在洗板过程中被洗掉；加入酶底物和显色剂并孵育，酶标记物上的酶催化底物分解，使无色的显色剂变为蓝色；加入反应终止液可使颜色由蓝变黄，并终止了酶反应；以450nm波长的酶标仪测量微孔溶液的吸光度值，样品中的葡萄球菌肠毒素与吸光度值成正比。

4. 检测步骤

（1）从分离菌株培养物中检测葡萄球菌肠毒素方法　待测菌株接种营养琼脂斜面（试管18mm×180mm）37℃培养24h，用5mL生理盐水洗下菌落，倾入60mL产毒培养基中，每个菌种种一瓶，37℃振荡培养48h，振速为100次/min，吸出菌液离心，8000r/min20min，加热100℃，10min，取上清液，取100μL稀释后的样液进行试验。

（2）从食品中提取和检测葡萄球菌毒素方法

①乳和乳粉：将25g乳粉溶解到125mL、0.25mol/L、pH 8.0的Tris缓冲液中，混匀后同液体乳一样按以下步骤制备。将乳于15℃，3500g离心10min。将表面形成的一层脂肪层移走，变成脱脂乳。用蒸馏水对其进行稀释（1∶20）。取100μL稀释后的样液进行试验。

②脂肪含量不超过40%的食品：称取10g样品绞碎，加入pH 7.4的PBS液15mL进行均质。振摇15min。于15℃，3500g离心10min。必要时，移去上面脂肪层。取上清液进行过滤除菌。取100μL的滤出液进行试验。

③脂肪含量超过40%的食品称取10g样品绞碎，加入pH 7.4的PBS液15mL进行均质。振摇15min。于15℃，3500g离心10min。吸取5mL上层悬浮液，转移到另外一个离心管中，再加入5mL的庚烷，充分混匀5min。于15℃，3500g离心5min。将上部有机相（庚烷层）全部弃去，注意该过程中不要残留庚烷。将下部水相层进行过滤除菌。取100μL的滤出液进行试验。

④其它食品可酌情参考上述食品处理方法。

（3）检测

①所有操作均应在室温（20～25℃）下进行，A、B、C、D、E型金黄色葡萄球菌肠毒素分型ELISA检测试剂盒中所有试剂的温度均应回升至室温方可使用。测定中吸取不同的试剂和样品溶液时应更换吸头，用过的吸头以及废液要浸泡到10%次氯酸钠溶液中过夜。

②将所需数量的微孔条插入框架中（一个样品需要一个微孔条）。将样品液加入微孔条的A～G孔，每孔100μL。H孔加100μL的阳性对照，用手轻拍微孔板充分混匀，用黏胶纸封住微孔以防溶液挥发，置室温下孵育1h。

③将孔中液体倾倒至含10%次氯酸钠溶液的容器中，并在吸水纸上拍打几次以确保孔内不残留液体。每孔用多通道加样器注入250μL的洗液，再倾倒掉并在吸水纸上拍干。重复以上洗板操作4次。本步骤也可由自动洗板机完成。

④每孔加入100μL的酶标抗体，用手轻拍微孔板充分混匀，置室温下孵育1h。

⑤重复③的洗板程序。

⑥加50μL的TMB底物和50μL的发色剂至每个微孔中，轻拍混匀，室温黑暗避光处孵育30min。

⑦加入100μL的2mol/L硫酸终止液，轻拍混匀，30min内用酶标仪在450nm波长条件下测量每个微孔溶液的OD值。

（4）结果的计算和表述

①质量控制：测试结果阳性质控的OD值要大于0.5，阴性质控的OD值要

小于0.3，如果不能同时满足以上要求，测试的结果不被认可。对阳性结果要排除内源性过氧化物酶的干扰。

②临界值的计算：每一个微孔条的F孔和G孔为阴性质控，两个阴性质控OD值的平均值加上0.15为临界值。

例：阴性质控1=0.08、阴性质控2=0.10、平均值=0.09、临界值=0.09+0.15=0.24。

③结果表述：OD值小于临界值的样品孔判为阴性，表述为样品中未检出某型金黄色葡萄球菌肠毒素；OD值大于或等于临界值的样品孔判为阳性，表述为样品中检出某型金黄色葡萄球菌肠毒素。

5. 生物安全

因样品中不排除有其他潜在的传染性物质存在，所以要严格按照GB 19489—2008《实验室　生物安全通用要求》对废弃物进行处理。

第三节　致泻大肠埃希菌检验

致泻大肠埃希菌俗称大肠杆菌，属肠杆菌科埃希菌属。大肠杆菌是埃希菌属的代表，与非病原性大肠埃希菌一样，都是人畜的肠道细菌，可随粪便一起污染环境和食品，故在卫生学上被作为卫生监督的指示菌。

正常情况下，大肠埃希菌不致病，而且还能合成B族维生素和维生素K，生产大肠菌素，对机体有利。但当机体抵抗力下降或大肠埃希菌侵入肠外组织或器官时，可作为条件性致病菌而引起肠道外感染，有些血清型可引起肠道感染。

一、病原学特性

1. 形态特征

大肠杆菌为两端钝圆的短小杆菌，一般大小为（1.0~3.0）μm×（0.5~0.8）μm，革兰染色阴性。此菌多单独或成双存在，但不成长链状排列。因生长条件不同，个别菌体可呈现近似球状或长丝状。有50%左右的菌株因具有周生鞭毛而能运动，但多数菌体只有1~4根，一般不超过10根，故菌体动力弱；多数菌株生长有比鞭毛细、短、直且数量多的菌毛，有的菌株具有荚膜；不形成芽孢，对普通碱性染料着色良好。

2. 培养特性

（1）需氧及兼性厌氧菌。

（2）对营养的需求不高，在普通的琼脂上就生长良好，在15~45℃范围内均可生长，但最适生长温度为37℃，最适pH为7.2~7.4。

（3）在普通琼脂平板上培养24h，可形成圆形、凸起、光滑、湿润、半透明、边缘整齐、中等大小的菌落，其菌落与沙门菌比较相似，但是，对大肠杆菌菌落进行（45°折射）观察时可见荧光。

（4）在肉汤培养基中生长 18～24h 变为均匀液，而后低部出现黏性沉淀物，并伴有臭味。

（5）在鲜血琼脂平板上生长，有些菌株可见 β 溶血环。

（6）在远藤琼脂上长成带金环光泽的红色菌落。

（7）在 SS 琼脂平板上多不生长，少数生长的细菌，也因发酵乳糖产酸而形成红色菌落。

（8）在伊红美蓝琼脂上形成紫黑色、具有金属光泽的菌落。

（9）在麦康凯琼脂上培养 24h 后菌落呈红色。

3. 生化特性

（1）可发酵葡萄糖、乳糖、麦芽糖、甘露醇产酸产气，有些不典型的菌株不发酵或迟缓发酵乳糖。

（2）不同菌株对蔗糖、卫矛糖、水杨苷发酵结果不一致。

（3）本菌可使赖氨酸脱羧、不能使苯丙氨酸脱氨。

（4）不产生 H_2S，不熔化明胶，不分解尿素。

（5）不能在氰化钾培养基上生长，靛基质试验阳性，V－P 试验阴性。

后四项生化特性是典型的大肠埃希菌，与此不一致的即为非典型大肠埃希菌。

二、致病性大肠埃希菌食物中毒

1. 流行病学

致病性大肠埃希菌在自然界的分布非常广泛，常污染食品及餐具。人及动物均有健康带菌现象，牛、猪带菌对本菌引起的食物中毒至关重要。人的健康带菌在流行病学上具有重要意义。

本菌引起的食品中毒以动物性食品比较多，主要为肉食品类。动物生前感染以及带菌，是引起本菌食物中毒的重要原因。

2. 致病力和致病机理

（1）侵袭力　大肠杆菌具有 K 抗原和菌毛，K 抗原具有抗吞噬作用，有抵抗抗体和补体的作用，菌毛能帮助细菌粘附于肠黏膜表面。有侵袭力的菌株可以侵犯肠道黏膜引起炎症。

（2）内毒素　大肠杆菌细胞壁具有内毒素的活性，其脂类 A 是毒性部位，而 O 特异多糖有助于细菌抵抗宿主的防御机制。

（3）肠毒素　肠毒素有两种：一种为不耐热肠毒素（LT），其成分可能是蛋白质，60℃ 30min 即被破坏，LT 作用是激活小肠上皮细胞内的腺苷酸环化酶，使 ATP 转变为 cAMP，促进肠黏膜细胞的分泌功能，使肠液大量分泌，引起腹泻；另一种为耐热肠毒素（ST），ST 无免疫性，耐热，100℃ 10～20min 不被破坏，它也可使肠道上皮细胞的 cAMP 含量升高，引起腹泻。

3. 所致疾病

（1）肠道感染　大肠杆菌是引起人类泌尿系统感染最常见的病原菌，也是革兰阴性杆菌败血症的常见病因。此外还可引起胆囊炎、肺炎，以及新生儿或婴儿脑膜炎等。

（2）腹泻　能引起腹泻的大肠杆菌主要要以下四组。

①肠产毒素大肠埃希菌（ETEC）是婴幼儿及旅游者腹泻的主要原因。本组细菌的主要特点是能产生 ST 和 LT 两种肠毒素。其所致疾病的临床表现为轻度腹泻，也可出现严重的类似霍乱的症状。

②肠致病性大肠埃希菌（EPEC）是婴儿腹泻的主要原因，严重者可致死。本组细菌不产生肠毒素，它主要寄生于十二指肠、空肠和回肠上端。

③肠道侵袭性大肠埃希菌（EIEC）主要引起较大儿童和成年人腹泻，有时能暴发流行病。不产生肠毒素，主要侵袭大肠上皮细胞，临床上表现出类似痢疾的症状。具有 H 抗原但无动力。常有非典型的生化反应，对乳糖迟缓发酵或不发酵，其中某些菌型与痢疾杆菌有共同抗原，因此常被误诊为细菌性痢疾。

④肠出血性大肠埃希菌（EHEC）是 1982 年首次在美国发现的引起出血性肠炎的病原菌，1984 年在日本发现 O_{157}∶H 引起腹泻病例，1996 年夏季在日本大规模流行。O_{157}∶H 食物中毒是由细菌自身和其产生的毒素协同作用引起的。它的致病机理还不十分清楚。其主要临床症状是潜伏期长（4～9d），轻者表现为腹泻、腹痛、呕吐，重者表现为水样腹泻，易引起老幼患者死亡。

三、检验方法

（一）设备和材料

冰箱、恒温培养箱、恒温水浴锅、显微镜、离心机、酶标仪、均质器（或灭菌乳钵）、架盘药物天平、Mac Farland 3 号细菌浓度比浊管、500mL 灭菌广口瓶、250mL 灭菌锥形瓶、500mL 灭菌锥形瓶、1mL 灭菌吸管、5mL 灭菌吸管、灭菌培养皿、灭菌试管（10mm×75mm，16mm×160mm）、灭菌刀子、灭菌剪子、灭菌镊子、灭菌注射器（0.25mL，连接内径 1mm 塑料小管一段）、小白鼠（1～4 日龄）、硝酸纤维滤膜（150mm×50mm，直径 0.45μm。临用时切成两张，每张 75mm×50mm，用铅笔画格，每格 6mm×6mm，每行 10 格，分 6 行。灭菌备用）。

（二）培养基和试剂

1. 培养基

乳糖胆盐发酵管、营养肉汤、肠道菌增菌肉汤、麦康凯琼脂、伊红美蓝琼脂（EMB）、三糖铁（TSI）琼脂、克氏双糖铁琼脂（KI）、糖发酵管（乳糖、鼠李糖、木糖和甘露醇）、赖氨酸脱羧酶试验培养基、尿素琼脂（pH7.2）、氰化钾（KCN）培养基、半固体琼脂、Honda 氏产毒肉汤、Elek 氏培养基。

2. 试剂

蛋白胨水、靛基质试剂、氧化酶试剂、革兰染色液、致病性大肠埃希菌诊断血清、侵袭性大肠埃希菌诊断血清、产肠毒素大肠埃希菌诊断血清、出血性大肠埃希菌诊断血清、产肠毒素大肠埃希菌 LT 和 ST 酶标诊断试剂盒、产肠毒素 LT 和 ST 大肠埃希菌标准菌株、抗 LT 抗毒素、多黏菌素 B 纸片（300U，直径 16mm）、0.1% 硫柳汞溶液、2% 伊文思蓝溶液。

（三）检验程序

致泻大肠埃希菌检验程序如图 5－5 所示。

（四）操作步骤

1. 增菌

样品采集后应尽快检验。除了易腐食品在检验之前预冷藏外，一般不冷藏。以无菌操作取检样 25g（mL），加在 225mL 营养肉汤中，以均质器打碎 1min 或用乳钵加灭菌砂磨碎，取出适量，接种乳糖胆盐培养基，以测定大肠菌群 MPN，其余的移入 500mL 广口瓶内，于（36±1）℃培养 6h。挑取一环，接种于 1 管 30mL 肠道菌增菌肉汤内，于 42℃培养 18h。

2. 分离培养

将乳糖发酵阳性的乳糖胆盐发酵管和增菌液分别划线接种麦康凯或伊红美蓝琼脂平板；污染严重的检样，可将检样匀液直接划线麦康凯或伊红美蓝琼脂平板，（36±1）℃培养 18～24h，观察菌落。不但要注意乳糖发酵的菌落，同时也要注意乳糖不发酵和迟缓发酵的菌落。

3. 生化试验

（1）自鉴别平板上直接挑取数个菌落分别接种三糖铁（TSI）琼脂或克氏双糖铁琼脂（KI）。同时将这些培养物分别接种蛋白胨水、半固体、pH 7.2 尿素琼脂、KCN 肉汤和赖氨酸脱羧酶试验培养基。以上培养物均在 36℃培养过夜。

（2）TSI 斜面产酸或不产酸，底层产酸，H_2S 阴性、KCN 阴性和尿素阴性的培养物为大肠埃希菌。TSI 底层不产酸，或 H_2S、KCN、尿素有任一项为阴性的培养物，均非大肠埃希菌，必要时做氧化酶试验和革兰染色。

4. 血清学试验

（1）假定试验　挑取经生化试验证实为大肠埃希菌琼脂培养物，用致病性大肠埃希菌、侵袭性大肠埃希菌和产肠毒素大肠埃希菌，多价 O 血清和出血性大肠埃希菌 O_{157} 血清做玻片凝集试验，当于某一种多价 O 血清凝集时，再与该多价血清所包含的单价 O 血清做试验。致泻大肠埃希菌所包括的 O 抗原群见表 5－7。若与某一个单价 O 血清呈现强凝集反应，即为假定试验阳性。

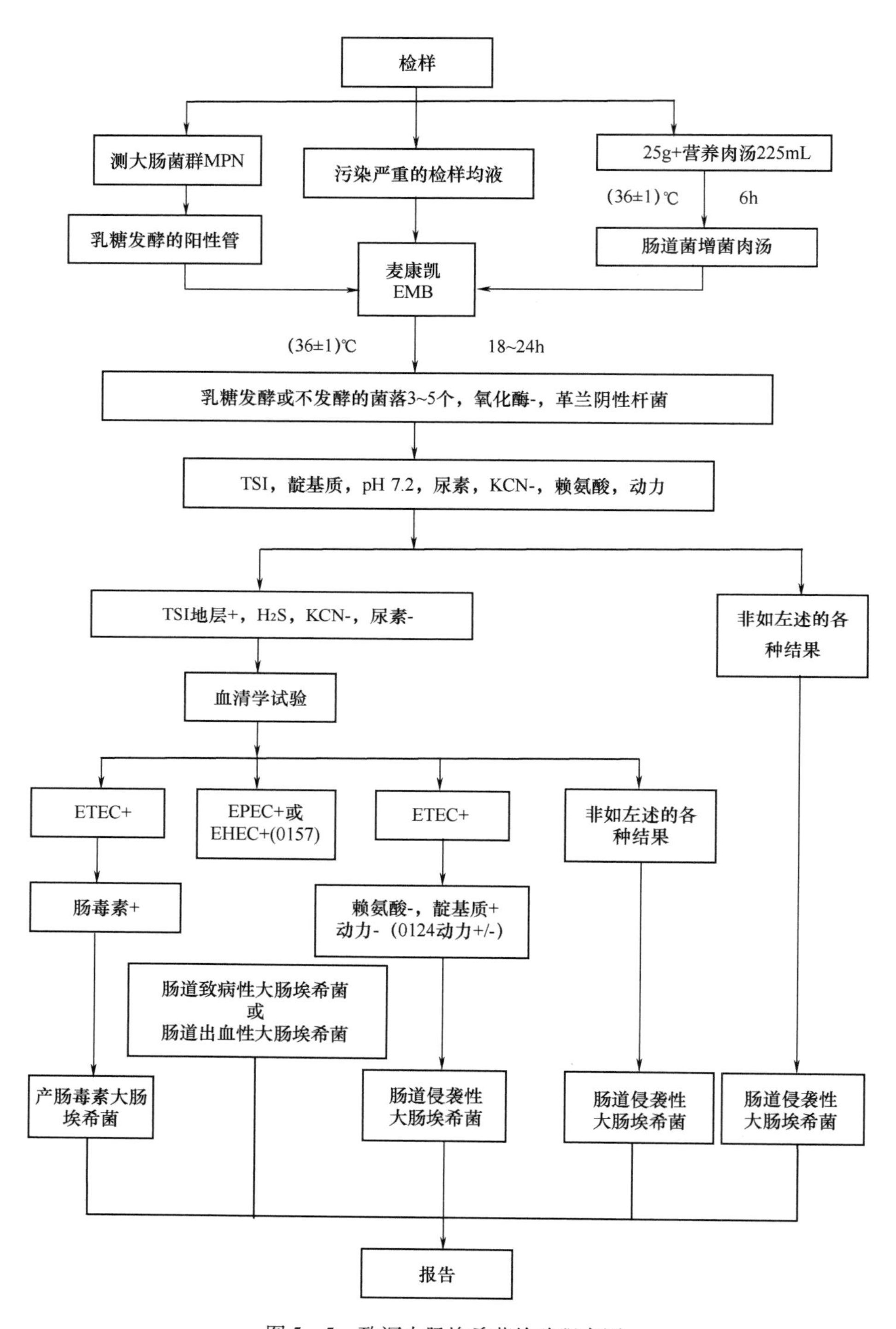

图 5－5　致泻大肠埃希菌检验程序图

表 5－7　　致泻大肠埃希菌所包括的 O 抗原群

大肠埃希菌的种类	所包括的 O 抗原群
EPEC	$O_{26}O_{55}O_{86}O_{111ab}O_{114}O_{119}O_{125ac}O_{127}O_{128ab}O_{142}O_{148}$
EHEC	O_{157}
EIEC	$O_{28ac}O_{29}O_{112ac}O_{115}O_{124}O_{135}O_{136}O_{143}O_{144}O_{152}O_{164}O_{167}$
ETEC	$O_{6}O_{11}O_{15}O_{20}O_{25}O_{27}O_{63}O_{78}O_{85}O_{114}O_{115}O_{126}O_{128ac}O_{148}O_{149}O_{159}O_{166}O_{167}$

（2）证实试验　制备 O 抗原悬液，稀释至与 MacFarland 3 号比浊管相当的浓度，原效价为（1∶160）～（1∶320）的 O 血清，用0.5%盐水稀释至1∶40。稀释血清与抗原悬液在 10mm×75mm 试管内等量混合，做单管凝集试验。混匀后放于 50℃ 水浴锅内，经 16h 后观察结果。如出现凝集，可证实为该 O 抗原。

5. 肠毒素试验

（1）酶联免疫吸附试验检测 LT 和 ST

①产毒培养：将试验菌株和阳性及阴性对照菌株分别接种于 0.6mL CAYE 培养基内，37℃振荡培养过夜。加入 20000U/mL 的多黏菌素 B 0.05mL，于 37℃培养 1h，离心 4000r/min 15min，分离上清液，加入 0.1%硫柳汞 0.05mL，于 4℃保存待用。

②LT 检测方法（双抗体夹心法）

a. 包被：先在产肠毒素大肠埃希菌 LT 和 ST 酶标诊断试剂盒中取出包被用 LT 抗体管，加入包被液 0.5mL，混匀后全部吸出于 3.6mL 包被液中混匀，以每孔 100μL 量加入 40 孔聚苯乙烯硬反应板中，第一孔留空白对照，于 4℃冰箱湿盒中过夜。

b. 洗板：将板中溶液甩去，用洗涤液Ⅰ洗 3 次，甩尽液体，翻转反应板，在吸水纸上拍打，去尽孔中残留液体。

c. 封闭：每孔加 100μL 封闭液，于 37℃水浴中 1h。

d. 洗板：用洗涤液Ⅱ洗 3 次，操作 b。

e. 加样本：每孔分别加各种试验菌株产毒培养液 100μL，37℃水浴中 1h。

f. 洗板：用洗涤液Ⅱ洗 3 次，操作 b。

g. 加酶标抗体：先在酶标 LT 抗体管中加 0.5mL 稀释液，混匀后全部吸出于 3.6mL 稀释液中混匀，每孔加 100μL，37℃水浴中 1h。

h. 洗板：用洗涤液Ⅱ洗 3 次，操作 b。

i. 酶底物反应：每孔（包括第一孔）各加基质液 100μL，室温下避光作用 5～10min，加入终止液 50μL。

j. 结果判定：以酶标仪在波长 492nm 下测定吸光度 OD 值，待测标本值大于阴性对照 3 倍以上为阳性，目测颜色为橘黄色或明显高于阴性对照为阳性。

（2）ST 检测方法（抗原竞争法）

①包被：先在包被用 ST 抗原管中加 0.5mL 包被液，混匀后全部吸出于 1.6mL 包被液中混匀，按每孔加 50μL 加入 40 孔聚苯乙烯软反应板中。加液后轻轻敲板，使液体布满孔底。第一孔留空白对照，置 4℃冰箱湿盒中过夜。

②洗板：用洗涤液Ⅱ洗 3 次，操作 b。

③封闭：每孔加 100μL 封闭液，于 37℃水浴中 1h。

④洗板：用洗涤液Ⅱ洗 3 次，操作 b。

⑤加样本及 ST 单克隆抗体：每孔分别加各种试验菌株产毒培养液 50μL，稀释的 ST 单克隆抗体 50μL（先在 ST 单克隆抗体管中加 0.5mL 稀释液，混匀后全部吸出于 1.6mL 稀释液中，混匀备用），37℃水浴 1h。

⑥洗板：用洗涤液Ⅱ洗 3 次，操作 b。

⑦加酶标记兔抗鼠 1g 复合物：先在加酶标记兔抗鼠 1g 复合物管中加 0.5mL 稀释液，混匀后全部吸出于 3.6mL 稀释液中混匀，每孔加 100μL，37℃水浴 1h。

⑧洗板：用洗涤液Ⅱ洗 3 次，操作 b。

⑨酶底物反应：每孔（包括第一孔）各加基质液 100μL，室温下避光作用 5～10min，再加入终止液 50μL。

⑩结果判定：以酶标仪在波长 492nm 下测定吸光度 OD 值，计算见下式：

$$\text{吸光度} = \frac{\text{阴性对照 OD 值} - \text{待测样品 OD 值}}{\text{阴性对照 OD 值}} \times 100\%$$

吸光度 OD 大于等于 50% 为阳性。目测无色或明显淡于阴性对照为阳性。

（3）双向琼脂扩散试验检测 LT　将被检菌株按五点环形接种于 Elek 式培养基上，以同样操作，共做两份，于 36℃培养 48h。在每株菌的菌苔上放多黏菌素 B 纸片，于 36℃经 5～6h，使肠毒素渗入琼脂中，在五点环形菌苔各 5mm 处的中央，挖一个直径 4mm 的圆孔，并用一滴琼脂垫底。在平板的中央孔内滴加 LT 抗毒素 30μL，用已知产 LT 和不产毒菌株作对照，于 36℃经 15～20h 观察结果。在菌斑和抗毒素孔之间出现白色沉淀带者为阳性，无沉淀带者为阴性。

（4）乳鼠灌胃试验检测 ST　将被检菌株接种于 Honda 氏产毒肉汤内，于 36℃培养 24h，以 30000r/min 离心 30min，取上清液经薄膜滤器过滤，加热 60℃ 30min，每一毫升滤液中加入 2% 伊文思蓝溶液 0.02mL。将此溶液用塑料小管注入 1～4d 龄的乳鼠胃内 0.1mL，同时接种 3～4 只，禁食 3～4h 后用三氯甲烷麻醉，取出全部肠管，称量肠管（包括积液）重量及剩余体重，肠管重量及剩余体重之比大于 0.09 为阳性，0.07～0.09 为可疑。

（五）结果与报告

综合以上生化试验、血清学试验、肠毒素试验做出报告。

（六）注意事项

克氏铁琼脂与三糖铁琼脂的主要区别在于后者加蔗糖可以排除一些发酵蔗糖

的非致病性肠杆菌科细菌，两者主要用于初步鉴别肠杆菌科的细菌。

第四节　志贺菌检验

一、病原学特性

（一）形态特性及培养特性

志贺菌属的形态与一般肠道杆菌无明显区别，为革兰阴性杆菌，大小为（2～3）μm×（0.5～0.7）μm。无鞭毛、有菌毛。菌落呈圆形、微凸、光滑湿润、无色、半透明、边缘整齐、直径为2mm，在液体培养基中均匀浑浊生长，无菌膜形成。

本菌属都能分解葡萄糖，产酸不产气，大多不发酵乳糖。甲基红试验阳性，V－P试验阴性，不分解尿素，不产生 H_2S。

需氧或兼性厌氧菌，最适温度37℃，pH 6.4～7.8，在普通琼脂培养基和SS平板上，形成圆形、微凸、光滑湿润、无色半透明、边缘整齐、中等大小的菌落。宋内志贺菌菌落较大、较不透明、粗糙而扁平，在SS平板上可迟缓发酵乳糖，菌落呈玫瑰红色，在肉汤中呈均匀浑浊生长，无菌膜。

（二）生化特性

（1）分解葡萄糖、产酸不产气。除宋内志贺菌，均不发酵乳糖。

（2）V－P试验阴性、不分解尿素、不形成硫化氢、不能利用柠檬酸盐作为碳源。

（3）不发酵侧金盏花醇、肌醇、水杨苷。

（4）甲基红阳性、电基质不定。

（5）痢疾志贺菌不分解甘露醇，其他（福氏、鲍氏、宋内）均可分解甘露醇。

二、志贺菌食物中毒

志贺菌属（通称痢疾杆菌）是细菌性痢疾的病原菌。临床上能引起痢疾症状的病原生物很多，有志贺菌、沙门菌、变形杆菌、大肠杆菌等，其中以志贺菌引起的细菌性痢疾最为常见。志贺菌病常见为食物暴发型或经水传播。与志贺菌病相关的食品包括沙拉（土豆、金枪鱼、虾、通心粉、鸡）、生的蔬菜、乳和乳制品、禽、水果、面包制品、汉堡包和有鳍鱼类。志贺菌在拥挤和不卫生条件下能迅速传播，经常发现于人员大量集中的地方，如餐厅、食堂。食源性志贺菌流行的最主要原因是食品加工行业人员患痢疾或带菌者污染食品，食品接触人员个人卫生差，存放已污染的食品温度不适当等。

志贺菌引起的细菌性痢疾主要通过消化道途径传播。根据宿主的健康状况和年龄，只需少量病菌（为10个以上）进入，就有可能致病。志贺菌的致病作用，主要是侵袭力、菌体内毒素及个别菌株产生的外毒素。内毒素作用于肠壁，使其通透性增高，从而促进毒素的吸收，继而作用于中枢神经系统及心血管系统，引起临床上一系列毒血症症状，如发热、神志障碍，甚至中毒性休克。外毒素为蛋白质，不耐热，75～80℃ 1h 即可破坏，其作用是使肠黏膜通透性增加，并导致血管内皮细胞损害。一般认为具有外毒素的志贺菌引起的痢疾比较严重。因此，志贺菌成为了食品中病原微生物检验的重要内容之一。

三、检验方法

（一）设备和材料

除微生物实验室常规灭菌及培养设备外，其他设备和材料有恒温培养箱（36±1）℃；冰箱（2～5℃）；膜过滤系统；厌氧培养装置（41.5±1）℃；电子天平（感量0.1g）；显微镜（10×～100×）；均质器；振荡器；无菌吸管（1mL 具 0.01mL 刻度、10mL 具 0.1mL 刻度或微量移液器及吸头）；无菌均质杯或无菌均质袋（容量500mL）；无菌培养皿（直径90mm）；pH 计或 pH 比色管或精密 pH 试纸；全自动微生物生化鉴定系统。

（二）培养基和试剂

志贺菌增菌肉汤－新生霉素；麦康凯（MAC）琼脂；木糖赖氨酸脱氧胆酸盐（XLD）琼脂；志贺菌显色培养基；三糖铁（TSI）琼脂；营养琼脂斜面；半固体琼脂；葡萄糖铵培养基；尿素琼脂；β－半乳糖苷酶培养基；氨基酸脱羧酶试验培养基；糖发酵管；西蒙柠檬酸盐培养基；黏液酸盐培养基；蛋白胨水、靛基质试剂；志贺菌属诊断血清；生化鉴定试剂盒。

（三）检验程序

志贺菌检验程序如图5－6所示。

（四）操作步骤

1. 增菌

以无菌操作取检样25g（mL），加入装有灭菌225mL志贺菌增菌肉汤的均质杯，用旋转刀片式均质器以8000～10000r/min 均质；或加入225mL志贺菌增菌肉汤的均质袋中，用拍击式均质器连续均质1～2min，液体样品振荡混匀即可。于（41.5±1）℃厌氧培养16～20h。

2. 分离

取增菌后的志贺增菌液分别划线接种于XLD琼脂平板和MAC琼脂平板或志贺菌显色培养基平板上，于（36±1）℃培20～24h，观察各个平板上生长的菌落形态。宋内志贺氏菌的单个菌落直径大于其他志贺菌。若出现的菌落不典型或菌落较小不易观察，则继续培养至48h再进行观察。志贺菌在不同选择性琼脂平板上的菌落特征见表5－8。

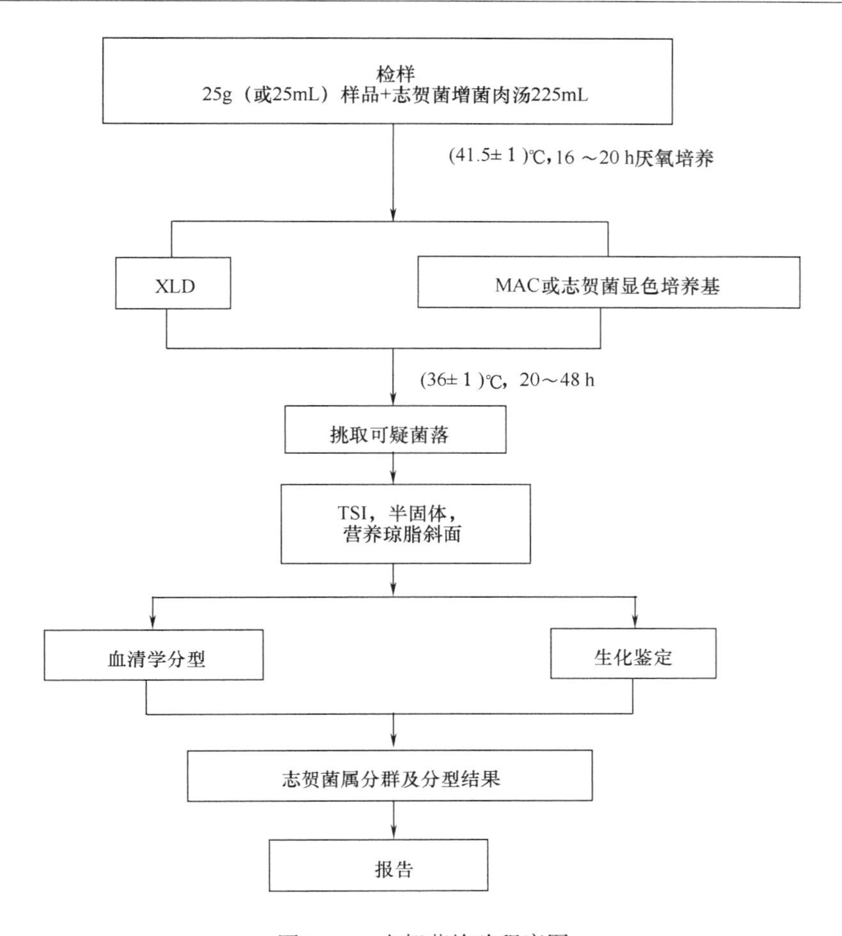

图 5－6　志贺菌检验程序图

表 5－8　　志贺菌在不同选择性琼脂平板上的菌落特征

选择性琼脂平板	志贺菌的菌落特征
MAC 琼脂	无色至浅粉红色，半透明、光滑、湿润、圆形、边缘整齐或不齐
XLD 琼脂	粉红色至无色，半透明、光滑、湿润、圆形、边缘整齐或不齐
志贺菌显色培养基	按照显色培养基的说明进行判定

3. 初步生化试验

（1）自选择性琼脂平板上分别挑取 2 个以上典型或可疑菌落，分别接种 TSI、半固体和营养琼脂斜面各一管，置（36 ± 1）℃ 培养 20 ~ 24h，分别观察结果。

（2）凡是三糖铁琼脂中斜面产碱、底层产酸（发酵葡萄糖，不发酵乳糖、蔗糖）、不产气（福氏志贺菌 6 型可产生少量气体）、不产硫化氢、半固体管中无动力的菌株，挑取其（1）中已培养的营养琼脂斜面上生长的菌苔，进行生化试验和血清学分型。

4. 生化试验及附加生化试验

（1）生化试验　用初步生化试验中已培养的营养琼脂斜面上生长的菌苔，进行生化试验，即β－半乳糖苷酶、尿素、赖氨酸脱羧酶、鸟氨酸脱羧酶以及水杨苷和七叶苷的分解试验。除宋内志贺菌、鲍氏志贺菌13型的鸟氨酸阳性；宋内志贺菌和痢疾志贺菌1型、鲍氏志贺菌13型的β－半乳糖苷酶为阳性以外，其余生化试验志贺菌属的培养物均为阴性结果。另外由于福氏志贺菌6型的生化特性和痢疾志贺菌或鲍志贺菌相似，必要时还需加做靛基质、甘露醇、棉籽糖、甘油试验，也可做革兰染色检查和氧化酶试验，应为氧化酶阴性的革兰阴性杆菌。生化反应不符合的菌株，即使能与某种志贺菌分型血清发生凝集，仍不得判定为志贺菌属。志贺菌属生化特性见表5－9。

表5－9　志贺菌属四个群的生化特征

生化反应	A群：痢疾志贺菌	B群：福氏志贺菌	C群：鲍氏志贺菌	D群：宋内志贺菌
β－半乳糖苷酶	－a	－	－a	+
尿素	－	－	－	－
赖氨酸脱羧酶	－	－	－	－
鸟氨酸脱羧酶	－	－	－b	+
水杨苷	－	－	－	－
七叶苷	－	－	－	－
靛基质	－/+	（+）	－/+	－
甘露醇	－	+c	+	+
棉籽糖	－	+	－	+
甘油	（+）	－	（+）	d

注：+表示阳性；－表示阴性；－/+表示多数阴性；+/－表示多数阳性；（+）表示迟缓阳性。

（1）痢疾志贺1型和鲍氏13型为阳性。

（2）鲍氏13型为鸟氨酸阳性。

（3）福氏4型和6型为常见甘露醇阴性变种。

（4）表示有不同生化型。

（2）附加生化试验　由于某些不活泼大肠埃希菌（anaerogenic *E. coli*）、A－D（Alkalescens－D isparbiotypes碱性－异型）菌的部分生化特征与志贺菌相似，并能与某种志贺菌分型血清发生凝集，因此，前面生化试验符合志贺菌属生化特性的培养物还需另加葡萄糖胺、西蒙柠檬酸盐、黏液酸盐试验（36℃培养24～48h）。志贺菌属和不活泼大肠埃希菌、A－D菌的生化特性区别见表5－10。

表 5-10　志贺菌属和不活泼大肠埃希菌、A-D 菌的生化特性区别

生化反应	A 群：痢疾志贺菌	B 群：福氏志贺菌	C 群：鲍氏志贺菌	D 群：宋内志贺菌	大肠埃希菌	A-D 菌
葡萄糖铵	-	-	-	-	+	+
西蒙柠檬酸盐	-	-	-	-	d	d
黏液酸盐	-	-	-	d	+	d

注：(1) +表示阳性；-表示阴性；d 表示有不同生化型。

(2) 在葡萄糖铵、西蒙柠檬酸盐、黏液酸盐试验三项反应中志贺菌一般为阴性，而不活泼的大肠埃希菌、A-D（碱性-异型）菌至少有一项反应为阳性。

（3）如选择生化鉴定试剂盒或全自动微生物生化鉴定系统，可根据 3. 初步生化试验（2）的初步判断结果，用 3. 初步生化试验（1）中已培养的营养琼脂斜面上生长的菌苔，使用生化鉴定试剂盒或全自动微生物生化鉴定系统进行鉴定。

5. 血清学鉴定

（1）抗原的准备　志贺菌属没有动力，所以没有鞭毛抗原。志贺菌属主要有菌体 O 抗原。菌体 O 抗原又可分为型和群的特异性抗原。

一般采用 1.2% ~1.5% 琼脂培养物作为玻片凝集试验用抗原。

注：①一些志贺菌如果因为 K 抗原的存在而不出现凝集反应，可挑取菌苔于 1mL 生理盐水做成浓菌液，100℃煮沸 15 ~60min 去除 K 抗原后再检查。

②D 群志贺菌既可能是光滑型菌株，也可能是粗糙型菌株，与其他志贺菌群抗原不存在交叉反应。与肠杆菌科不同，宋内志贺菌粗糙型菌株不一定会自凝。宋内志贺菌没有 K 抗原。

（2）凝集反应　在玻片上划出 2 个约 1cm×2cm 的区域，挑取一环待测菌，各放 1/2 环于玻片上的每一区域上部，在其中一个区域下部加 1 滴抗血清，在另一区域下部加入 1 滴生理盐水，作为对照。再用无菌的接种环或针分别将两个区域内的菌落研成乳状液。将玻片倾斜摇动混合 1min，并对着黑色背景进行观察，如果抗血清中出现凝结成块的颗粒，而且生理盐水中没有发生自凝现象，那么凝集反应为阳性。如果生理盐水中出现凝集，视作为自凝。这时，应挑取同一培养基上的其他菌落继续进行试验。

如果待测菌的生化特征符合志贺菌属生化特征，而其血清学试验为阴性的话，则按 5. 血清学鉴定（1）注①进行试验。

（3）血清学分型（选做试验）　先用四种志贺菌多价血清检查，如果呈现凝集，则再用相应各群多价血清分别试验。先用 B 群福氏志贺菌多价血清进行试验，如呈现凝集，再用其群和型因子血清分别检查。如果 B 群多价血清不凝集，则用 D 群宋内志贺菌血清进行试验，如呈现凝集，则用其Ⅰ相和Ⅱ相血清检查；如果 B、D 群多价血清都不凝集，则用 A 群痢疾志贺菌多价血清及1 ~12 各型因子血清检查，如果上述三种多价血清都不凝集，可用 C 群鲍氏志贺菌多价检查，并进一步用 1 ~18 各型因子血清检查。福氏志贺菌各型和亚型的型抗原和群抗原鉴别见表 5 –11。

表 5 –11　　福氏志贺菌各型和亚型的型抗原和群抗原鉴别表

型和亚型	型抗原	群抗原	在群因子血清中的凝聚		
			3，4	6	7，8
1a	Ⅰ	4	+	–	–
1b	Ⅰ	(4)，6	(+)	+	–
2a	Ⅱ	3，4	+	–	–
2b	Ⅱ	7，8	–	–	+
3a	Ⅲ	(3，4) 6，7，8	(+)	+	+
3b	Ⅲ	(3，4)，6……	(+)	+	–
4a	Ⅳ	3，4	+	–	–
4b	Ⅳ	6	–	+	–
5a	Ⅴ	(3，4)	(+)	–	–
5b	Ⅴ	7，8	–	–	+
6	Ⅵ	4	+	–	–
X	—	7，8	–	–	+
Y	—	3，4	+	–	–

注：+表示凝聚；–表示不凝聚；( ) 表示有或无。

6. 结果报告

综合以上生化试验和血清学鉴定的结果，报告 25g（mL）样品中检出或未检出志贺菌。

第五节　溶血性链球菌检验

链球菌在自然界分布广泛，可存在于水、空气、尘埃、牛乳、粪便及人的咽喉和病灶中，根据其抗原结构，族特异性“C”抗原的不同，可进行血清学分群，按其在血琼脂平板上溶血的情况可分为甲型溶血性链球菌、乙型溶血性链球菌和丙型溶血性链球菌。健康人和动物的皮肤及黏膜上，呼吸道和消化道内往往带菌。本菌在血琼脂平板上溶血情况如下。

甲（α）型溶血性链球菌：通常称为草绿色链球菌，菌落周围有草绿色溶血环，宽 1 ~2mm。镜下可见溶血环内残存有未溶解的红细胞。有的菌株需放冰箱过夜后才能出现这种溶血现象。

乙（β）型溶血性链球菌：菌落周围形成一个2~4mm宽、界限分明、完全透明的无色溶血环。

丙（γ）型溶血性链球菌：菌落周围不呈现任何溶血现象。

与人类疾病有关的大多属于β型溶血性链球菌，常可引起皮肤和皮下组织的化脓性炎症、呼吸道感染，还可通过食品引起猩红热、流行性咽炎的暴发流行。

一、病原学特性

（一）形态与染色

本菌为圆形或卵圆形，直径为0.5~1μm，常排成链状，链的长短不一，短者由4~5个菌体组成，长者可达20~30个甚至上百个。链的长短与细菌种类和生长环境有关。致病性链球菌一般较长，非致病性或毒力弱的菌株菌链较短，在液体培养基中易呈长链，在固体培养基上易呈短链。

大多数链球菌无鞭毛，不能运动，但D群和X群中某些菌株具有鞭毛。不能形成芽孢。多数链球菌在血清肉汤幼龄培养物（2~2.5h）中，易发现荚膜，当培养时间延长，荚膜即逐渐消失。

链球菌用普通苯胺染料易于着染，自病灶分离的链球菌为革兰阳性，但若长时间培养，或被吞噬细胞吞噬后，革兰染色常为阴性。

（二）培养特性

需氧或兼性厌氧菌，营养要求较高，普通培养基上生长不良，需补充血清、血液、腹水，大多数菌株需核黄素、维生素B_6、烟酸等生长因子。最适生长温度为37℃，在20~42℃能生长，最适pH为7.4~7.6。在血清肉汤中易成长链，管底呈絮状或颗粒状沉淀生长。在血平板上形成灰白色、半透明、表面光滑、边缘整齐、直径0.5~0.75mm的细小菌落，不同菌株溶血不一。

（三）生化特性

分解葡萄糖，产酸不产气，对乳糖、甘露醇、水杨苷、山梨醇、棉籽糖、蕈糖、七叶苷的分解能力因不同菌株而异。一般不分解菊糖，不被胆汁溶解，触酶阴性。

二、溶血性链球菌食物中毒

溶血性链球菌常可引起皮肤、皮下组织的化脓性炎症，呼吸道感染、流行性咽炎的暴发性流行以及新生儿败血症、细菌性心内膜炎、猩红热、风湿热、肾小球肾炎等变态反应。链球菌食物中毒潜伏期较短（5~12h），临床症状较轻，表现为恶心、呕吐、腹痛、腹泻，1~2d即可恢复。溶血性链球菌的致病性与其产生的毒素及其侵袭性酶有关，主要有以下几种。

（1）链球菌溶血素　溶血素有O和S两种，O为含有-SH的蛋白质，具有抗原性，S为小分子多肽，相对分子质量较小，故无抗原性。

（2）致热外毒素　曾称红疹毒素或猩红热毒素，是人类猩红热的主要毒性物质，会引起局部或全身红疹、发热、疼痛、恶心、呕吐、周身不适。

（3）透明质酸酶　又称扩散因子，能分解细胞间质的透明质酸，故能增加细菌的侵袭力，使病菌易在组织中扩散。

（4）链激酶　又称链球菌纤维蛋白溶酶，能使血液中纤维蛋白酶原变成纤维蛋白酶，能增强细菌在组织中的扩散作用，该酶耐热，100℃ 50min 仍可保持活性。

（5）链道酶　又称链球菌 DNA 酶，能使脓液稀薄，促进病菌扩散。

（6）杀白细胞素　能使白细胞失去动力，变成球形，最后膨胀破裂。

三、β 型溶血性链球菌检验方法

（一）设备和材料

除微生物实验室常规灭菌及培养设备外，其他设备和材料如下：恒温培养箱(36±1)℃；冰箱（2~5℃）；厌氧培养装置；天平（感量0.1g）；均质器与配套均质袋；显微镜（10~100 倍）；无菌吸管［1mL（具0.01mL 刻度）、10mL（具0.1mL 刻度）或微量移液器及吸头］；无菌锥形瓶（容量 100mL、200mL、2000mL）；无菌培养皿（直径 90mm）；pH 计或 pH 比色管或精密 pH 试纸；水浴装置（36±1)℃；微生物生化鉴定系统。

（二）培养基和试剂

改良胰蛋白胨大豆肉汤（Modified tryptone soybean broth，mTSB）；哥伦比亚 CNA 血琼脂（Columbia CNA blood agar）；哥伦比亚血琼脂（Columbia blood agar）；革兰染色液；胰蛋白胨大豆肉汤（Tryptone soybean broth，TSB）；草酸钾血浆；0.25%氯化钙（$CaCl_2$）溶液；3%过氧化氢（H_2O_2）溶液；生化鉴定试剂盒或生化鉴定卡。

（三）检验程序

β 型溶血性链球菌检验程序如图 5－7 所示。

（四）操作步骤

1. 样品处理及增菌

按无菌操作称取检样 25（mL），加入盛有 225mL mTSB 的均质袋中，用拍击式均质器均质 1~2min；或加入盛有 225mL mTSB 的均质杯中，以 8000~10000r/min 均质 1~2min。若样品为液态，振荡均匀即可。(36±1)℃培养 18~24h。

2. 分离

将增菌液划线接种于哥伦比亚 CNA 血琼脂平板，(36±1)℃厌氧培养 18~24h，观察菌落形态。溶血性链球菌在哥伦比亚 CNA 血琼脂平板上的典型菌落形态为：直径 2~3mm、灰白色、半透明、光滑、表面突起、圆形、边缘整齐，并产生 β 型溶血。

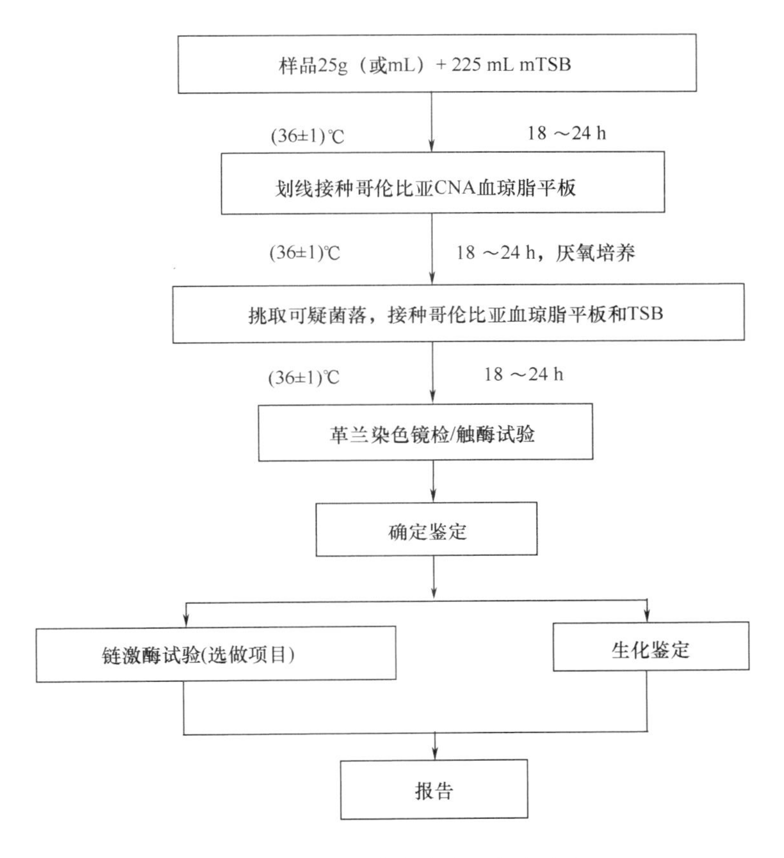

图 5－7　β 型溶血性链球菌检验程序

3. 鉴定

（1）分纯培养　挑取 5 个（如小于 5 个则全选）可疑菌落分别接种哥伦比亚血琼脂平板和 TSB 增菌液，(36±1)℃培养 18～24h。

（2）革兰染色镜检　挑取可疑菌落染色镜检。β 型溶血性链球菌为革兰染色阳性，球形或卵圆形，常排列成短链状。

（3）触酶试验　挑取可疑菌落于洁净的载玻片上，滴加适量 3% 过氧化氢溶液，立即产生气泡者为阳性。β 型溶血性链球菌触酶为阴性。

（4）链激酶试验（选做项目）　吸取草酸钾血浆 0.2mL 于 0.8mL 灭菌生理盐水中混匀，再加入经（36±1)℃培养 18～24h 的可疑菌的 TSB 培养液 0.5mL 及 0.25% 氯化钙溶液 0.25mL，振荡摇匀，置于（36±1)℃水浴中 10min，血浆混合物自行凝固（凝固程度至试管倒置，内容物不流动）。继续 (36±1)℃培养 24h，凝固块重新完全溶解为阳性，不溶解为阴性，β 型溶血性链球菌为阳性。

（5）其他检验　使用生化鉴定试剂盒或生化鉴定卡对可疑菌落进行鉴定。

4. 结果与报告

综合以上试验结果，报告每25g（mL）检样中检出或未检出溶血性链球菌。

第六节　单核细胞增生李斯特菌检验

一、病原学特性

单增李斯特菌幼龄菌是革兰阳性小杆菌，陈旧培养物多转为革兰阴性，大小（1.0～2.0）μm×0.5μm，通常呈V形成对排列，偶尔可见双球状，无芽孢，兼性厌氧，一般不形成荚膜，但在含血清的葡萄糖蛋白胨水中能形成黏多糖荚膜。在20～25℃时表面能形成4根鞭毛，有动力，37℃培养时无鞭毛，动力缓慢。营养要求不高，在普通营养琼脂平板上呈细小、半透明、边缘整齐的微带珠光的露水样菌落，直径0.2～0.4mm，在斜射光下，呈典型的蓝绿色光泽。在血平板上菌落呈灰白色、圆润，直径为1.0～1.5mm，培养24～96h，呈现P型溶血，溶血环半径3mm，在4℃放置4d成白色、半透明、圆润、边缘整齐的直径为0.7～10mm的菌落。在MMA琼脂上用Hemg侧光检查，可见蓝绿色光，在SS平板和麦康凯平板上不生长。在EB和葡萄糖肉汤中呈浑浊生长，液面形成菌膜，后者不产气。37℃培养24h能迅速发酵葡萄糖、麦芽糖、鼠李糖、海藻糖、水杨苷、果糖、七叶苷、产酸不产气，培养3～10d可发酵阿拉伯糖、乳糖、蔗糖、糊精、山梨醇，不发酵木糖、甘露醇、肌醇、阿拉伯糖、侧金盏花醇、棉籽糖、卫矛醇和纤维二糖，不利用柠檬酸盐，40%胆汁不溶解，吲哚、硫化氢、尿素、明胶液化、硝酸盐还原、赖氨酸、鸟氨酸均阴性，V－P、甲基红试验和精氨酸双水解阳性。

根据菌体抗原和鞭毛抗原，单增李斯特菌分为4个血清型，16个亚型。各型均可对人致病，主要有3种：1/2a、1/2b、4b，最常见的是1/2b型，但是导致食源性疾病的是4b型。单增李斯特菌具有耐碱不耐酸和耐寒不耐热的特性。生长的pH范围为5.6～9.6，但在中性或弱碱性环境中生长最好，在酸性食物（如酸奶）中就难以生存。0～50℃均可生长，是为数不多的低温生长致病菌之一，但低温培养的菌株对热抵抗力差一些。如4℃培养的单增李斯特菌可耐受63℃ 5min，而27～35℃培养的可耐受63℃ 10min。对NaCl抵抗力强，在4℃的3% NaCl溶液中可存活100d，普通腌制食品不影响其生活，能抵抗反复冷冻。对热耐受力比一般无芽孢菌强，有报道需60℃ 30min或80℃ 1min才能灭活。对化学杀菌剂及紫外线照射均较敏感。75%乙醇5min、1/1000新洁尔灭溶液30min、紫外线照射15min均可杀灭该菌。在不同介质中，对于射线的抵抗力不同。

我国学者研究发现，单增李斯特菌可在井水中存活42d，在屠宰场污水中存活 37d，在蔬菜地土壤中存活 62d，在庄稼地土壤中存活 38d。

二、单核细胞增生李斯特菌食物中毒

单增李斯特菌广泛分布于自然界中，在土壤、水域（地表水、污水、废水）、尘埃、植物、野生动物、家畜、家禽和健康人群身上都有存在，不易被冻融，能耐受较高的渗透压，容易污染环境。对食品加工场所检测发现，地板、墙壁、排水管道、传送装置、清洗材料和设备表面等潮湿处均易被污染。动物很容易食入该菌，并通过粪便途径进行传播。据报道，健康人粪便中单增李斯特菌的携带率为 0.6% ~16%，有 70% 的人可短期带菌。

单增李斯特菌即可致人发病，也会造成动物间疾病的流行，其感染属于人畜共患病。对于人类的感染属于机会性感染，占 85% ~90% 的病例是由被污染的食品引起的。曾检出被污染的食品有巴氏消毒乳、软奶酪、冰淇淋、雪糕、牛排、羊排、冻猪舌、鸭肉、热狗、法式馅饼、肉酱、鹅肝酱、烟熏鱼、生卷心菜沙拉、芹菜、番茄等。

综合 3 次全国性调查和各省市调查结果表明，我国不同地区的检测结果相近，相比国外调查的结果低，单增李斯特菌污染在食品中普遍存在。

新生儿、孕妇、老年人、体质虚弱者、慢性消耗性疾病患者、免疫功能低下及接受免疫抑制治疗的人群，发生李斯特菌食物中毒的机会较多，据报道，孕妇发病率为非孕妇成年人的 20 倍，艾滋病患者发病率为免疫正常者的 300 倍。兽医、养殖场工作人员、屠宰人员等因工作因素经常接触动物，是发病的高危人群。李斯特菌病一般呈散发性，流行和暴发流行大都是食源性的，发病高峰在夏季和冬季。

三、检验方法

（一）检验所需器材与培养基

1. 器材

除了微生物实验室常规灭菌及培养设备外，其他设备和材料如下。

冰箱（2 ~5℃）；恒温培养箱［（30 ±1）℃、（36 ±1）℃］；均质器；显微镜（10 × ~100 ×）；电子天平（感量 0.1g）；锥形瓶（100mL、500mL）；无菌吸管（1mL 具 0.01mL 刻度、10mL 具 0.1mL 刻度）；无菌平皿（直径 90mm）；无菌试管（16mm ×160mm）；离心管（30mm ×100mm）；无菌注射器（1mL）；金黄色葡萄球菌（ATCC25923）；马红球菌（*Rhodococcus equi*）；小白鼠（16 ~18g）；全自动微生物生化鉴定系统。

2. 培养基和试剂

（1）含 0.6% 酵母浸膏的胰酪胨大豆肉汤（TSB - YE）　胰胨 17.0g；多价胨 3.0g；酵母膏 6.0g；氯化钠 5.0g；磷酸氢二钾 2.5g；葡萄糖 2.5g；蒸馏水

1000mL；pH 7.2～7.4。将上述各成分加热搅拌溶解，调节 pH，分装，121℃高压灭菌 15min，备用。

（2）含 0.6% 的酵母浸膏的胰酪胨大豆琼脂（TSA－YE） 胰胨 17.0g；多价胨 3.0g；酵母膏 6.0g；氯化钠 5.0g；磷酸氢二钾 2.5g；葡萄糖 2.5g；琼脂 15.0g；蒸馏水 1000mL；pH 7.2～7.4。将上述各成分加热搅拌溶解，调节 pH，分装，121℃高压灭菌 15min，备用。

（3）李氏增菌肉汤 LB（LB1，LB2） 胰胨 5.0g；多价胨 5.0g；酵母膏 5.0g；氯化钠 20.0g；磷酸二氢钾 1.4g；磷酸二氢钠 12.0g；七叶苷 1.0g；蒸馏水 1000mL；pH 7.2～7.4。将上述成分加热溶解，调节 pH，分装，121℃高压灭菌 15min，备用。

（4）1% 盐酸吖啶黄（acriflavine HCl）溶液 李氏Ⅰ液（LB1）225mL 中加入 1% 萘啶酮酸（用 0.05mol/L 氢氧化钠配制）0.5mL；1% 吖啶黄（用无菌蒸馏水配制）0.3mL。

（5）1% 萘啶酮酸钠盐（naladixic acid）溶液 李氏Ⅱ液（LB2）200mL 中加入 1% 萘啶酮酸 0.4mL；1% 吖啶黄 0.5mL。

（6）PALCAM 琼脂 酵母膏 8.0g；葡萄糖 0.5g；七叶苷 0.8g；柠檬酸铁铵 0.5g；甘露醇 10.0g；酚红 0.1g；氯化锂 15.0g；酪蛋白胰酶消化物 10.0g；心胰酶消化物 3.0g；玉米淀粉 1.0g；肉胃酶消化物 5.0g；氯化钠 5.0g；琼脂 15.0g；蒸馏水 1000mL；pH 7.2～7.4。将上述成分加热溶解，调节 pH，分装，121℃高压灭菌 15min，备用。

PALCAM 选择性添加剂：多黏菌素 B 5.0mg；盐酸吖啶黄 2.5mg；头孢他啶 10.0mg；无菌蒸馏水 500mL；将 PALCAM 基础培养基溶化后冷却到 50℃，加入 2mL PALCAM 选择性添加剂，混匀后倾倒在无菌的平皿中，备用。

（7）革兰染液 结晶紫 1.0g；95% 乙醇 20.0mL；1% 草酸铵水溶液 80.0mL。将结晶紫完全溶解于乙醇中，然后与草酸铵溶液混合。

革兰碘液：碘 1.0g；碘化钾 2.0g；蒸馏水 300mL。将碘与碘化钾先进行混合，加入蒸馏水少许，充分振摇，待完全溶解后，再加蒸馏水至 300mL。

沙黄复染液：沙黄 0.25g；95% 乙醇 10.0mL；蒸馏水 90.0mL。将沙黄溶解于乙醇中，然后用蒸馏水稀释。

染色法：将纯培养的单个可疑菌落涂片，火焰上固定，滴加结晶紫染色液，染 1min，水洗；滴加革兰碘液，作用 1min，水洗；滴加 95% 乙醇脱色，水洗；滴加复染液，复染 1min，水洗、待干、镜检。

（8）SIM 动力培养基 胰胨 20.0g；多价胨 6.0g；硫酸铁铵 0.2g；硫代硫酸钠 0.2g；琼脂 3.5g；蒸馏水 1000mL；pH 7.2。将上述各成分加热混匀，调节 pH，分装小试管，121℃高压灭菌 15min 备用。挑取纯培养的单个可疑菌落穿刺接种到 SIM 培养基中，于 30℃培养 24～48h，观察结果。

(9) 缓冲葡萄糖蛋白胨水［甲基红(MR)和V-P试验用］　多价胨7.0g；葡萄糖5.0g；磷酸氢二钾5.0g；蒸馏水1000mL；pH 7.0。熔化后调pH，分装试管，每管1mL，121℃高压灭菌15min备用。

甲基红(MR)试验：甲基红10mg；95%乙醇30mL；蒸馏水20mL；10g甲基红溶于30mL 95%乙醇中，然后加入20mL蒸馏水，取适量琼脂培养物接种于本培养，(36±1)℃培养2~5d。滴加甲基红试剂一滴，立即观察结果。鲜红色为阳性，黄色为阴性。

V-P试验：60%α-萘酚-乙醇溶液成分及制法：取α-萘酚6.0g，无加水乙醇溶解，定容至10mL；40%氢氧化钾溶液成分及制法：取氢氧化钾40g，加蒸馏水溶解，定容至100mL。

取适量琼脂培养基接种于本培养基，(36±1)℃培养2~4d。加入60%α-萘酚-乙醇溶液0.5mL和40%氢氧化钾溶液0.2mL，充分振荡试管，观察结果。阳性反应立刻或于数分钟内出现红色，如为阴性，应放在(36±1)℃继续培养4h再进行观察。

(10) 5%~8%羊血琼脂　蛋白胨1.0g；牛肉膏0.3g；氯化钾0.5g；琼脂1.5g；蒸馏水100mL；脱纤维羊血5~10mL；除新鲜脱纤维羊血外，加热熔化上述各组分，121℃高压灭菌15min，冷却到50℃，以灭菌操作加入新鲜脱纤维羊血，摇匀倾注平板。

(11) 糖发酵管　牛肉膏5.0g；蛋白胨10.0g；氯化钠磷酸氢二钠($Na_2HPO_4 \cdot 12H_2O$) 2.0g；0.2%溴麝香草酚蓝溶液12.0mL；蒸馏水1000mL。

葡萄糖发酵管按上述成分配好后，按0.5%加入葡萄糖分装于有一个倒置小管的小试管内，调节pH至7.4，115℃高压灭菌15min，备用。其他各种糖发酵管可按上述成分配好后，每瓶分装1000mL，115℃高压灭菌15min。另将各种糖类分别配好10%溶液，同时高压灭菌。将5mL糖溶液加入100mL培养基内，以无菌操作分装小试管。取适量纯培养物接种于糖发酵管，(36±1)℃培养24~48h，观察结果，蓝色为阴性，黄色为阳性。

(12) 过氧化氢酶试验　3%过氧化氢溶液：临用时配制，用细玻璃棒或一次性接种针挑取单个菌落，置于洁净试管内，滴加3%过氧化氢溶液2mL，观察结果。结果于半分钟内发生气泡者为阳性，不发生气泡者为阴性。

(13) 李斯特菌显色培养基。

(14) 生化鉴定试剂盒。

(二) 检验程序

单核细胞增生李斯特菌检验程序如图5-8所示。

(三) 操作步骤

(1) 增菌　以无菌操作取样品25g(mL)加入到含有225mL LB1增菌液的均质袋中，在拍击式均质器上连续均质1~2min；或放入盛有225mL LB1增菌液

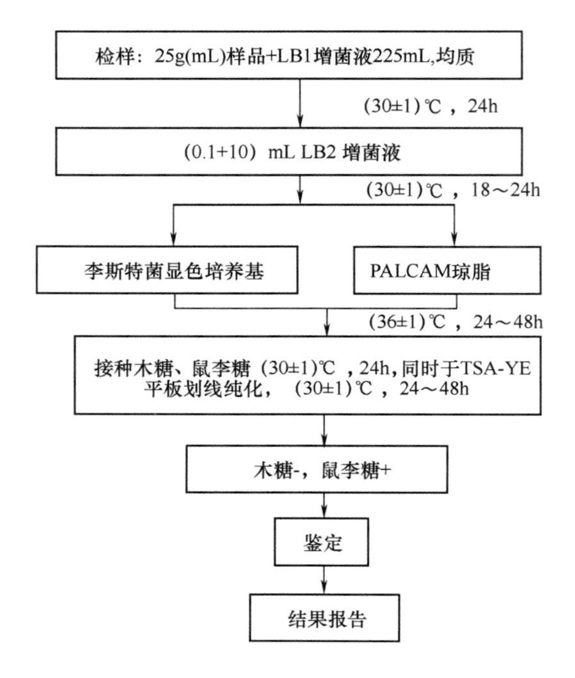

图 5－8　单核细胞增生李斯特菌检验程序

的均质杯中，8000～10000r/min 均质 1～2min。于（30±1）℃培养 24h，移取 0.1mL，转种于 10mL LB2 增菌液内，于培养（30±1）℃培养 18～24h。

（2）分离　取 LB2 二次增菌液划线接种于 PALCAM 琼脂平板和李斯特菌显色培养基上，于（36±1）℃培养 24～48h，观察各个平板上生长的菌落。典型菌落在 PALCAM 琼脂平板上为小的圆形灰绿色菌落，周围有棕黑色水解圈，有些菌落有黑色凹陷；典型菌落在李斯特菌显色培养基上的特征按照产品说明进行判定。

（3）初筛　自选择性琼脂平板上分别挑取 5 个以上典型或可疑菌落，分别接种在木糖、鼠李糖发酵管，于（36±1）℃培养 24h；同时在 TSA－YE 平板上划线纯化，于（30±1）℃培养 24～48h。选择木糖阴性、鼠李糖阳性的纯培养物继续进行鉴定。

（4）鉴定

①染色镜检：李斯特菌为革兰阳性短杆菌，大小为（0.4～0.5）μm×（0.5～2.0）μm；用生理盐水制成菌悬液，在油镜或相差显微镜下观察，该菌出现轻微旋转或翻滚样的运动。

②动力试验：李斯特菌有动力，呈伞状或月牙状生长。

③生化鉴定：挑取纯培养的单个可疑菌落，进行过氧化氢酶试验，过氧化氢酶阳性反应的菌落继续进行糖发酵试验和 MR－VP 试验。单核细胞增生李斯特菌

的主要生化特征见表5－12。

表5－12　　单核细胞李斯特菌生化特征与其他李斯特菌的区别

菌种	溶血反应	葡萄糖	麦芽糖	MR－VP	甘露糖	鼠李糖	木糖	七叶苷
单核细胞增生李斯特菌（*L. monocytogenes*）	+	+	+	+/+	_	+	_	+
格氏李斯特菌（*L. grayi*）	_	+	+	+/+	+	_	_	+
斯氏李斯特菌（*L. seeligeri*）	+	+	+	+/+	_	_	+	+
威氏李斯特菌（*L. welshimeri*）	_	+	+	+/+	_	V	+	+
伊氏李斯特菌（*L. ivanovii*）	+	+	+	+/+	_	－	+	+
英诺克李斯特菌（*L. immovua*）	_	+	+	+/+	_	V	_	+

注：＋阳性；－阴性；V不反应。

④溶血试验：将羊血琼脂平板底面划分为20～25个小格，挑取纯培养的单个可疑菌落刺中在血平板上，每格刺中一个菌落，并刺中阳性对照菌（单增李斯特菌和伊氏李斯特菌）和阳性对照菌（英诺克李斯特菌），穿刺时尽量接近底部，但不要触到底面，同时避免琼脂破裂，(36±1)℃培养24～48h，于明亮处观察，单增李斯特菌和斯氏李斯特菌在刺中点周围产生狭小的透明溶血环，英诺克李斯特菌无溶血环，伊氏李斯特菌产生大的透明溶血环。

⑤协同溶血试样（cAMP）：羊血琼脂平板上平行划线接种金黄色葡萄球菌和马红球菌，挑取纯培养的单个可疑菌落垂直划线接种于平行线之间，垂直线两端不要触及平行线，于(36±1)℃培养24～48h。单核细胞增生李斯特菌在靠近金黄色葡萄球菌的接种端溶血增强，斯氏李斯特菌的溶血也增强，而伊氏李斯特菌在靠近马红球菌的接种端溶血增强。

（5）可选择生化鉴定试剂盒或全自动微生物生化鉴定系统等对初筛中3～5个纯培养的可疑菌落进行鉴定。

（6）小鼠毒力试验（可选择）　将符合上述特性的纯培养物接种于TSB－YE中，于(36±1)℃培养24h，4000r/min离心5min，弃上清液，用无菌生理盐水制备成浓度为10^{10}CFU/mL的菌悬液，取此菌悬液进行小鼠腹腔注射3～5只，每只0.5mL，观察小鼠死亡情况，致病株于2～5d内死亡。试验时可用已知菌作对照。单核细胞增生李斯特菌、伊氏李斯特菌对小鼠有致病性。

（四）结果与报告

综合以上生化试验和溶血试验结果，报告25g（mL）样品中检出或未检出单核细胞增生李斯特菌。

第七节 副溶血性弧菌检验

一、病原学特性

（一）培养特性

（1）在普通琼脂培养基和普通液体培养基中都可生长，在无盐的条件下不生长，在含2%～3%氯化钠的培养基中生长最旺盛，氯化钠溶液浓度到达10%以上时不繁殖。

（2）在肉汤和胨水等液体培养基中浑浊生长，需氧性强，常在液体表面形成菌膜，在液体培养条件下菌体多生长为单鞭毛，运行活泼。在固体培养基上，菌落常为隆起、圆形、稍浑浊不透明、表面光滑、湿润、不产生色素。在比较新鲜湿润或软琼脂培养基上，有些副血性弧菌可形成不规则菌落或片状扩散生长，在0.7%以上琼脂的培养基上能生长周鞭毛（侧毛）。一般在20～25℃培养生长的周鞭毛较为稳定，而在37℃或24h以上的培养物，周鞭毛易于由菌体自发脱落。具有周鞭毛的菌株，在固体培养基上多表现扩散生长，单鞭毛的菌株在固体培养基上呈典型菌落，不表现扩散生长。

（3）培养基的成分、种类、温度、湿度等条件的不同，都能对扩散生长有所影响，菌落形态也容易受条件的影响有所变化，如在嗜盐性平板上一般生长良好，而在SS琼脂平板上多呈较小的扁平菌落，不易挑起。在血平板上生长快，可出现溶血环，在BCBS（硫代硫酸盐、柠檬酸盐、胆盐、蔗糖）和氯化钠蔗糖琼脂平板上，呈淡蓝或蓝色菌落。一般由腹泻病人初期分离者多为典型菌落，长期保存的细菌或条件不适宜时，常有菌落变粗糙，形状不整齐或出现解离，有的在液体培养时呈沉淀生长现象。

（4）pH生长范围为5～10，最适pH为7.2～8.2，发育最适温度为30～37℃。

（二）生化特性

本菌对葡萄糖产酸不产气，不分解乳糖和蔗糖，能分解甘露醇，产生靛基质，不产生硫化氢，甲基红阳性，V－P阴性，赖氨酸阳性，精氨酸阴性，鸟氨酸多数为阳性、少数呈阴性，溶血性多数阳性，有少数不溶血，主要生物化学性状见表5－13。

表 5－13　　副溶血性弧菌主要生物化学性状

试验项目	结果	试验项目	结果
革兰染色镜检	阴性，无芽孢	氧化酶	+
蔗糖	－	动力	+
葡萄糖	+	甘露醇	+
葡萄糖产气	－	乳糖	－
硫化氢	－	赖氨酸脱羧酶	+
V－P	－	ONPG	－

注：+：阳性；－：阴性。　　+/－：多数阳性，少数阴性。

二、副溶血性弧菌食物中毒

1. 流行病学

副溶血性弧菌分布甚广，主要分布在海水和海产食品中，如海鱼、虾、蛤蜊、螃蟹、贝类、浮游生物等，夏季鱼、虾、贝类检出率最高，而冬季不能检出。

副溶血性弧菌食物中毒发生的时间与其他细菌性食物中毒大体相似，具有季节性，以夏季鱼汛季节为最高，即 8～9 月份为发病高峰。在我国部分地区，特别是沿海地区，副溶血性弧菌食物中毒占食物中毒的首位。

2. 致病性与致病机理

副溶血性弧菌食物中毒，是由摄取带有大量活菌的食物所引起的。摄入该致病菌株 10^6 个，几小时后即可发生急性肠胃炎。

副溶血性弧菌的致病因素是大量活菌及其产生的肠毒素样活性物质（脂多糖），即内毒素。这种内毒素在 100℃ 30min 不被破坏，与腹泻有关。

3. 中毒症状

副溶血性弧菌食物中毒潜伏期短，发病急，多半在进食后 4～28h 发病，一般是 10～18h，短者 2～3h，长者可达 30h 左右。临床上呈急性胃肠炎症状，发病初期为腹部不适，上腹部疼痛或胃痉挛，恶心、呕吐、发烧、腹泻，在发病 5～6h 后感到剧烈腹痛，脐部阵发性绞痛为本病的特点。腹痛大多持续 1～2d，以后逐渐减轻。呕吐多数为 5 次以内。多者达十几次。发烧一般为 37～39℃，也有的不发烧。大部分为水样便，腹泻次数常为 2～10 次，多者达 15 次以上，重病者多排黏液便或黏血便，吐、泻剧烈时皮肤干燥，重症可引起虚脱、血压下降，甚至很像霍乱。白细胞可能有暂时性增多等症状，症状减轻，很快恢复正常。

除上述症状之外尚有头痛、头晕、发汗、口渴等症状，一般 3～4d 即可恢复。临床上与痢疾鉴别困难，易被误诊为痢疾。

三、检验方法

（一）检验所需器材与培养基

1. 器材

除微生物实验室常规灭菌及培养设备外，其他设备和材料包括恒温培养箱（36±1）℃，冰箱（2~5℃、7~10℃），均质器或无菌乳钵，天平（感量0.1g），灭菌试管（18mm×180mmm，15mm×100mm），灭菌吸管（1mL具0.01mL刻度、10mL具0.1mL刻度）或微量移液器及吸头，灭菌锥形瓶（容量250mL、500mL、1000mL），灭菌培养皿（直径90mm），全自动微生物鉴定系统（VITEK），无菌手术剪、镊子。

2. 培养基

3%氯化钠碱性蛋白胨水（APW），硫代硫酸盐-柠檬酸盐-胆盐-蔗糖（TCBS）琼脂，3%氯化钠胰蛋白胨大豆（TSA）琼脂，3%氯化钠三糖铁（TSI）琼脂，嗜盐性试验培养基，3%氯化钠甘露醇试验培养基，3%氯化钠赖氨酸脱羧酶试验培养基，3%氯化钠MR-VP培养基，3%氯化钠溶液，我妻血琼脂，氧化酶试剂，革兰染色液，ONPG试剂，Voges-Proskauer（V-P）试剂，科玛嘉（CHORMagar）弧菌显色培养基，生化鉴定试剂盒。

（二）检验程序

副溶血性弧菌的检验程序如图5-9所示。

（三）操作方法

1. 样品制备

（1）非冷冻样品采集后应立即置7~10℃冰箱保存，尽可能及早检验；冷冻样品应在45℃以下不超过15min或在2~5℃不超过18h解冻。

（2）鱼类和头足类动物取表面组织、肠或鳃。贝类取全部内容物，包括贝肉和体液；甲壳类取整个动物，或者动物的中心部分，包括肠和鳃。如为带壳贝类或甲壳类则应在自来水中洗刷外壳并甩干表面水分，然后以无菌操作打开外壳，按上述要求取相应部分。

（3）以无菌操作取检样25g（mL），加入3%氯化钠碱性蛋白胨水225mL，用旋转刀片式均质器以8000r/min均质1min，或拍击式均质器拍击2min，制备成1:10的样品匀液。如无均质器，则将样品放入无菌乳钵，自225mL 3%氯化钠碱性蛋白胨水中取少量稀释液加入无菌乳钵，样品磨碎后放入500mL的无菌锥形瓶，再用少量稀释液冲洗乳钵中的残留样品1~2次，洗液放入锥形瓶，最后将剩余稀释液全部放入锥形瓶，充分振荡，制备1:10的样品匀液。

2. 增菌

（1）定性检测　将上述1:10稀释液于（36±1）℃培养8~18h。

（2）定量检测

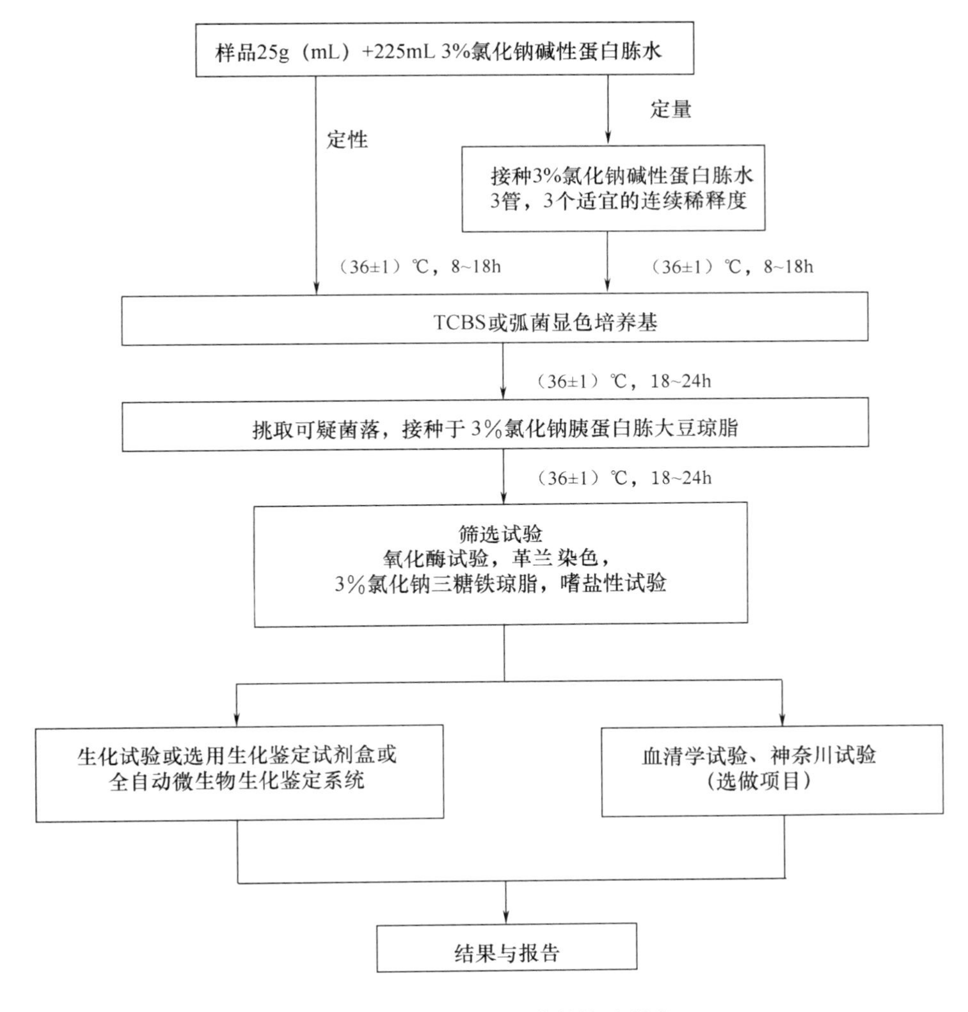

图5－9　副溶血性弧菌的检验程序

①用灭菌吸管吸取1∶10稀释液1mL，注入含有9mL 3%氯化钠碱性蛋白胨水的试管内，振摇试管混匀，制备1∶100的样品匀液。

②另取1mL灭菌吸管，按上述操作依次制备10倍递增稀释液。每递增稀释一次，换用一支1mL灭菌吸管。

③根据对检样污染情况的估计，选择3个连续的适宜稀释度，每个稀释度接种3支含有9mL 3%氯化钠碱性蛋白胨水的试管，每管接种1mL。置（36±1）℃恒温箱内，培养8～18h。

3. 分离

（1）对所有显示生长的增菌液，用接种环在距离液面以下1cm内蘸取一环增菌液，于TCBS平板或弧菌显色培养基平板上划线分离。一支试管划线一块平板。于（36±1）℃培养18～24h。

（2）典型的副溶血性弧菌在TCBS上呈圆形、半透明、表面光滑的绿色菌落，用接种环轻触，有类似口香糖的质感，直径2～3mm。从培养箱取出TCBS平板后，应尽快（不超过1h）挑取菌落或标记要挑取的菌落。典型的副溶血性弧菌在弧菌显色培养基上呈圆形、半透明、表面光滑的粉紫色菌落，直径2～3mm。

4. 纯培养

挑取3个或以上可疑菌落，划线接种3%氯化钠胰蛋白胨大豆琼脂平板，（36±1）℃培养18～24h。

5. 初步鉴定

（1）氧化酶试验　挑取纯培养的单个菌落进行氧化酶试验，副溶血性弧菌为氧化酶阳性。

（2）涂片镜检　将可疑菌落涂片，进行革兰染色，镜检观察形态。副溶血性弧菌为革兰阴性，呈棒状、弧状、卵圆状等多形态，无芽孢，有鞭毛。

（3）挑取纯培养的单个可疑菌落，接种3%氯化钠三糖铁琼脂斜面并穿刺底层，（35±1）℃培养24h观察结果。副溶血性弧菌在3%氯化钠三糖铁琼脂中的反应为底层变黄不变黑，无气泡，斜面颜色不变或红色加深，有动力。

（4）嗜盐性试验　挑取纯培养的单个可疑菌落，分别接种0%、6%、8%和10%不同氯化钠浓度的胰胨水，（36±1）℃培养24h，观察液体浑浊情况。副溶血性弧菌在无氯化钠和10%氯化钠的胰胨水中不生长或微弱生长，在6%氯化钠和8%氯化钠的胰胨水中生长旺盛。

6. 确定鉴定

取纯培养物分别接种含3%氯化钠的甘露醇试验培养基、赖氨酸脱羧酶试验培养基、MR-VP培养基，（36±1）℃培养24～48h后观察结果；3%氯化钠三糖铁琼脂隔夜培养物进行ONPG试验。可选择生化鉴定试剂盒或全自动微生物生化鉴定系统。

（四）血清学试验（选做项目）

1. 制备

接种两管3%氯化钠胰蛋白胨大豆琼脂试管斜面，（36±1）℃培养18～24h。用含3%氯化钠的5%甘油溶液冲洗3%氯化钠胰蛋白胨大豆琼脂斜面培养物，获得浓厚的菌悬液。

2. K抗原的鉴定

取一管上一步骤制备好的菌悬液，首先用多价K抗血清进行检测，出现凝集反应时再用单个的抗血清进行检测。用蜡笔在一张玻片上划出适当数量的间隔和一个对照间隔。在每个间隔内各滴加一滴菌悬液，并对应加入一滴K抗血清。在对照间隔内加一滴3%氯化钠溶液。轻微倾斜玻片，使各成分相混合，再前后倾动玻片1min。阳性凝集反应可以立即观察到。

3. O抗原的鉴定

将另外一管的菌悬液转移到离心管内，121℃灭菌1h。灭菌后4000r/min离心15min，弃去上层液体，沉淀用生理盐水洗三次，每次4000r/min离心15min，最后一次离心后留少许上层液体，混匀制成菌悬液。用蜡笔将玻片划分成相等的间隔。在每个间隔内加入一滴菌悬液，将O群血清分别加一滴到间隔内，最后一个间隔加一滴生理盐水作为自凝对照。轻微倾斜玻片，使各成分相混合，再前后倾动玻片1min。阳性凝集反应可以立即观察到。如果未见到与O群血清的凝集反应，将菌悬液121℃再次高压1h后，重新检测。如果仍为阴性，则培养物的O抗原属于未知。根据表5－14报告血清学试验结果。

表5－14　副溶血性弧菌的抗原

O群	K型
1	1，5，20，25，26，32，38，41，56，58，60，64，69
2	3，28
3	4，5，6，7，25，29，30，31，33，37，43，45，48，54，56，57，58，59，72，75
4	4，8，9，10，11，12，13，34，42，49，53，55，63，67，68，73
5	15，17，30，47，60，61，68
6	18，46
7	19
8	20，21，22，39，41，70，74
9	23，44
10	24，71
11	19，36，40，46，50，51，61
12	19，52，61，66
13	65

（五）神奈川试验（选做项目）

神奈川试验是在我妻琼脂上测试是否存在特定溶血素。神奈川试验阳性结果与副溶血性弧菌分离株的致病性显著相关。

用接种环将测试菌株的3%氯化钠胰蛋白胨大豆琼脂18h培养物点种于表面干燥的我妻血琼脂平板。每个平板上可以环状点种几个菌。(36±1)℃培养不超过24h，并立即观察。阳性结果为菌落周围呈半透明环的β溶血。

（六）结果与报告

根据检出的可疑菌落生化性状，报告25g（mL）样品中检出副溶血性弧菌。如果进行定量检测，根据证实为副溶血性弧菌阳性的试管管数，查最可能数（MPN）检索表，报告每1g（mL）副溶血性弧菌的MPN值。副溶血性弧菌菌落生化性状和与其他弧菌的鉴别情况分别见表5－15和表5－16。

表 5－15　　副溶血性弧菌的生化性状

试验项目	结果	试验项目	结果
革兰染色镜检	阴性，无芽孢	分解葡萄糖产气	－
氧化酶	＋	乳糖	－
动力	＋	硫化氢	－
蔗糖	－	赖氨酸脱羧酶	＋
葡萄糖	＋	V－P	－
甘露糖	＋	ONPG	－

注：＋表示阳性；－表示阴性。

表 5－16　　副溶血性弧菌主要性状与其他弧菌的鉴别

名称	氧化酶	赖氨酸	精氨酸	鸟氨酸	明胶	脲酶	V－P	42℃生长	蔗糖	D－纤维二糖	乳糖	阿拉伯糖	D－甘露糖	D－甘露醇	ONPG	嗜盐性试验（氯化钠含量/%）				
																0	3	6	8	10
副溶血性弧菌 *V. parahaemolyticus*	＋	＋	－	＋	＋	v	－	＋	－	v	－	＋	＋	＋	－	－	＋	＋	＋	－
创伤弧菌 *V. vulnificus*	＋	＋	－	＋	＋	－	－	＋	－	＋	＋	－	＋	v	＋	－	＋	＋	－	－
溶藻弧菌 *V. alginolyticus*	＋	＋	－	＋	＋	－	＋	＋	＋	－	－	－	＋	＋	－	－	＋	＋	＋	＋
霍乱弧菌 *V. cholerae*	＋	＋	－	＋	＋	－	v	＋	＋	－	－	－	＋	＋	＋	＋	＋	－	－	－
拟态弧菌 *V. mimicus*	＋	＋	－	＋	＋	－	－	＋	－	－	－	－	＋	＋	＋	＋	＋	－	－	－
河弧菌 *V. fluvialis*	＋	－	＋	－	＋	－	－	v	＋	＋	－	＋	＋	＋	＋	－	＋	＋	v	－
弗氏弧菌 *V. furnissii*	＋	－	＋	－	＋	－	－	－	＋	－	－	＋	＋	＋	＋	－	＋	＋	＋	－
梅氏弧菌 *V. metschnikovii*	－	＋	＋	－	＋	－	＋	v	＋	－	－	－	＋	＋	＋	－	＋	＋	v	－
霍利斯弧菌 *V. hollisae*	＋	－	－	－	－	－	－	nd	－	－	－	＋	＋	－	－	－	＋	＋	－	－

注：＋表示阳性；－表示阴性；nd 表示未试验；v 表示可变。

第八节　肉毒梭菌及肉毒毒素检验

肉毒梭菌广泛分布于自然界特别是土壤中，易于污染食品，于适宜条件下可在食品中产生剧烈的嗜神经性毒素（称肉毒毒素），能引起以神经麻痹为主要症状且病死率甚高的食物中毒（称肉毒中毒）。婴儿肉毒中毒虽属感染型中毒，但中毒病因有时也与食物或餐具肉毒梭菌污染有关。故检验食品特别是不经加热处理而直接食用的食品中有无肉毒毒素或肉毒梭菌（如罐头等密封保存的食品），至关重要。

一、病原学特性

1. 形态及染色

肉毒梭菌属于厌氧性梭状芽孢杆菌属，是革兰阳性粗大杆菌，其大小为 4 ~ 6μm ×（0.9 ~ 1.6）μm，两端钝圆，一般单个存在，偶有成对或成短链状，无荚膜。周身有 4 ~ 8 根鞭毛，能运动。芽孢呈卵圆形，大于菌体，位于菌体次末端，使细菌呈匙形或网球拍状。在老龄培养物上呈革兰阴性。

2. 培养特性

肉毒梭菌为专性厌氧菌，可在普通培养基上生长。28 ~ 37℃生长良好，但本菌产生毒素的最适生长温度为 25 ~ 30°C，最适 pH 为 6 ~ 8（细菌在 8℃以上，pH 4以上都可形成毒素），在 10% 食盐溶液中不生长。

在含有肉渣的液体或半流动培养基中，肉毒梭菌生长旺盛而且产大量气体。A、B、F 三型表面浑浊，底有粉状或颗粒状沉淀，并能消化肉块，变黑有臭味。而 C、D、E 三型则表现清亮，絮片状生长，粘贴于管壁。

在固体培养基上，形成不规则直径约 3mm 圆形菌落，菌落半透明，表面呈颗粒状，边缘不整齐，界限不明显，有向外扩散的现象，常扩展成菌苔。

在葡萄糖鲜血琼脂平板上，菌落较小、扁平、颗粒状、中央低隆、边缘不规则、带丝状或绒毛状菌落。开始较小，37℃培养 3 ~ 4d，直径可达 5 ~ 10mm，因易于汇合在一起，通常不易获得良好的菌落。有的菌落有大的 β - 溶血环。

在卵黄琼脂平板上生长后，菌落及其周围培养基表面覆盖着特有的彩虹样（或珍珠层样）薄层，但 G 型没有。

3. 分类

肉毒梭菌根据其所产毒素的抗原特异性，可将其分为 A、B、C、D、E、F、G 七型，其中 C 型又分为 $C\alpha$ 型和 $C\beta$ 型。一种菌型的细菌能产生一种以上的毒素型，如 $C\alpha$ 型菌主要产生 $C\alpha$ 型毒素，并带有少量的 D 型和 $C\beta$ 型毒素。各型毒素，只为其相应的抗毒素所中和（即 A 型毒素只为 A 型抗毒素所中和等），但 $C\beta$ 型毒素既可为 $C\beta$ 型抗毒素又可为 $C\alpha$ 型抗毒素中和。

根据肉毒梭菌的生化反应可将其分为两型：一种能水解凝固蛋白的称为解蛋白菌；另一种不能水解凝固蛋白，称为非解蛋白菌。前者能产生 A、B、C、D、E、F、G 型毒素，后者能产生 B、C、D、E、F 型毒素。

4. 生化特性

肉毒梭菌能分解葡萄糖、麦芽糖及果糖，产酸产气，对其他糖的分解作用因菌株不同而异。能液化明胶，但菌株间有液化能力的差异。缓慢液化凝固血清，使牛乳消化，产生 H_2S，但不能使硝酸盐还原为亚硝酸盐。

5. 抵抗力

肉毒梭菌的抵抗力不强，肉毒梭菌加热 80℃ 30min 或 100℃ 10min 即可杀死，但其芽孢的抵抗力很强，可耐煮沸 1 ~ 6h 之久，于 180℃ 干热 5 ~ 15min，120℃高压蒸汽下 10 ~ 20min 才能杀死。10% 的盐酸须经 1h 才能破坏。其中以 A、B 型菌的芽孢抵抗力最强。这一点对于罐头食品的灭菌很重要，若芽孢深藏于食品中或者数量过多，虽经高温杀菌，有时也杀不死芽孢，故应特别注意。

肉毒梭菌毒素为一种蛋白质，通常以毒素分子和一种血细胞凝集素载体所构成的复合物形式存在，不被胃液或消化酶所破坏，在 pH 3 ~ 6 下毒性不减弱，但在 pH 8.5 以上或 100℃ 10 ~ 20min 常被破坏。

毒素在干燥密封和阴暗的条件下，可保存多年。毒素用甲醛处理后即变为类毒素。毒素及类毒素均有抗原性，注射于动物体内能产生抗毒素。

二、肉毒中毒

1. 流行病学

肉毒梭菌食物中毒一般多是由于人们误食了含有肉毒毒素的食物而引起的，以运动神经麻痹为主要症状的单纯毒素性食物中毒，所以又称为肉毒中毒。

肉毒梭菌在自然界分布很广，由于生态上的差异出现区域性的差异。以 A、B 两型分布最广，土壤、沼泽、湖泊、河川和海底，各大洲都能检出它们的芽孢；而 C、D 两型则主要存在于动物的尸体内或腐尸周围的土壤里面；E 型主要存在于海洋的沉积物、海鱼、海虾及海栖哺乳动物的肠道内；F 型曾在动物肝脏引起食物中毒时分离到。引起人食物中毒的主要是 A、B、E 三型；C、D 两型主要是畜、禽肉毒中毒的病原菌。

引起肉毒中毒的食品，因饮食习惯和膳食结构不同而有差别。日本发生的肉毒中毒主要由鱼类、鱼卵等水产品所引起。美国发生的肉毒中毒主要由家庭自制的蔬菜、水果罐头、水产品和肉、奶类制品所引起。我国发生的肉毒中毒，91.48% 由植物性食品所引起，8.52% 由动物性食品所引起。在植物性食品中，绝大部分是家庭自制的发酵食品，如臭豆腐、豆豉、豆酱和面酱等。这些发酵食品所用的原料粮和豆类常带有肉毒梭菌，发酵过程往往在密闭容器中和高温环境下进行。由于加热时间短，未能杀灭肉毒梭菌芽孢，又在 20 ~ 30℃ 进行发酵，所以为芽孢生长繁殖并产生毒素提供了适宜条件，如食用前不经加热，即可引起中毒。肉类及其制品等动物性食品，在储存过程中如被肉毒梭菌污染，在较高室温下放置数日，肉毒梭菌即可繁殖并产生毒素，带有毒素的食品如食用前未经加热或加热不彻底，即可引起中毒。

2. 中毒方式

肉毒毒素是肉毒中毒的直接因素。毒素进入机体的方式大体有下列4种。

（1）食物媒介　这是最早被发现的中毒方式，而且迄今全世界包括我国在内的绝大部分肉毒中毒病例都属于此类型。

（2）吸入　这是极罕见的中毒类型，只有在进行肉毒梭菌及其毒素研究的检验室内偶尔发生。

（3）创伤感染　肉毒梭菌芽孢污染创伤部位，在局部发芽繁殖，产生毒素，引起肉毒中毒。

（4）肠道感染　肉毒梭菌能否在肠道内产毒而引起人的肉毒中毒，近些年来才得出定论。1976年在美国加利福尼亚州首次发现婴儿猝死综合征（SIDS），病例中有一部分实属肉毒中毒。婴儿经口吞入的肉毒梭菌芽孢在消化道内发芽繁殖，产生肉毒毒素，引起中毒。此类肉毒中毒目前一般通称婴儿肉毒中毒。

3. 致病机理

肉毒梭菌食物中毒与肉毒梭菌及芽孢无直接关系，是肉毒毒素进入血液循环后，选择性地作用于运动神经与副交感神经，主要作用点是神经末梢，抑制神经传导介质乙酰胆碱的释放，因而引起肌肉运动障碍，发生软瘫。

4. 预防

肉毒中毒的发生，一般有以下几种情况：即制作食品的原料中带有肉毒梭菌芽孢；在食品生产过程中，芽孢未被全部杀灭；在食品加工或储存过程中，温度较高，缺氧，适宜芽孢的繁殖和产毒；熟食品在食用前未经充分加热没能使毒素完全破坏。因此，为预防本病的发生可采取下列措施。

（1）食品制造前应对食品原料进行清洁处理，用优质饮用水充分清洗。特别是在肉毒中毒多发地区，土壤及动物粪便的带菌率较高，故要求更应严格。

（2）罐头食品的生产，除建立严密合理的工艺规程和卫生制度防止污染外，还应严格执行灭菌的操作规程。罐头在储藏过程发生胖听或破裂时，不能食用。制作发酵食品时，在进行发酵前，对粮、谷、豆类等原料应进行彻底蒸煮，以杀灭肉毒梭菌芽孢。

（3）加工后的肉、鱼类制品，应避免再污染和在较高温度下堆放，或在缺氧条件下保存。熏制肉类或鱼类时，原料应新鲜并清洗；加工后，食用前不再经加热处理的食品，更应认真防止污染和彻底冷却。

（4）肉毒梭菌毒素不耐热，80℃ 30min或100℃ 30min可使各型毒素破坏，故对可疑食物进行彻底加热是破坏毒素、预防肉毒中毒的可靠措施。

（5）防止婴儿肉毒中毒，应首先避免不洁之物进入口内。凡能进入婴儿口中的东西要注意清洁，以免经口感染。对婴儿的补充食品如水果、蔬菜等应去皮或洗净消毒，不可食用变质的剩奶或蜂蜜等。

三、检验方法

肉毒梭菌的检验目标主要是其毒素。不论是食品中的肉毒毒素检验还是肉毒梭菌的检验，均以毒素的检测及定型试验为判定的主要依据。

1. 设备和材料

离心机及离心管；均质器；温箱（30℃、35℃、37℃）；显微镜；厌氧培养装置：常温催化除氧式或碱性焦性没食子酸除氧式；吸管（1mL、10mL）；注射器（1mL）；平皿；接种环；载玻片；小白鼠（15～20g）。

2. 培养基和试剂

庖肉培养基、卵黄琼脂培养基、明胶磷酸盐缓冲液、肉毒分型抗毒诊断血清、胰酶（活力1∶250）、革兰染色液。

3. 检验程序

检验程序如图5－10所示。

检样经均质处理后，及时接种培养，进行增菌、产毒，同时进行毒素检测试验。毒素检测试验结果可证明检验中有无肉毒毒素以及有何型肉毒毒素存在。

可增菌产毒培养物，一方面做一般的生长特征观察，同时检测肉毒毒素的产生情况。所得结果可证明检验中有无肉毒梭菌以及有何型肉毒梭菌存在。为了其他特殊目的而欲获纯菌，可用增菌产毒培养物进行分离培养，对所得纯菌进行形态、培养特性等观察及毒素检测，其结果可证明所得纯菌为何型肉毒梭菌。

4. 操作步骤

（1）肉毒毒素检测　液体检样可直接离心；固体或半流动检样须加适量（如等量、1倍量、5倍量或10倍量）明胶磷酸盐缓冲液，浸泡、研碎，然后离心。取上清液进行检测。吸取一部分上清液，调pH 6.2，每9份加10%胰酶（活力1∶250）水溶液1份，混匀，经常轻轻搅动，37℃作用60min，进行检测。

肉毒毒素检测以小白鼠腹腔注射法为标准方法。

①检出试验：取上述离心上清液及其胰酶活处理液分别注射小白鼠2只，每只0.5mL，观察4d。注射液中若有肉毒毒素存在，小白鼠多在注射后24h内发病、死亡。主要症状为竖毛、四肢瘫软、呼吸困难、呼吸呈风箱式、腰部凹陷、宛若蜂腰，最终死于呼吸麻痹。

如遇小白鼠猝死，以至症状不明显时，则可将注射液做适当稀释，重做试验。

②正式试验：不论上清液或其胰酶激活处理液，凡能致小白鼠发病、死亡者，取样分成3份进行试验。1份加等量多型混合肉毒抗毒诊断血清，混匀，

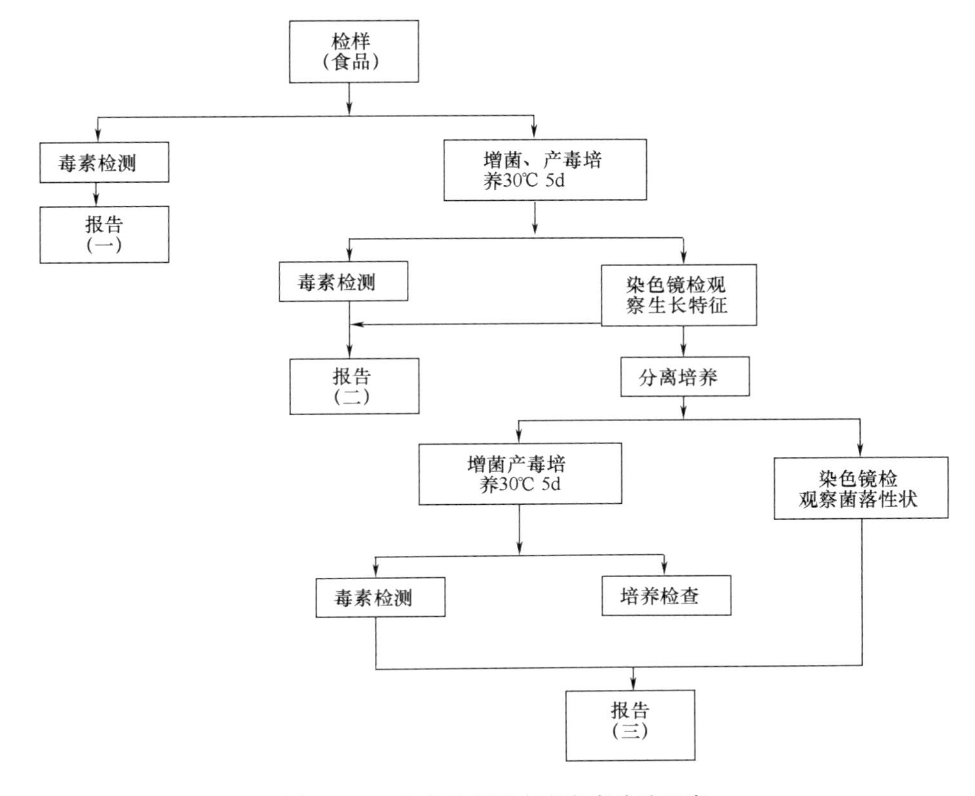

图 5－10　肉毒梭菌及肉毒毒素检验程序

报告（一）：检样含某型肉毒毒素；报告（二）：检样含某型肉毒梭菌

报告（三）：由检样分离的菌株为某型肉毒梭菌

37℃作用30min，1份加等量明胶磷酸盐缓冲液，混匀，煮沸10min；1份加等量明胶磷酸盐缓冲液，混匀即可，不做其他处理。3份混合液分别注射小白鼠各2只，每只0.5mL，观察4d，若注射加诊断血清与煮沸加热的2份混合液的小白鼠均获保护存活，而唯有注射未经其他处理的混合液的小白鼠以特有症状死亡，则可判定检样中有肉毒毒素存在，必要时进行毒力测定及定型试验。

③毒力测定：取已判定含有肉毒毒素的检样离心上清液，用明胶磷酸盐缓冲液做成50倍、500倍及5000倍的稀释液，分别注射小白鼠各2只，每只0.5mL，观察4d。根据动物死亡情况，计算检验所含肉毒毒素的大体毒力（LD/mL或LD/g）。例如，5倍、50倍及500倍稀释致动物全部死亡，而注射5000倍稀释液的动物全部存活，则可大体判定检样上清液所含毒素的毒力为1000～10000LD/mL。

④定型试验：按毒力测定结果，用明胶磷酸盐缓冲液将检样上清液稀释至所含毒素的毒力大体在10～100LD/mL，分别与各单型肉毒抗毒诊断血清等量混匀，37℃作用30min，各注射小白鼠各2只，每只0.5mL，观察4d。同时以明胶磷酸

盐缓冲液代替诊断血清，与稀释毒素液等量混合作为对照。能保护动物免于发病、死亡的诊断血清型即为检样所含肉毒毒素的型别。

⑤注意事项：

a. 未经胰酶激活处理的检样的毒素检出试验或确证试验若为阳性结果，则胰酶激活处理液可省略毒力测定及定型试验。

b. 为争取时间尽快得出结果，毒素检测的各项试验也可同时进行。

c. 根据具体条件和可能性，定型试验可酌情省略C、D、F及G型。

d. 进行确证及定型等中和试验时，检样的稀释应参照所用肉毒诊断血清的效价。

e. 试验动物的观察可按阳性结果的出现随时结束，以缩短观察时间；唯有出现阴性结果时，应保留充分的观察时间。

（2）肉毒梭菌检出（增菌产毒培养试验） 取庖肉培养基3支，煮沸10～15min，做如下处理。

第1支：急速冷却，接种检样均质液1～2mL。

第2支：冷却至60℃，接种检样，继续于60℃保温10min，急速冷却。

第3支：接种检样，继续煮沸加热10min，急速冷却。

以上接种物于30℃培养5d，若无生长，可再培养10d。培养到期，若有生长，取培养液离心，以其上清液进行毒素检测试验，阳性结果证明检样中有肉毒梭菌存在。

（3）分离培养 选取经毒素检测试验证实含有肉毒梭菌的前述增菌产毒培养物（必要时可重复一次适宜的加热处理）接种卵黄琼脂平板，35℃厌氧培养48h。肉毒梭菌在卵黄琼脂平板上生长时，菌落及其周围培养基表面覆盖着特有的彩虹样（或珍珠层样）薄层，单G型菌无此现象。

根据菌落性状及菌体形态挑选可疑菌落，接种庖肉培养基，于30℃培养5d，进行毒素检测及培养特性检查确证试验。

①毒素检测试验方法同本节。

②培养特性检查：接种卵黄琼脂平板，分成2份，分别在35℃的需氧和厌氧条件下培养48h，观察生长情况及菌落形状。肉毒梭菌只有在厌氧条件下才能在卵黄琼脂平板上生长，并形成具有上述特征的菌落，而在需氧条件下则不生长。

5. 注意事项

（1）标本的采集、运输及保存

①食品标本：可疑食品采集后应尽快送检。密封食品，直至检验开始以前不要启封。非密闭食品应采集于灭菌容器中。若需要远运，标本应装入严密的容器，置于冰壶中冷藏。

②体液或组织标本：发生肉毒中毒时，在应用肉毒抗毒素治疗之前采集。采血量应足够分离血清至少10mL（最好是15～20mL），以供毒素中和试验用。血

清、胃内容物、粪便及尸体标本均须装入灭菌容器中，尽快送检。若需远运，按食品标本的方法处理。水产动物的脏器标本应以消化道为主。

③土壤：以灭菌工具由地表面下 10 ~20cm 处取土，装入灭菌容器。

（2）标本的处理

①为了尽量保持肉毒毒素的稳定，一般多用明胶缓冲液作稀释剂，其制法：明胶 2g，磷酸氢二钠 4g，溶于蒸馏水 1000mL，以盐酸调 pH 6.2 ~6.8，121℃蒸汽灭菌 15min。

②血清：分离后可直接供做肉毒毒素检测试验，无需另加处理。

③固体标本：需要明胶缓冲液进行浸提，即取标本（最好是 50g）、放入研钵，加灭菌砂 1 ~2g 与适量的冷明胶缓冲液，研匀。然后，补加同缓冲液至其总容量与标本的质量相等，搅匀，离心沉淀，上清液供做毒素检测试验；沉淀物（或离心沉淀前的均质物）可供做培养试验。

④土壤泥沙标本：可加足量的明胶缓冲液，充分搅匀，待泥沙自然沉淀，吸取上部澄浆离心沉淀，沉淀物供做培养试验。

⑤E 型及非蛋白分解性的 B、F 型肉毒梭菌产生的前体毒素，做动物试验时，事前须以胰蛋白酶进行激活，使之变为活化毒素。取检样稀释液或培养液 4.5mL 加 1%（或 5%、10%）胰蛋白酶（1∶250，按实际活力换算，增减用量）水溶液 0.5mL，pH 6.0 ~6.2，37℃作用 45min，pH 不可过高，达到或超过 7.0 时毒力将会减弱。过度的激活处理也将使毒性失活。若有可能，最好在激活后立即加抑制剂，以中止胰蛋白酶的作用。血清中的毒素或用作体外免疫学试验的毒素无需激活。

（3）检验报告

①如仅为肉毒中毒的诊断，只要能从检样（食品、患者血清及粪便、创伤坏死组织及渗出液等）中检出肉毒毒素并予以定型，即可结束检验，提出图 5 -10 中的报告（一），证明检样中有无某型肉毒毒素的存在，而肉毒中毒的直接致病因素为毒素，所以无必要进行检出细菌的培养试验。

②自然界中的各种一般物质（如土壤、泥沙）基本上不可能含有肉毒毒素，无必要直接进行毒素检测试验，而应从培养试验着手，最后根据产毒试验结果加以判断，提出图 5 -10 中的报告（二），证明检验中有无某型肉毒梭菌存在。

③在一般情况下，没有必要从检样中分离纯的肉毒梭菌。基于特殊需要或目的而分离的纯菌株，须经产毒培养及毒素检测试验，提出图 5 -10 中的报告（三），证明所分离的菌株是否为某型肉毒梭菌。

第九节　蜡样芽孢杆菌检验

过去一直认为蜡样芽孢杆菌是非致病菌，自 1950 年以来，日益增多的材料证明，蜡样芽孢杆菌是食物中毒病原菌。蜡样芽孢杆菌是需氧性，能产生芽孢的革兰阳性杆菌。在自然界分布较广，并易从各种食品检出，因食品在正常情况下就可能有此菌存在，如果它在食品未能得到增殖，其存在便无意义。当摄入的食品每克中蜡样芽孢杆菌活菌数在百万以上常导致暴发食物中毒。

一、病原学特性

1. 形态与染色

本菌为革兰阳性杆菌，菌体两端较平整，大小为（1～1.3）μm×（3～5）μm。能形成芽孢，芽孢呈椭圆形，位于菌体中央或稍偏向一端，不大于菌体宽度。无荚膜，有周身鞭毛，能运动。

2. 培养特性

本菌为需氧菌。生长温度范围在10～45°C，最适生长温度为28～35°C。对营养要求不高，在普通培养基上生长良好。

普通肉汤培养：生长迅速，肉汤浑浊，常带有菌膜或壁环，振摇易乳化。

普通琼脂培养：菌落乳白色、不透明、边缘不整齐、直径为4～10mm，菌落边缘常呈扩散状，近光观察似白蜡状。

血琼脂平板培养：形成浅灰、不透明、似毛玻璃状的菌落。在菌落周围初呈草绿色溶血，时间稍长即完全透明。

甘露醇卵黄多黏菌素琼脂平板培养：形成灰白色或微带红色、扁平、表面粗糙的菌落。在菌落周围具有紫红色的背景，环绕白色环晕。

3. 生化特性

本菌能分解麦芽糖、蔗糖、水杨苷和蕈糖，不分解乳糖、甘露醇、鼠李糖、木糖、阿拉伯糖、山梨醇和侧金盏花醇，H_2S、尿素试验阴性，卵磷脂酶试验阳性，能在24h内液化明胶，溶血，厌氧条件下发酵葡萄糖。

4. 毒素和酶

本菌在肉汤培养物中能产生溶血毒素、对小白鼠的可溶性致死毒素——肠毒素；还可产生蛋白质分解酶、卵磷脂酶和青霉素酶等。

5. 抵抗力

本菌耐热，其37℃ 16h的肉汤培养物的D_{80}值（在80℃时使细菌数减少90%所需的时间）为10～15min。使肉汤中细菌由2.4×10^7个/mL转为阴性，需100℃ 20min。食物中毒菌株的游离芽孢能耐受100℃ 30min，而干热120℃需60min才能将其杀死。本菌对氯霉素、红霉素和庆大霉素敏感；对青霉素、磺胺噻唑和呋喃西林耐受。

二、蜡样芽孢杆菌食物中毒

1. 流行病学

蜡样芽孢杆菌在自然界的分布比较广泛，空气、土壤、尘埃、水和腐烂草中均有存在，植物和许多生熟食品中也常见。据试验调查的514件食品样品中，发现蜡样芽孢杆菌者：肉制品为26%，乳制品为77%，蔬菜、水果和干果为51%。

食品中蜡样芽孢杆菌的来源，主要为外界污染。由于食品在加工、运输、保藏及销售过程中的不卫生情况，而使该菌在食品上大量污染传播。

蜡样芽孢杆菌食物中毒所涉及的食品种类较多，包括乳类食品、畜禽肉类制品、汤汁、马铃薯、豆芽、甜点心、调味汁、色拉（凉杂拌菜）和米饭等。在我国引起中毒的食品常与米饭、糕点等淀粉类食品有关。

蜡样芽孢杆菌引起中毒的食品大多无腐败变质现象，在进行组织及感官鉴定时，除米饭类有时微有发黏或入口不爽外，大多数食品均表现为完全正常的感官性状，这一点应引起食品卫生工作人员的注意。

蜡样芽孢杆菌食物中毒有明显的季节性，通常以夏秋季（6～10月份）最高。此菌引起的食物中毒可以在集体食堂中大规模暴发，也可在家庭暴发或散在发生。中毒的发生与性别和年龄无关。

2. 中毒菌量

通过对中毒食品的检验、人体试验以及一般食品调查，证明食品中蜡样芽孢杆菌含量与能否引起中毒有密切的关系。蜡样芽孢杆菌中毒菌量的范围一般在10^6～10^8个/g（食物）。当然，这与菌株型别和毒力、食品类型和摄入量以及机体个体差异等密切相关。为了保障消费者食用安全，联合国粮食与农业组织（FAO，2013）规定熟冷盘肉片的10^{-3}稀释液不得检出蜡样芽孢杆菌。鉴于上述情况，在蜡样芽孢杆菌食物中毒鉴定和某些食品卫生评价中，蜡样芽孢杆菌含量测定有重要意义。

3. 致病机理

蜡样芽孢杆菌食物中毒主要是由该菌产生的肠毒素引起的。大量活菌的存在，不仅可使毒素量增高，而且可促进中毒发生。也就是说，蜡样芽孢杆菌食物中毒是由于活菌和其产生的肠毒素共同作用所致。

蜡样芽孢杆菌产生的肠毒素有两种，一种为耐热性肠毒素，100℃ 30min，不能被破坏，是引起呕吐型中毒的致病因素，常在米饭中形成；另一种是不耐热肠毒素，是引起腹泻型胃肠炎的病因物质，能在各种食物中形成。

4. 预防

对蜡样芽孢杆菌引起的食物中毒，应从以下几方面进行预防。

（1）做好食品的冷藏和加热　本菌在15℃以下不繁殖，各种食品特别是营养丰富、水分含量较高、适宜于细菌生长的食品，必须注意冷藏。米饭熟后，或维持在63℃以上或迅速冷却。烹调必须充分加热，使之灭菌。

（2）食品不放置过久　煮熟食品，不能放置过久，尤不宜在温热情况25～45℃下保存。蜡样芽孢杆菌繁殖至中毒菌量需要一定的温度和时间，因此缩短熟食品的放置时间颇为重要。在温热季节，每天的米饭吃多少做多少，避免剩下隔日炒饭、做汤饭或混入新煮的米饭中，达不到充分受热和彻底灭菌，以致带来危害。

（3）搞好环境卫生　本菌常见于泥土和灰尘，搞好环境卫生，保持厨房整洁，消灭昆虫以及在食品的加工、运输、储存和销售过程中做好防尘、防虫工作，都有助于控制污染源和减少本菌的污染。

（4）加强卫生宣传　做好个人卫生，严格要求食品从业人员认真执行卫生法规，以防止通过工作人员造成本菌的中毒流行。

三、检验方法

（一）设备和材料

除微生物实验室常规灭菌及培养设备外，其他设备和材料如下。

冰箱：2～5℃；恒温培养箱：(30±1)℃、(36±1)℃；均质器；电子天平；无菌锥形瓶：100mL、500mL；无菌吸管：1mL（具0.01mL刻度）、10mL（具0.1mL刻度）或微量移液器及吸头；无菌平皿：直径90mm；无菌试管：18mm×180mm；显微镜：10～100倍（油镜）；L涂布棒。

（二）培养基和试剂

磷酸盐缓冲液（PBS）、甘露醇卵黄多黏菌素（MYP）琼脂、胰酪胨大豆多黏菌素肉汤、营养琼脂、过氧化氢溶液、动力培养基、硝酸盐肉汤、酪蛋白琼脂、硫酸锰营养琼脂培养基、0.5%碱性复红、动力培养基、糖发酵管、V-P培养基、胰酪胨大豆羊血（TSSB）琼脂、溶菌酶营养肉汤、西蒙柠檬酸盐培养基、明胶培养基。

（三）蜡样芽孢杆菌平板计数法（第一法）

1. 检验程序

蜡样芽孢杆菌平板计数法检验程序如图5-11所示。

2. 操作步骤

（1）样品处理　冷冻样品应在45℃以下不超过15min或在2～5℃不超过18h解冻，若不能及时检验，应放于-20～-10℃保存；非冷冻而易腐的样品应尽可能及时检验，若不能及时检验，应置于2～5℃冰箱保存，24h内检验。

（2）样品制备　称取样品25g，放入盛有225mL PBS或生理盐水的无菌均质杯内，用旋转刀片式均质器以8000～10000r/min均质1～2min，或放入盛有225mL PBS或生理盐水的无菌均质袋中，用拍击式均质器拍打1～2min。若样品为液态，吸取25mL样品至盛有225mL PBS或生理盐水的无菌锥形瓶（瓶内可预置适当数量的无菌玻璃珠）中，振荡混匀，制作成为1:10的样品匀液。

（3）样品的稀释　吸取（2）样品制备中1:10的样品匀液1mL加到装有9mL PBS或生理盐水的稀释管中，充分混匀制成1:100的样品匀液。根据对样品污染状况的估计，按上述操作，依次制成10倍递增系列稀释样品匀液。每递增

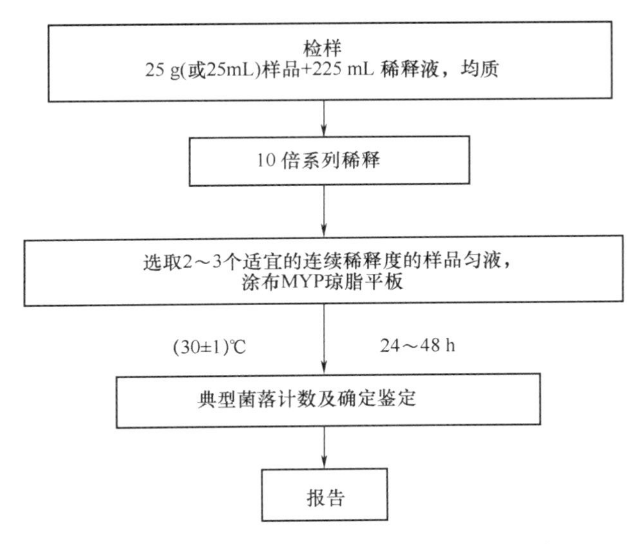

图 5－11　蜡样芽孢杆菌平板计数法检验程序

稀释 1 次，换用 1 支 1mL 无菌吸管或吸头。

（4）样品接种　根据对样品污染状况的估计，选择 2 ~ 3 个适宜稀释度的样品匀液（液体样品可包括原液），以 0.3mL、0.3mL、0.4mL 接种量分别移入三块 MYP 琼脂平板，然后用无菌 L 棒涂布整个平板，注意不要触及平板边缘。使用前，如 MYP 琼脂平板表面有水珠，可放在 25 ~ 50℃ 的培养箱里干燥，直到平板表面的水珠消失。

（5）分离、培养

①分离：在通常情况下，涂布后，将平板静置 10min。如样液不易吸收，可将平板放在培养箱（30 ± 1）℃ 培养 1h，等样品匀液吸收后翻转平皿，倒置于培养箱，(30 ± 1)℃ 培养（24 ± 2）h。如果菌落不典型，可继续培养（24 ± 2）h 再观察。在 MYP 琼脂平板上，典型菌落为微粉红色（表示不发酵甘露醇），周围有白色至淡粉红色沉淀环（表示产卵磷脂酶）。

②纯培养：从每个平板中挑取至少 5 个典型菌落（小于 5 个全选），分别划线接种于营养琼脂平板做纯培养，（30 ± 1）℃ 培养（24 ± 2）h，进行确证试验。在营养琼脂平板上，典型菌落为灰白色，偶有黄绿色，不透明，表面粗糙似毛玻璃状或融蜡状，边缘常呈扩展状，直径为 4 ~ 10mm。

（6）确定鉴定

①染色镜检：挑取纯培养的单个菌落，革兰染色镜检。蜡样芽孢杆菌为革兰阳性芽孢杆菌，大小为（1 ~ 1.3）μm ×（3 ~ 5）μm，芽孢呈椭圆形位于菌体中央或偏端，不膨大于菌体，菌体两端较平整，多呈短链或长链状排列。

②生化鉴定

a. 概述：挑取纯培养的单个菌落，进行过氧化氢酶试验、动力试验、硝酸盐还原试验、酪蛋白分解试验、溶菌酶耐性试验、V-P试验、葡萄糖利用（厌氧）试验、根状生长试验、溶血试验、蛋白质毒素结晶试验。蜡样芽孢杆菌生化特征与其他芽孢杆菌的区别见表5-17。

表5-17　　蜡样芽孢杆菌生化特征与其他芽孢杆菌的区别

项目	蜡样芽孢杆菌 *Bacillus cereus*	苏云金芽孢杆菌 *Bacillus thuringiensis*	蕈状芽孢杆菌 *Bacillus mycoides*	炭疽芽孢杆菌 *Bacillus anthracis*	巨大芽孢杆菌 *Bacillus megaterium*
革兰染色	+	+	+	+	+
过氧化氢酶	+	+	+	+	+
动力	+/-	+/-	-	-	+/-
硝酸盐还原	+	+/-	+	+	-/+
酪蛋白分解	+	+	+/-	-/+	+/-
溶菌酶耐性	+	+	+	+	-
卵黄反应	+	+	+	+	-
葡萄糖利用（厌氧）	+	+	+	+	-
V-P试验	+	+	+	+	-
甘露醇产酸	-	-	-	-	+
溶血（羊红细胞）	+	+	+	-/+	-
根状生长	-	-	+	-	-
蛋白质毒素晶体	-	+	-	-	-

注：+表示90%~100%的菌株阳性；-表示90%~100%的菌株阴性；+/-表示大多数的菌株阳性；-/+表示大多数的菌株阴性。

b. 动力试验：用接种针挑取培养物穿刺接种于动力培养基中，30℃培养24h。有动力的蜡样芽孢杆菌应沿穿刺线呈扩散生长，而蕈状芽孢杆菌常呈绒毛状生长。也可用悬滴法检查。

c. 溶血试验：挑取纯培养的单个可疑菌落接种于TSSB琼脂平板上，(30±1)℃培养（24±2）h。蜡样芽孢杆菌菌落为浅灰色，不透明，似白色毛玻璃状，有草绿色溶血环或完全溶血环。苏云金芽孢杆菌和蕈状芽孢杆菌呈现弱的溶血现象，而多数炭疽芽孢杆菌为不溶血，巨大芽孢杆菌为不溶血。

d. 根状生长试验：挑取单个可疑菌落按间隔2~3cm距离划平行直线于经室温干燥1~2d的营养琼脂平板上，(30±1)℃培养24~48h，不能超过72h。用蜡样芽孢杆菌和蕈状芽孢杆菌标准株作为对照进行同步试验。蕈状芽孢杆菌呈根状生长的特征。蜡样芽孢杆菌菌株呈粗糙山谷状生长的特征。

e. 溶菌酶耐性试验：用接种环取纯菌悬液一环，接种于溶菌酶肉汤中，(36±1)℃培养24h。蜡样芽孢杆菌在本培养基（含0.001%溶菌酶）中能生长。如出现阴性反应，应继续培养24h。巨大芽孢杆菌不生长。

f. 蛋白质毒素结晶试验：挑取纯培养的单个可疑菌落接种于硫酸锰营养琼脂

平板上，(30±1)℃培养（24±2）h，并于室温放置3~4d，挑取培养物少许于载玻片上，滴加蒸馏水混匀并涂成薄膜。经自然干燥，微火固定后，加甲醇作用30s后倾去，再通过火焰干燥，于载玻片上滴满0.5%碱性复红，放火焰上加热（微见蒸气，勿使染液沸腾）持续1~2min，移去火焰，再更换染色液再次加温染色30s，倾去染液用洁净自来水彻底清洗、晾干后镜检。观察有无游离芽孢（浅红色）和染成深红色的菱形蛋白结晶体。如发现游离芽孢形成的不丰富，应再将培养物置室温2~3d后进行检查。除苏云金芽孢杆菌外，其他芽孢杆菌不产生蛋白结晶体。

③生化分型（选做项目）：根据对柠檬酸盐利用、硝酸盐还原、淀粉水解、V-P试验反应、明胶液化试验，将蜡样芽孢杆菌分成不同生化型别，见表5-18。

表5-18　蜡样芽孢杆菌生化分型试验

型别	生化试验				
	柠檬酸盐	硝酸盐	淀粉	V-P	明胶
1	+	+	+	+	+
2	-	+	+	+	+
3	+	+	-	+	+
4	-	-	+	+	+
5	-	-	-	+	+
6	+	-	-	+	+
7	+	-	+	+	+
8	-	+	-	+	+
9	-	+	-	-	+
10	-	+	+	-	+
11	+	+	+	-	+
12	+	+	-	-	+
13	-	-	+	-	-
14	+	-	-	-	+
15	+	-	+	-	+

注：+表示90%~100%的菌株阳性；-表示90%~100%的菌株阴性。

（7）结果计算：

①典型菌落计数和确认

a. 选择有典型蜡样芽孢杆菌菌落的平板，且同一稀释度3个平板所有菌落数合计在20~200CFU的平板，计数典型菌落数。如果出现下列前6种现象按公式（5-3）计算，如果出现最后一种现象则按公式（5-4）计算：

- 只有一个稀释度的平板菌落数在 20～200CFU 且有典型菌落，计数该稀释度平板上的典型菌落。
- 2 个连续稀释度的平板菌落数均在 20～200CFU，但只有一个稀释度的平板有典型菌落，应计数该稀释度平板上的典型菌落。
- 所有稀释度的平板菌落数均小于 20CFU 且有典型菌落，应计数最低稀释度平板上的典型菌落。
- 某一稀释度的平板菌落数大于 200CFU 且有典型菌落，但下一稀释度平板上没有典型菌落，应计数该稀释度平板上的典型菌落。
- 所有稀释度的平板菌落数均大于 200CFU 且有典型菌落，应计数最高稀释度平板上的典型菌落。
- 所有稀释度的平板菌落数均不在 20～200CFU 且有典型菌落，其中一部分小于 20CFU 或大于 200CFU 时，应计数最接近 20CFU 或 200CFU 的稀释度平板上的典型菌落。
- 2 个连续稀释度的平板菌落数均在 20～200CFU 且均有典型菌落。

b. 从每个平板中至少挑取 5 个典型菌落（小于 5 个全选），划线接种于营养琼脂平板做纯培养，(30±1)℃培养（24±2）h。

②计算公式

a. 菌落计算公式（5－3）

$$T = \frac{AB}{Cd} \tag{5-3}$$

式中 T——样品中蜡样芽孢杆菌菌落数

A——某一稀释度蜡样芽孢杆菌典型菌落的总数

B——鉴定结果为蜡样芽孢杆菌的菌落数

C——用于蜡样芽孢杆菌鉴定的菌落数

d——稀释因子

b. 菌落计算公式（5－4）

$$T = \frac{A_1B_1/C_1 + A_2B_2/C_2}{1.1d} \tag{5-4}$$

式中 T——样品中蜡样芽孢杆菌菌落数

A_1——第一稀释度（低稀释倍数）蜡样芽孢杆菌典型菌落的总数

A_2——第二稀释度（高稀释倍数）蜡样芽孢杆菌典型菌落的总数

B_1——第一稀释度（低稀释倍数）鉴定结果为蜡样芽孢杆菌的菌落数

B_2——第二稀释度（高稀释倍数）鉴定结果为蜡样芽孢杆菌的菌落数

C_1——第一稀释度（低稀释倍数）用于蜡样芽孢杆菌鉴定的菌落数

C_2——第二稀释度（高稀释倍数）用于蜡样芽孢杆菌鉴定的菌落数

1.1——计算系数（如果第二稀释度蜡样芽孢杆菌鉴定结果为 0，计算系数采用 1）

d——稀释因子（第一稀释度）

3. 结果与报告

（1）根据 MYP 平板上蜡样芽孢杆菌的典型菌落数，按公式（5－3）、公式（5－4）计算，报告每 1g（mL）样品中蜡样芽孢杆菌菌数，以 CFU/g（mL）表示；如 T 值为 0，则以小于 1 乘以最低稀释倍数报告。

（2）必要时报告蜡样芽孢杆菌生化分型结果。

（四）蜡样芽孢杆菌 MPN 计数法（第二法）

1. 检验程序

蜡样芽孢杆菌 MPN 计数法检验程序如图 5－12 所示。

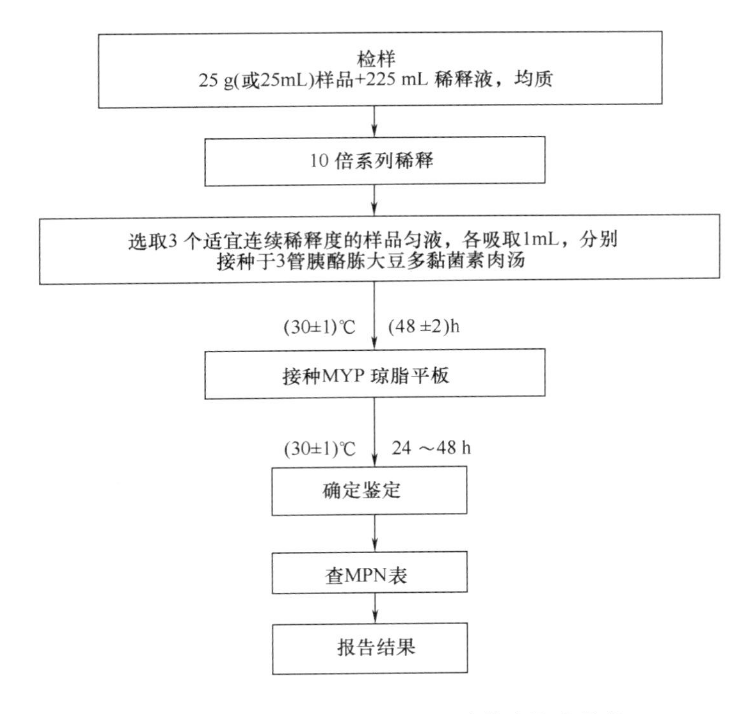

图 5－12　蜡样芽孢杆菌 MPN 计数法检验程序

2. 操作步骤

（1）样品处理、制备、稀释同蜡样芽孢杆菌平板计数法（第一法）。

（2）样品接种　取 3 个适宜连续稀释度的样品匀液（液体样品可包括原液），接种于 10mL 胰酪胨大豆多黏菌素肉汤中，每一稀释度接种 3 管，每管接种 1mL（如果接种量需要超过 1mL，则用双料胰酪胨大豆多黏菌素肉汤）。于（30 ±1）℃培养（48 ±2）h。

（3）培养　用接种环从各管中分别移取 1 环，划线接种到 MYP 琼脂平板上，（30 ±1）℃培养（24 ±2）h。如果菌落不典型，可继续培养（24 ±2）h 再观察。

（4）确定鉴定　从每个平板选取5个典型菌落（小于5个全选），划线接种于营养琼脂平板做纯培养，(30 ±1)℃培养（24 ±2）h，进行确证试验。

3. 结果与报告

根据证实为蜡样芽孢杆菌阳性的试管管数，查MPN检索表，报告每1g（mL）样品中蜡样芽孢杆菌的最可能数，以MPN/g（mL）表示。

思　考　题

1. 食品微生物检验中所说的常见致病菌有哪些？
2. 简述沙门菌食物中毒的现象。
3. 图示说明沙门氏菌检验程序。
4. 简述沙门菌属在不同选择性琼脂平板上的菌落特征。
5. 简述金黄色葡萄球菌污染食品的途径。
6. 简述葡萄球菌食物中毒及其发生的特点。
7. 图示说明金黄色葡萄球菌的定性检验程序（第一法）。
8. 图示说明金黄色葡萄球菌 Baird – Parker 平板计数的检验程序。
9. 简述致病性大肠埃希菌引起的食物中毒。
10. 简述志贺菌引起的食物中毒。
11. 图书说明志贺菌的检验程序。
12. 图示说明β型溶血性链球菌的检验程序。
13. 简述单核细胞增生李斯特菌引起的食物中毒。
14. 图示说明单核细胞增生李斯特菌的检验程序。
15. 图示说明验程序肉毒梭菌及肉毒毒素的检验程序。

第六章　真菌及其毒素检验

第一节　概　　述

酵母菌是真菌中的一大类，通常是单细胞，呈圆形、卵圆形、腊肠形，少数为短杆状。霉菌也是真菌，能够形成疏松的绒毛状的菌丝体。

霉菌和酵母菌广泛分布于自然界并可作为食品中正常菌群的一部分。长期以来，人们利用某些霉菌和酵母菌加工一些食品，如用霉菌加工干酪和肉，使其味道鲜美；还可利用霉菌和酵母菌酿酒、制酱；食品、化学、医药等工业都少不了霉菌和酵母。

在某些情况下，霉菌和酵母也可造成食品腐败变质。由于它们生长缓慢和竞争力不强，故常常在不适于细菌生长的食品中出现，这些食品是 pH 低、湿度低、含盐和含糖高的食品，低温储藏的食品，含有抗生素的食品等。

由于霉菌和酵母菌能抗热、抗冷冻，对抗生素和辐射等储藏及保藏措施也有抵抗作用，它们能转换某些不利于细菌的物质，而促进致病细菌的生长；有些霉菌能够合成有毒代谢产物——霉菌毒素；霉菌和酵母菌往往使食品表面失去色、香、味。例如，酵母菌在新鲜和加工的食品中繁殖，可使食品发生难闻的异味，它还可以使液体发生浑浊，产生气泡，形成薄膜，改变颜色及散发不正常的气味等。因此，霉菌和酵母菌也作为评价食品卫生质量的指示菌，并以霉菌和酵母菌计数来反映食品被污染的程度。

目前，已有若干个国家制定了某些食品的霉菌和酵母菌限量标准。我国已制定了一些食品中霉菌和酵母菌的限量标准。中华人民共和国卫生部 2010 年 3 月 26 日发布了 GB 4789.15—2010《食品安全国家标准　食品微生物学检验　霉菌和酵母计数》，该标准适用于食品中霉菌和酵母菌的计数。

第二节　食品中霉菌和酵母菌的检验

一、检验方法

霉菌和酵母菌的计数方法，与菌落总数的测定方法基本相似。主要步骤如下。

将样品制作成 10 倍梯度的稀释液，选择 3 个合适的稀释度，吸取 1mL 于平皿，倾注培养基后，培养观察，计数。

对霉菌计数，还可以采用显微镜直接镜检计数的方法，具体检测标准参见 GB 4789.15—2010《食品安全国家标准　食品微生物学检验　霉菌和酵母计数》。

二、设备和材料

除微生物实验室常规灭菌及培养设备外，其他设备和材料如下。

（1）冰箱　2～5℃。

（2）恒温培养箱　(28±1)℃。

（3）均质器。

（4）恒温振荡器。

（5）显微镜　10×～100×。

（6）电子天平　感量0.1g。

（7）无菌锥形瓶　容量500mL、250mL。

（8）无菌广口瓶　500mL。

（9）无菌吸管　1mL（具0.01mL刻度）、10mL（具0.1mL刻度）。

（10）无菌平皿　直径90mm。

（11）无菌试管　10mm×75mm。

（12）无菌牛皮纸袋、塑料袋。

三、培养基和试剂

（1）马铃薯-葡萄糖-琼脂培养基。

（2）孟加拉红培养基。

四、检验程序

霉菌和酵母菌计数的检验程序如图6-1所示。

五、操作步骤

1. 样品的稀释

（1）固体和半固体样品　称取25g样品至盛有225mL灭菌蒸馏水的锥形瓶中，充分振摇，即为1∶10稀释液。或放入盛有225mL无菌蒸馏水的均质中，用拍击式均质器拍打2min，制成1∶10的样品匀液。

（2）液体样品　以无菌吸管吸取25mL样品至盛有225mL无菌蒸馏水的锥形瓶（可在瓶内预置适当数量的无菌玻璃珠）中，充分混匀，制成1∶10的样品匀液。

（3）取1mL 1∶10稀释液注入含有9mL无菌水的试管中，另换一支1mL无菌

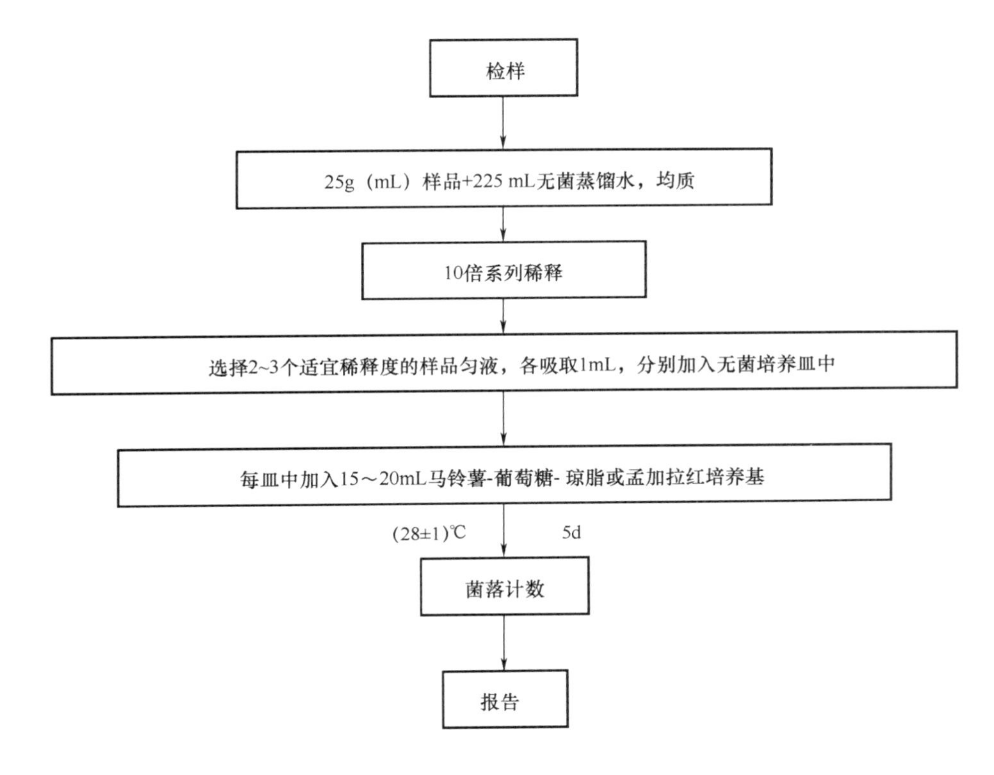

图 6－1　霉菌和酵母菌计数的检验程序

吸管反复吹吸，此液为 1∶100 稀释液。

（4）按（3）操作程序，制备 10 倍系列稀释样品匀液。每递增稀释一次，换用 1 次 1mL 无菌吸管。

（5）根据对样品污染状况的估计，选择 2～3 个适宜稀释度的样品匀液（液体样品可包括原液），在进行 10 倍递增稀释的同时，每个稀释度分别吸取 1mL 样品匀液于 2 个无菌平皿内。同时分别取 1mL 样品稀释液加入 2 个无菌平皿做空白对照。

（6）及时将 15～20mL 冷却至 46℃的马铃薯－葡萄糖－琼脂或孟加拉红培养基［可放置于（46±1）℃恒温水浴箱中保温］倾注平皿，并转动平皿使其混合均匀。

2. 培养

待琼脂凝固后，将平板倒置，(28±1)℃培养 5d，观察并记录。

3. 菌落计数

肉眼观察，必要时可用放大镜，记录各稀释倍数和相应的霉菌和酵母菌数。以菌落形成单位（CFU）表示。

选取菌落数在10～150CFU的平板，根据菌落形态分别计数霉菌和酵母菌数。霉菌蔓延生长覆盖整个平板的可记录为多不可计。菌落数应采用两个平板的平均数。

六、结果与报告

1. 计算

两个平板菌落数的平均值，再将平均值乘以相应稀释倍数计算。

（1）若所有平板上菌落数均大于150CFU，则对稀释度最高的平板进行计数，其他平板可记录为多不可计，结果按平均菌落数乘以最高稀释倍数计算。

（2）若所有平板上菌落数均小于10CFU，则应按稀释度最低的平均菌落数乘以稀释倍数计算。

（3）若所有稀释度平板均无菌落生长，则以小于1乘以最低稀释倍数计算；如为原液，则以小于1计数。

2. 报告

（1）菌落数在100以内时，按“四舍五入”原则修约，采用两位有效数字报告。

（2）菌落数大于或等于100时，前3位数字采用“四舍五入”原则修约后，取前2位数字，后面用0代替位数来表示结果；也可用10的指数形式来表示，此时也按“四舍五入”原则修约，采用两位有效数字。

（3）称重取样以CFU/g为单位报告，体积取样以CFU/mL为单位报告，报告或分别报告霉菌和/或酵母数。

第三节　食品中霉菌和酵母菌检测的注意事项

1. 样品的处理

为了准确测定霉菌和酵母菌数，真实反映被检食品的卫生质量，首先应注意样品的代表性。对大的固体食品样品，要用灭菌刀或镊子从不同部位采取试验材料，再混合磨碎。如样品不太大，最好把全部样品放到灭菌均质器杯内搅拌2min。液体或半固体样品可迅速颠倒容器25次来混匀。

2. 样品的稀释

为了减少稀释倍数的误差，在连续递增稀释时，每一稀释度应更换一根吸管。在稀释过程中，为了使霉菌的孢子充分散开，需用灭菌吸管反复吹吸50次。

3. 培养基的选择

在霉菌和酵母菌计数中，主要使用以下几种选择性培养基。

马铃薯－葡萄糖－琼脂培养基（PDA）：霉菌和酵母菌在PDA培养基上生长良好。用PDA做平板计数时，必须加入抗菌素以抑制细菌。

孟加拉红（虎红）培养基：该培养基中的孟加拉红和抗菌素具有抑制细菌的作用。孟加拉红还可抑制霉菌菌落的蔓延生长。在菌落背面由孟加拉红产生的红色有助于霉菌和酵母菌菌落的计数。

高盐察氏培养基：粮食和食品中常见的曲霉和青霉在该培养基上分离效果良好，它具有抑制细菌和减缓生长速度快的毛霉科菌种的作用。

4. 倾注培养

每个样品应选择3个适宜的稀释度，每个稀释度倾注2个平皿。培养基熔化后冷却至45℃，立即倾注并旋转混匀，先向一个方向旋转，再转向相反方向，充分混合均匀。培养基凝固后，把平皿翻过来放温箱培养。大多数霉菌和酵母菌在25~30℃的情况下生长良好，因此培养温度为25~28℃。培养3d后开始观察菌落生长情况，共培养5d观察记录结果。

5. 菌落计数及报告

选取菌落数为10~150个的平板进行计数。一个稀释度使用两个平板，取两个平板菌落数的平均值，乘稀释倍数报告。固体检样以g为单位报告，液体检样以mL为单位报告。关于稀释倍数的选择可参考细菌菌落总数测定。

6. 霉菌直接镜检计数法

对霉菌计数，可以采用直接镜检的方法进行计数。在显微镜下，霉菌菌丝具有如下特征。

平行壁：霉菌菌丝呈管状，多数情况下，整个菌丝的直径是一致的。因此在显微镜下菌丝壁看起来像两条平行的线。这是区别霉菌菌丝和其他纤维时最有用的特征之一。

横隔：许多霉菌的菌丝具有横隔，毛霉、根霉等少数霉菌的菌丝没有横隔。

菌丝内呈粒状：薄壁、呈管状的菌丝含有原生质，在高倍显微镜下透过细胞壁可见其呈粒状或点状。

分枝：如菌丝不太短，则多数呈分枝状，分枝与主干的直径几乎相同，有分枝是鉴定霉菌最可靠的特征之一。

菌丝的顶端：常呈钝圆形。无折射现象。

凡有以上特征之一的丝状均可判定为霉菌菌丝。

观察视野中有无菌丝，凡符合下列情况之一者均为阳性视野。

一根菌丝长度超过视野直径1/6；一根菌丝长度加上分枝的长度超过视野直径1/6；两根菌丝总长度超过视野直径1/6；三根菌丝总长度超过视野直径1/6；一丛菌丝可视为一个菌丝，所有菌丝（包括分枝）总长度超过视野直径1/6。

根据对所有视野的观察结果，计算阳性视野所占比例，并以阳性视野百分数（%）报告结果。按公式（6-1）计算：

$$\text{每件样品阳性视野（\%）} = \text{（阳性视野数/观察视野数）} \times 100\% \tag{6-1}$$

思 考 题

1. 简述食品中霉菌和酵母菌的计数方法。
2. 简述霉菌和酵母菌计数的检验程序。
3. 食品中霉菌和酵母菌检测的注意事项有哪些?

第七章　发酵食品微生物检验

发酵食品一般是指通过一定的微生物作用而生产加工成的食品，其种类很多，例如，发酵饮料的酸乳、啤酒，发酵调味料酱油、食醋等。对发酵食品的微生物检测多注重在细菌总数、大肠菌群、病原微生物等食品卫生学方面的检测。但有时为了检验它们是否符合制作的技术要求和具有该发酵食品应有的风味，往往也要检验该发酵食品的菌种、菌种质量和数量，以及相关的其他技术指标。

第一节　食品中乳酸菌数的检验

乳酸菌是一类可发酵糖，主要产生大量乳酸的细菌的通称。与食品工业密切相关的乳酸菌主要为乳杆菌属、双歧杆菌属和链球菌属中的嗜热链球菌等。

一、乳酸菌的生物学特征

乳酸菌是发酵糖类主要产物为乳酸的一类无芽孢、革兰染色阳性细菌的总称，凡是能从葡萄糖或乳糖的发酵过程中产生乳酸的细菌统称为乳酸菌。这是一群相当庞杂的细菌，目前至少可分为 18 个属，共有 200 多种。除极少数外，其中绝大部分都是人体内必不可少的且具有重要生理功能的菌群，其广泛存在于人体的肠道中。目前已被国内外生物学家所证实，肠内乳酸菌与健康长寿有着非常密切的直接关系。

二、乳酸菌的功能

（1）乳酸菌是一种存在于人类体内的益生菌　在人体肠道内栖息着数百种的细菌，其数量超过百万亿个。其中对人体健康有益的叫益生菌，以乳酸菌、双歧杆菌等为代表；对人体健康有害的叫有害菌，以大肝杆菌、产气荚膜梭状芽孢杆菌等为代表。长期科学研究结果表明，以乳酸菌为代表的益生菌是人体必不可少的且具有重要生理功能的有益菌，它们数量的多少，直接影响到人的健康与否和寿命长短。

（2）乳酸菌在动物体内能发挥许多生理功能　大量研究资料表明，乳酸菌能促进动物生长，调节胃肠道正常菌群、维持微生态平衡，从而改善胃肠道功能、提高食物消化率和生物效价、降低血清胆固醇、控制内毒素、抑制肠道内腐败菌生长、提高机体免疫力等。

乳酸菌通过发酵产生的有机酸、特殊酶系、细菌表面成分等物质具有生理功能，可刺激组织发育，对机体的营养状态、生理功能、免疫反应和应激反应等产生作用。

三、乳酸菌的检测

（一）设备和材料

除了微生物实验室常规灭菌及培养设备外，其他设备和材料如下：恒温培养温箱（36±1）℃；冰箱（2~5℃）；均质器及无菌均质袋、均质杯或灭菌乳钵；天平（感量0.1g）；无菌试管（18mm×180mm，15mm×100mm）；无菌吸管（1mL具0.01mL刻度、10mL具0.1mL刻度）或微量移液器及吸头，无菌锥形瓶（500mL、250mL）。

（二）培养基和试剂

（1）MRS培养基及莫匹罗星锂盐改良MRS培养基

①MRS培养基：蛋白胨10.0g，牛肉粉5.0g，酵母粉4.0g，葡萄糖20.0g，吐温801.0mL，磷酸氢二钾2.0g，乙酸钠5.0g，柠檬酸三铵2.0g，硫酸镁0.2g，硫酸锰0.05g，琼脂粉15.0g，将上述成分加入1000mL蒸馏水中，加热溶解，调节pH，分装后于121℃高压灭菌15~20min。

②莫匹罗星锂盐改良MRS培养基：称取莫匹罗星锂盐50g，加入50mL蒸馏水中，用0.22μm微孔滤膜过滤除菌，制备莫匹罗星锂盐储备液。将MRS培养基的成分加入到950mL蒸馏水中，加热溶解，调节pH，分装后于121℃高压灭菌15~20min。临用时加热熔化琼脂，在水中冷却至48℃，用带有0.22μm微孔滤膜的注射器将莫匹罗星锂盐储备液加入到熔化琼脂中，使培养基中莫匹罗星锂盐的浓度为50g/mL。

（2）MC培养基　大豆蛋白胨5g，牛肉膏粉3g，酵母膏粉3g，葡萄糖20g，乳糖20g，碳酸钙10g，琼脂15g，蒸馏水100mL，1%中性红溶液（pH 6.0）5mL。将上述7种成分加入蒸馏水中，加热溶解，调节pH，加入中性红溶液分装后121℃高压灭菌15~20min。

（3）0.5%的蔗糖发酵管　牛肉膏5g，蛋白胨5g，酵母膏5g，吐温80 0.5mL，琼脂1.5g，1.6%溴甲酚紫酒精溶液1.4mL，蒸馏水1000mL。

按0.5%加入所需糖类（0.5%纤维二糖发酵管，0.5%麦芽糖发酵管，0.5%甘露醇发酵管，0.5%水杨苷发酵管，0.5%山梨醇发酵管，0.5%乳酸发酵管），并分装小试管121℃高压灭菌15~20min。

（4）七叶苷发酵管　蛋白胨5.0g，磷酸氢二钾1.0g，七叶苷3.0g，柠檬酸0.5g，1.6%溴甲酚紫酒精溶液1.4mL，蒸馏水100mL。将上述成分加入蒸馏水中，加热溶解，121℃高压灭菌15~20min。

（5）革兰染色液

①结晶紫染液：结晶紫1.0g，草酸铵0.8g，95%酒精20mL，蒸馏水80mL，

先将结晶紫溶于酒精，草酸铵溶于蒸馏水中，然后将两液混合，静置 48h 后使用。此染液稳定，置密闭的棕色瓶中可储存数月。

②革兰碘液：碘 1.0g，碘化钾 2.0g，蒸馏水 300mL，先将碘与碘化钾混合，加水少许，略加摇动，待碘完全溶解后再加蒸馏水至定量。

③沙黄复染剂：番红染液沙黄 0.25g，95% 乙醇 10mL，蒸馏水适量，将沙黄溶解于 95% 乙醇中，待完全溶解再加蒸馏水至 100mL。

④染色法：将涂片在酒精灯上固定，用草酸铵结晶紫染 1min，自来水冲洗，加碘液覆盖涂面染约 1min 后水洗，用吸水纸吸去水分，再加 95% 酒精数滴，并轻轻摇动进行脱色，20s 后水洗，吸去水分。最后蕃红染色液染 2min 后，自来水冲洗。干燥，镜检。

⑤莫匹罗星锂盐：化学纯。

（三）检验程序

乳酸菌的检验程序如图 7－1 所示。

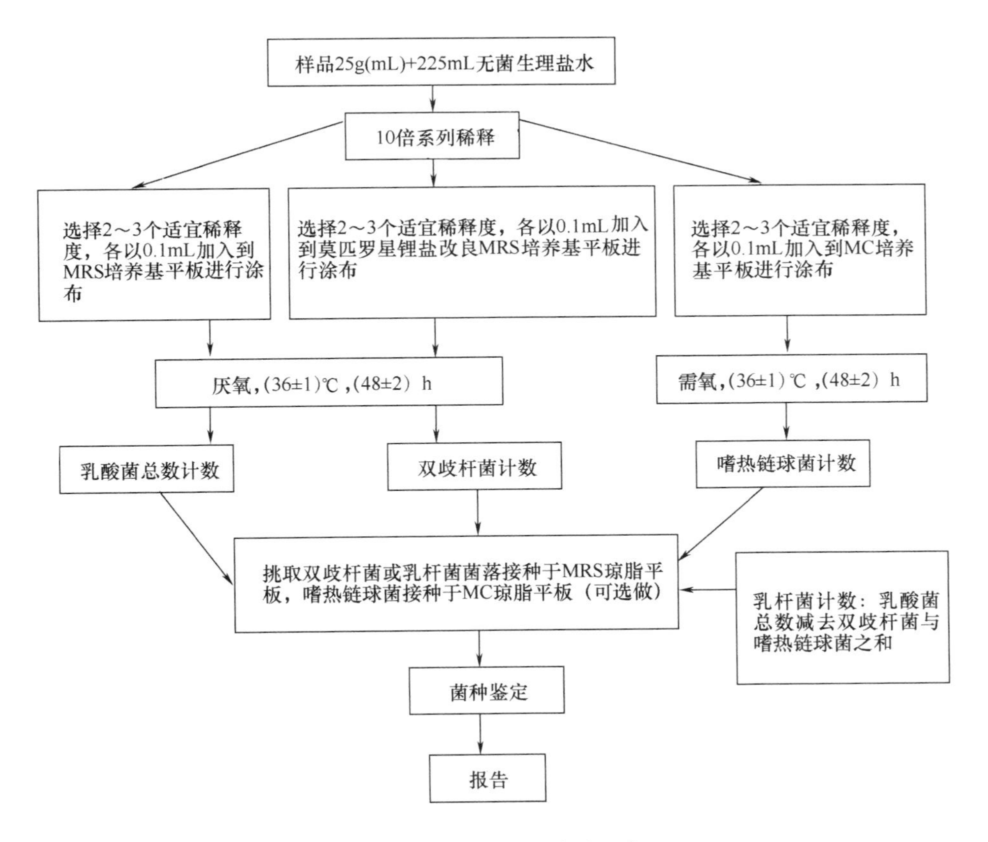

图 7－1　乳酸菌的检验程序

（四）操作方法

1. 样品制备

（1）样品的全部制备过程均应遵循无菌操作程序。

（2）冷冻样品　可先使其在2～5℃条件下解冻，时间不超过18h，也可在温度不超过45℃的条件下解冻，时间不超过15min。

（3）固体和半固体食品　以无菌操作称取25g样品，置于装有225mL生理盐水的无菌均质杯内，于8000～10000r/min均质1～2min，制成1∶10样品匀液；或置于225mL生理盐水的无菌均质袋中，用拍击式均质器拍打1～2min制成1∶10的样品匀液。

（4）液体样品　液体样品应先将其充分摇匀后以无菌吸管吸取样品25mL放入装有225mL生理盐水的无菌锥形瓶（瓶内预置适当数量的无菌玻璃珠）中，充分振摇，制成1∶10的样品匀液。

2. 操作步骤

（1）用1mL无菌吸管或微量移液器吸取1∶10样品匀液1mL，沿管壁缓慢注于装有9mL生理盐水的无菌试管中（注意吸管尖端不要触及稀释液），振摇试管或换用1支无菌吸管反复吹打使其混合均匀，制成1∶100的样品匀液。

（2）另取1mL无菌吸管或微量移液器吸头，按上述操作顺序，做10倍递增样品匀液，每递增稀释一次，即换用1次1mL灭菌吸管或吸头。

（3）乳酸菌计数　乳酸菌总数：根据待检样品活菌总数的估计，选择2～3个连续的适宜稀释度，每个稀释度吸取0.1mL样品匀液分别置于2个MRS琼脂平板，使用L形棒进行表面涂布。(36±1)℃厌氧培养（48±2）h后计数平板上的所有菌落数。从样品稀释到平板涂布要求在15min内完成。

双歧杆菌计数：根据对待检样品双歧杆菌含量的估计，选择2～3个连续的适宜稀释度，每个稀释度吸取0.1mL样品匀液于莫匹罗星锂盐改良MRS琼脂平板，使用灭菌L形棒进行表面涂布，每个稀释度做两个平板。(36±1)℃厌氧培养（48±2）h后计数平板上的所有菌落数。从样品稀释到平板涂布要求在15min内完成。

嗜热链球菌计数：根据待检样品嗜热链球菌活菌数的估计，选择2～3个连续的适宜稀释度，每个稀释度吸取0.1mL样品匀液分别置于2个MC琼脂平板，使用L形棒进行表面涂布。(36±1)℃需氧培养（48±2）h后计数。嗜热链球菌在MC琼脂平板上的菌落特征为：菌落中等偏小，边缘整齐光滑的红色菌落，直径（2±1）mm，菌落背面为粉红色。从样品稀释到平板涂布要求在15min内完成。

（4）乳杆菌计数　乳酸菌总数结果减去双歧杆菌与嗜热链球菌计数结果之和即得乳杆菌计数。

3. 菌落计数

可用肉眼观察，必要时用放大镜或菌落计数器，记录稀释倍数和相应的菌落数量。菌落计数以菌落形成单位（CFU）表示。

（1）选取菌落数在30～300CFU、无蔓延菌落生长的平板记录菌落总数。低于30CFU的平板记录具体菌落数，大于300CFU的可记录为多不可计。每个稀释度的菌落数应采用两个平板的平均数。

（2）其中一个平板有较大片状菌落生长时，则不宜采用，而应以无片状菌落生长的平板作为该稀释度的菌落数；若片状菌落不到平板的一半，而其余一半中菌落分布又很均匀，即可计算半个平板后乘以2，代表一个平板菌落数。

（3）当平板上出现菌落间无明显界线的链状生长时，则将每条单链作为一个菌落计数。

4. 结果的表述

（1）若只有一个稀释度平板上的菌落数在适宜计数范围内，计算两个平板菌落数的平均值，再将平均值乘以相应稀释倍数，作为每1g（mL）中菌落总数结果。

（2）若有两个连续稀释度的平板菌落数在适宜计数范围内时，按公式（7－1）计算：

$$N = \sum C/(n_1 + 0.1n_2)d \qquad (7-1)$$

式中 N——样品中菌落数

$\sum C$——平板（含适宜范围菌落数的平板）菌落数之和

n_1——第一稀释度（低稀释倍数）平板个数

n_2——第二稀释度（高稀释倍数）平板个数

d——稀释因子（第一稀释度）

（3）若所有稀释度的平板上菌落数均大于300CFU，则对稀释度最高的平板进行计数，其他平板可记录为多不可计，结果按平均菌落数乘以最高稀释倍数计算。

（4）若所有稀释度的平板菌落数均小于30CFU，则应按稀释度最低的平均菌落数乘以稀释倍数计算。

（5）若所有稀释度（包括液体样品原液）平板均无菌落生长，则以小于1乘以最低稀释倍数计算。

（6）若所有稀释度的平板菌落数均不在30～300CFU，其中一部分小于30CFU或大于300CFU时，则以最接近30CFU或300CFU的平均菌落数乘以稀释倍数计算。

5. 菌落数的报告

（1）菌落数小于100CFU时，按“四舍五入”原则修约，以整数报告。

（2）菌落数大于或等于100CFU时，第3位数字采用“四舍五入”原则修约后，取前2位数字，后面用0代替位数；也可用10的指数形式来表示，按“四舍五入”原则修约后，采用两位有效数字。

（3）称重取样以 CFU/g 为单位报告，体积取样以 CFU/mL 为单位报告。

6. 乳酸菌的鉴定

（1）纯培养　挑取 3 个或以上单个菌落，嗜热链球菌接种于 MC 琼脂平板，乳杆菌属接种于 MRS 琼脂平板，置（36 ± 1）℃厌氧培养 48h。

（2）鉴定　涂片镜检：乳杆菌属菌体形态多样，呈长杆状、弯曲杆状或短杆状。无芽孢，革兰染色阳性。嗜热链球菌菌体呈球形或球杆状，直径为0.5 ~ 2.0μm，成对或成链排列，无芽孢，革兰染色阳性。

第二节　酱油种曲孢子数及发芽率的测定

一、酱油种曲孢子数的测定计数

利用发酵法酿造酱油，需要制曲，种曲是成曲的曲种，是保证成曲的关键，是酿造优质酱油的基础。种曲质量要求之一是含有足够的孢子数量，必须达到 6×10^9个/g（干基计）以上，孢子旺盛、活力强、发芽率达 85% 以上，所以孢子数及其发芽率的测定是种曲质量控制的重要手段。测定孢子数方法有多种，本节介绍常用的计数方法——显微镜直接计数。显微镜直接计数法原理为将一定浓度的孢子悬浮液放在血球计数板的计数室中，在显微镜下进行计数。由于计数室的容积一定，所以可以根据在显微镜下观察到的孢子数目来计算单位体积的孢子总数。

1. 测定器材和试剂

95% 酒精、10% 稀硫酸、酱油种曲；盖玻片、旋涡均匀器、血球计数板、电子天平、显微镜。

2. 测定程序

酱油中种曲孢子数的检测程序如图 7 – 2 所示。

3. 操作步骤

（1）样品稀释　称取种曲 1g（精确至 0.002g），倒入盛有玻璃珠的 250mL 三角瓶内，加入 95% 酒精 5mL、无菌水 20mL、10% 稀硫酸 10mL，在旋涡均匀器上充分振摇，使种曲孢子分散，然后用 3 层纱布过滤，用无菌水反复冲洗，务必使滤渣不含孢子，最后稀释至 500mL。

（2）准备计数板，制计数装片　取洁净干燥的血球计数板，盖上盖玻片，用无菌滴管取 1 小滴孢子稀释液，滴于盖片的边缘（不宜过多），使滴液自行渗入计数室，不要产生气泡。用吸水纸吸干多余的稀释液，静置 5min，待孢子沉降。

（3）观察计数

①观察：用低倍镜或高倍镜观察。由于稀释液中孢子在血球计数板的计数室

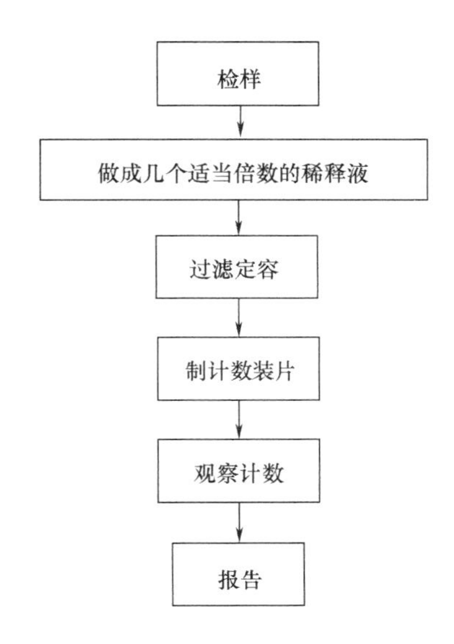

图7－2　酱油中种曲孢子数的检测程序

中处于不同的空间位置，要在不同的焦距下才能看到，因此观察时必须逐格调微螺旋，才不致遗漏。

②计数：使用16×25规格的计数板时，只计计数室4个角上的4个中格（100个小格），如果使用25×16规格的计数板时，除计4个角上的4个中格外，还需要计中央一个中格的数目（80个小格）。每个样品重复观察计数2～3次，然后取其平均值。

（4）计算

①16×25规格的计数板，按公式（7－2）计算：

$$X = (N_1/100) \times 400 \times 10^4 \times (V/m) \quad (7-2)$$

②25×16规格的计数板，按公式（7－3）计算：

$$X = (N_2/80) \times 400 \times 10^4 \times (V/m) \quad (7-3)$$

式中　X——种曲孢子数，个/g

N_1——100小格内孢子总数，个

N_2——80小格内孢子总数，个

V——孢子稀释液体积，4mL

m——样品质量，g

（5）结果报告　公式中的计数结果为报告中每克样品的孢子数。

4. 注意事项

（1）在取样混合和称样时要尽量防止孢子飞扬。

（2）测定时，如果发现有许多孢子集结成团或成堆，说明样品稀释未能符合操作要求，必须重新称重、振摇、稀释。

（3）样品稀释至每个小格所含孢子数在10个以内较适宜，过多不易计数，应进行稀释调整。

（4）生产实践中应用时，种曲通常以干物质计算。

二、孢子发芽率的测定技术

1. 器材

察氏培养基、生理盐水、凡士林、种曲孢子粉、凹玻片、盖玻片、滴管、玻棒、显微镜、酒精灯、恒温箱等。

2. 检测程序

酱油种曲孢子发芽率的检测程序如图7－3所示。

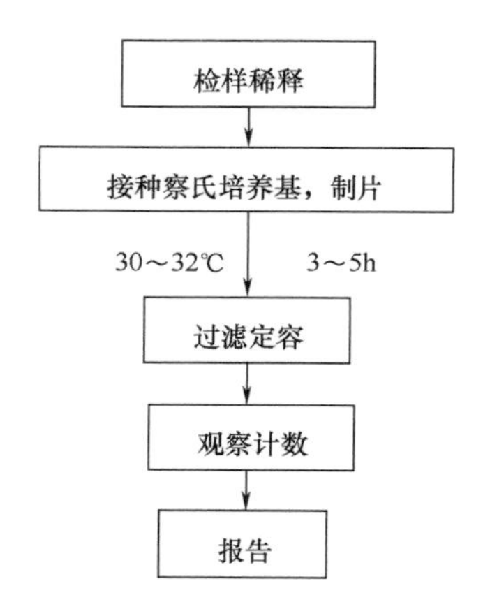

图7－3　酱油种曲孢子发芽率的检测程序

3. 操作步骤

（1）制备孢子悬浮液　取种曲少许放入盛有25mL生理盐水和玻璃珠的三角瓶中，充分振摇15min，使孢子分散，制备孢子悬浮液。

（2）制片标本　在凹玻片凹窝内滴入1滴无菌水，用无菌滴管吸取孢子悬浮液数滴，加入冷却至45℃的察氏培养基上，用玻棒以薄层涂片在盖玻片上，然后反盖于凹玻片的凹窝上，四周涂凡士林封固，于30～32℃下恒温培养3～5h。

（3）镜检　在显微镜下观察发芽情况，标本片至少同时做2个，连续观察2次以上，取平均值。

（4）按公式（7－4）计算发芽率并报告

$$X = [A/(A + B)] \times 100\% \qquad (7-4)$$

式中　X——发芽率

　　　A——发芽孢子数，个

B——未发芽孢子数，个

根据计算结果取平均数，报告孢子的发芽率。

4. 注意事项

（1）孢子悬浮液制备后要立刻制作标本片培养，时间不宜过长。

（2）培养基中接入悬浮液的数量，要根据视野内孢子数多少来决定，一般以每视野内 10 ~ 20 个孢子为宜。

（3）要正确区分孢子的发芽和不发芽状态。

（4）孢子的发芽快慢与温度有密切关系，所以培养温度要严格控制。

第三节　毛霉的分离与鉴别

毛霉属霉菌是无假根的匍匐菌丝，菌丝细胞无隔分枝。以孢子囊孢子和接合孢子繁殖。孢子囊梗由菌丝体生出，多单生不分枝，少分枝。孢子囊梗的分枝有两种类型：一种为单轴式的总状分枝，另一种为轴状分枝，孢子囊球状，孢子梗伸入孢子囊，伸入孢子囊的部分称中轴，其形状有球形、卵圆形、梨形等，光滑无色或浅蓝色。毛霉菌菌落絮状，初为白色或灰白色，后变为灰褐色，菌丛高度可由几毫米至十几厘米不等。毛霉菌的鉴别主要是依据其菌丝形态结构、菌落特征、孢子梗形态等。

毛霉属有多种毛霉，现选几种常见代表简单介绍如下。

（1）高大毛霉　孢子梗直立不分枝，菌丝不分枝，菌丝高达 3 ~ 12cm，菌落初为白色，渐变为浅淡蓝色。

（2）总状毛霉　毛霉中分布最广的一种，孢子梗总状分枝，菌丝灰白，直立稍短。常为制造豆豉的菌种。

（3）鲁氏毛霉　鲁氏毛霉孢子梗为假轴状分枝，菌丝在不同培养基上可略带有不同颜色，如在马铃薯 - 葡萄糖 - 琼脂培养基上菌落略呈黄色，在米饭上略带红色。鲁氏毛霉多为酿造业的曲种菌，也可用于腐乳的制造。

（一）分离与鉴别所用器材

毛霉分离与鉴别所需器材主要有：马铃薯 - 葡萄糖 - 琼脂培养基（PDA）；无菌水；毛霉斜面菌种；培养皿；500mL 三角瓶；接种针；显微镜；恒温培养箱等。

（二）分离与鉴别程序

毛霉的分离与鉴别程序如图 7 -4 所示。

（三）操作步骤

1. 取样与培养

取新鲜豆腐坯放于空气中一段时间（最好放置一个晚上），再放入培养箱于 25℃左右培养，直至霉菌菌丝长满孢子。

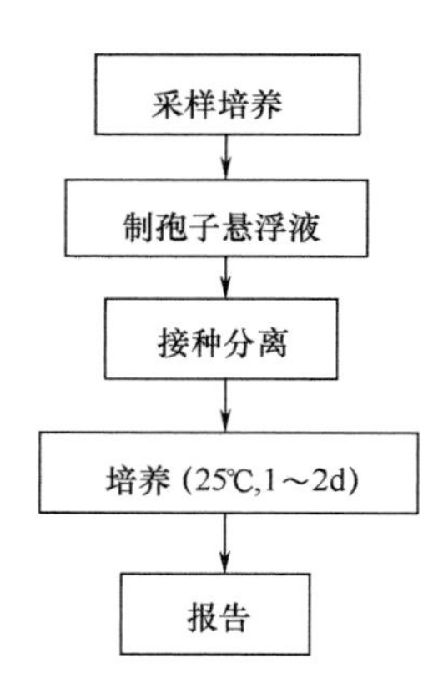

图7－4　毛霉的分离与鉴别程序

2. 制孢子混悬液

从长满霉菌菌丝的豆腐坯上刮取小块孢子丝放入盛有无菌水的三角瓶中，振摇，制成孢子混悬液。

3. 接种分离

制备灭菌的PDA琼脂平板，挑取一接种环上述孢子混悬液，在PDA平板表面划线分离。

4. 培养

将划线的PDA平板置于培养箱中20℃培养1～2d，以获取纯培养菌落。

5. 初步鉴定

（1）菌落观察　呈白色棉絮状，菌丝发达。

（2）镜检　加一小滴苯酚液于载玻片上，用解剖针从菌落边缘挑取少量菌丝于苯酚液上，轻轻将菌丝体分开，加盖玻片，镜检。观察菌丝是否分隔，孢子囊、梗的着生情况，并画图记录。然后对照毛霉属的特征判定。若无假根和匍匐菌丝无隔，孢囊梗直接由菌丝长出，单生或分枝，则可基本确定为毛霉属霉菌。

6. 报告

根据初步鉴定结果进行报告。

7. 有关菌种制备的培养基

（1）试管斜面培养基　饴糖15g，蛋白胨1.5g，琼脂2g，水100mL，pH 6。

（2）三角瓶菌种培养基　麸皮100g，蛋白胨1g，水100mL，将蛋白胨溶于水中，然后与麸皮拌匀，装入三角瓶中，500mL三角瓶装50g培养料，塞上棉塞，灭菌后趁热摇散，冷却后接入试管菌种一小块，25～28℃培养，2～3d后长满菌丝，大量孢子备用。

思　考　题

1. 乳酸菌菌落总数的定义是什么？乳酸菌饮料中检验乳酸菌有什么意义？
2. 如何进行乳酸菌的鉴定？描述乳酸菌饮料中乳酸菌的检验过程。
3. 简述酱油种曲孢子数及发芽率的测定程序。
4. 怎样分离和鉴定毛霉属霉菌？

第八章　罐头食品的微生物检验

第一节　罐头食品的微生物污染

一、罐头食品的生物腐败类型

罐头由于微生物作用而造成的腐败变质，可分为嗜热芽孢细菌、中温芽孢细菌、不产芽孢细菌、酵母菌和霉菌等引起的腐败变质。

（一）嗜热芽孢细菌引起的腐败变质

发生这类变质大多数是由于杀菌温度不够造成的，通常发生三种主要类型的腐败变质现象。

1. 平酸腐败

平酸腐败也称平盖酸败，变质的罐头外观正常，内容物却已变质。呈轻重不同的酸味，pH 可下降 0.1 ~0.3。导致平酸腐败的微生物习惯上称为平酸菌，大多数是兼性厌氧菌。如嗜热脂肪芽孢杆菌（*Bacillus stearothermophilus*），耐热性很强，能在 49 ~55℃温度中生长，最高生长温度 65℃，一般 pH 6.8 ~7.2 的条件下生长良好，当 pH 接近 5 时不能生长。因此，这种菌只能在 pH 5 以上的罐头中生长。另一类细菌是凝结芽孢杆菌（*Bacillus cogulans*），它是肉类和蔬菜罐头腐败变质的常见菌，它的最高生长温度是 54 ~60℃，该菌的突出特点是能在 pH 4.0 或酸性更低的介质中生长，所以又称为嗜热酸芽孢杆菌，在酸性罐头，如番茄汁或番茄酱罐头腐败变质时常见此菌。

平酸腐败无法通过不开罐检查发现，必须通过开罐检查或细菌分离培养才能确定。平酸菌在自然界分布很广，糖、面粉、香辛料等辅料常常是平酸菌的污染来源。平酸菌中除有专性嗜热菌外，还有兼性嗜热菌和中温菌。

2. TA 菌腐败

TA 菌是不产硫化氢的嗜热厌氧菌（*Thermoanaerobion*）的缩写，是一类能分解糖、专性嗜热、产芽孢的厌氧菌。它们在中酸或低酸罐头中生长繁殖后，产生酸和气体，气体主要有二氧化碳和氢气。如果这种罐头在高温中放置时间太长，气体积累较多，就会使罐头膨胀最后引起破裂，变质的罐头通常有酸味。这类菌中常见的有嗜热解糖梭状芽孢杆菌（*Clostridium thermasaccharolyticun*），它的适宜生长温度是 55℃，温度低于 32℃时生长缓慢。由于 TA 菌在琼脂培养基上不易生成菌落，所以通常只采用液体培养法来检查，如用肝、玉米、麦芽汁、肝块肉汤或乙醇盐酸肉汤等液体培养基，培养温度55℃，检查产气和产酸的情况。

3. 硫化物腐败

腐败的罐头内产生大量的黑色硫化物，沉积于罐内壁和食品上，致使罐内食品变黑并产生臭味，罐头的外观一般保持正常，或出现隐胀或轻胀，敲击时有浊音。引起这种腐败变质的菌是黑梭状芽孢杆菌，属厌氧性嗜热芽孢杆菌，生长温度在35～70℃，最适生长温度是55℃，耐热力较前几种菌弱，分解糖的能力也弱，但能较快的分解含硫的氨基酸而产生硫化氢气体。此菌能在豆类罐头中生长，由于形成硫化氢，开盖时会散发出一种强烈的臭鸡蛋味，在玉米、谷类罐头中生长会产生蓝色的液体；在鱼类罐头中也常发现，该菌的检查可以通过硫化亚铁的培养基55℃保温培养来检查，如形成黑斑即证明该菌存在，罐头污染该菌一般是因原料被粪便污水污染，再加上杀菌不彻底造成的。

（二）中温芽孢细菌引起的腐败变质

中温芽孢细菌最适的生长温度是37℃，包括需氧芽孢细菌和厌氧芽孢细菌两大类。

1. 中温需氧芽孢细菌引起的腐败变质

这类细菌的耐热性比较差，许多细菌的芽孢在100℃或更低一些温度下，短时间就能被杀死，少数种类芽孢经过高压蒸汽处理而存活下来，常见的引起罐头腐败变质的中温芽孢细菌有枯草芽孢杆菌、巨大芽孢杆菌和蜡样芽孢杆菌等，它们能分解蛋白质和糖类，分解产物主要有酸及其他一些物质，一般不产生气体，少数菌种也产生气体。如多黏芽孢杆菌、浸麻芽孢杆菌等分解糖时除产酸外还有产气，所以产酸不产气的中温芽孢杆菌引起平酸腐败，而产酸产气的中温芽孢杆菌引起平酸腐败时有气体产生。

2. 中温厌氧梭状芽孢杆菌引起的腐败变质

这类细菌属于厌氧菌，最适宜生长温度为37℃，但许多种类在20℃或更低温度下都能生长，还有少量菌种能在50℃或更高的温度中生长。这类菌中有分解糖类的丁酸梭菌和巴氏固氮梭状芽孢杆菌，它们可在酸性或中性罐头内发酵丁酸，产生氢气和二氧化碳，造成罐头膨胀变质。还有一些能分解蛋白质的菌种，如魏氏梭菌、生芽孢梭菌及肉毒梭菌等，这些菌主要造成肉类、鱼类罐头的腐败变质，分解其中的蛋白质产生硫化氢、硫醇、氨、吲哚、粪臭素等恶臭物质并伴有膨胀现象，此外往往还产生毒素较强的外毒素，细菌产生毒素释放到介质中来，使整个罐头充满毒素，可造成严重的食物中毒。据目前的研究证明，肉毒梭菌所产生的外毒素是生物毒素中最强的一种，该菌也是引起食物中毒病原菌中耐热性最强的菌种之一。所以罐头食品杀菌时，常以此菌作为杀菌是否彻底的指示细菌。

（三）不产芽孢细菌引起的腐败变质

不产芽孢细菌的耐热性不及产芽孢细菌。如罐头中发现不产芽孢细菌，常常是由漏气造成的，冷却水是重要的污染源。当然不产芽孢细菌的检出又是由杀菌温度不够而造成的。罐头污染的不产芽孢细菌有两大类群：一类是肠道细菌，如大肠杆菌，它们的生长可造成罐头膨胀；另一类主要是链球菌，特别是嗜热链球菌、乳链球菌、粪链球菌等，这些菌多发现于果蔬罐头中，它们生长繁殖会产酸产气，造成罐头膨胀，在火腿罐头中常可检出粪链球菌和尿链球菌等不产芽孢细菌。

（四）酵母菌引发的腐败变质

这些变质往往发生在酸性罐头中，主要种类有圆酵母、假死酵母和啤酒酵母等。酵母菌及其孢子一般都容易被杀死。罐头中如果发现酵母菌污染，主要是由漏气造成的，有时也因为杀菌温度不够。常见变质罐头有果酱、果汁、水果、甜炼乳、糖浆等含糖量高的罐头，这些酵母菌污染的一个重要来源是蔗糖。发生变质的罐头往往出现浑浊、沉淀、风味改变、爆裂膨胀等现象。

（五）霉菌引起的腐败变质

霉菌引起罐头腐败变质说明罐头内有较多的气体，可能是由于罐头抽真空度不够或者漏罐，因为霉菌是需氧性微生物，它的生长繁殖需要一定的气体。霉菌腐败变质常见于酸性罐头，变质后外观无异常变化，内容物却已经烂掉，果胶物质被破坏，水果软化解体。引起罐头变质的霉菌主要有青霉、曲霉、柠檬酸霉属等，少数霉菌特别耐热，尤其是能形成菌核的种类耐热性更强。如纯黄丝衣菌霉是一种能分解果胶的霉菌，它能形成子囊孢子，加热至85℃30min 或 87.7℃10min 还能生存，在氧气充足条件下生长繁殖，并产生二氧化碳，造成罐头膨胀。

二、污染罐头食品的微生物来源

1. 杀菌不彻底致罐头内残留微生物

罐头食品在加工过程中，为了保持产品正常的感官性状和营养价值，在进行加热杀菌时，不可能使罐头食品完全无菌，只强调杀死病原菌、产毒菌，实质上只是达到商业无菌程度，即罐头内所有的肉毒梭菌芽孢、其他致病菌以及在正常的储存和销售条件下能引起内容物变质的嗜热菌均被杀灭，但罐内可能残留一定的非致病微生物。这部分非致病微生物在一定的保存期内，一般不会生长繁殖，但是如果罐内条件或储存条件发生改变，就会生长繁殖，造成罐头腐败变质。一般经高压蒸汽杀菌的罐头内残留的微生物大都是耐热性芽孢，如果罐头储存温度不超过43℃，通常不会引起内容物变质。

2. 杀菌后发生漏罐

罐头泄漏是指罐头密封结构有缺陷，或由于撞击而破坏密封，或罐壁腐蚀而穿孔致使微生物侵入的现象。一旦发生泄漏则容易造成微生物污染，其污染源如下。

（1）冷却水　冷却水是重要的污染源，因为罐头经热处理后需通过冷却水进行冷却，冷却水中的微生物就有可能通过漏罐处进入罐内。杀菌后的罐头如发现有不产芽孢的细菌，通常就是由于漏罐，使得冷却水中细菌伺机进入引起的。

（2）空气　空气中含有各种微生物，也是造成漏罐污染的污染源，但较次要，外界的一些耐热菌、酵母菌和霉菌很容易从漏气处进入罐头，引起罐头腐败。

（3）内部微生物　漏罐后罐内氧含量升高，导致罐内各种微生物生长旺盛，其代谢过程使罐头内容物 pH 下降，严重的会呈现感官变化。如平酸腐败就是由杀菌不足所残留的平酸菌造成的。

罐头食品微生物污染的最主要来源就是杀菌不彻底和发生漏罐，因此，控制罐头食品污染最有效的办法就是切断这两个污染源，在保持罐头食品营养价值和感官性状正常的前提下，应尽可能地杀灭罐内存留的微生物，尽可能减少罐内氧气的残留量，热处理后的罐头需充分冷却，使用的冷却水一定要清洁卫生。封罐一定要严，切忌发生漏罐。

第二节　罐头食品的商业无菌及其检验

一、罐头食品的商业无菌

胖听：由于罐头内微生物活动或化学作用产生气体，形成正压，使一端或两端外凸的现象。

低酸性罐头食品：除酒精饮料之外，凡杀菌后平衡 pH 大于 4.6、水分活度大于 0.85 的罐头食品，原来是低酸性的水果、蔬菜或蔬菜制品，为加热杀菌的需要而加酸降低 pH 的食品。

酸性罐头食品：杀菌后平衡 pH 等于或小于 4.6 的罐头食品，pH 小于 4.7 的番茄、梨和菠萝以及由其制成的汁，以及 pH 小于 4.9 的无花果均属于酸性罐头食品。

二、罐头食品的商业无菌检验

罐头食品的商业无菌检验是建立在罐头食品的商业灭菌行为之上的一种检验标准。所谓罐头食品的商业灭菌，是指罐头食品经过适度的热杀菌以后，不含有致病的微生物，也不含有通常温度下能在其中繁殖的非致病性微生物。

（一）仪器设备和培养基

1. 仪器设备

除微生物实验室常规灭菌及培养基设备外，其他设备和材料如下。

冰箱（2～5℃）；恒温培养箱（30±1）℃、（36±1）℃、（55±1）℃；恒温水浴箱（55±1）℃；均质器、无菌质袋、均质杯或乳钵；电位 pH 计（精确度 pH0.05 单位）；显微镜（10～100 倍）；开罐器和罐头打孔器；电子秤或台式天平；超净工作台或百级洁净实验室。

2. 培养基和试剂

（1）无菌生理盐水　称取 8.5g 氯化钠溶于 1000mL 蒸馏水中，121℃高压灭菌 15min。

（2）结晶紫染色液　将1.0g结晶紫完全溶解于95%乙醇中，再与1%草酸铵溶液混合。将涂片在酒精灯火焰上固定，滴加结晶紫染液，染1min，水洗。

（3）二甲苯。

（4）含4%碘的乙醇溶液　4g碘溶于100mL的70%乙醇溶液。

（二）检验程序

商业无菌检验程序如图8－1所示。

（三）操作步骤

1. 样品准备

去除表面标签，在包装容器表面用防水的油性记号笔做好标记，并记录容器、编号、产品性状、泄漏情况、是否有小孔或锈蚀、压痕、膨胀及其他异常情况。

2. 称重

1kg及以下的包装物精确到1g，1kg以上的包装物精确到2g，10kg以上的包装物精确到10g，并记录。

3. 保温

（1）每个批取1个样品置2～5℃冰箱保存作为对照，将其余样品在(36±1)℃下保温10d。保温过程中应每天观察，如有膨胀或泄漏现象，应立即剔出，开启检查。

（2）保温结束时，再次称重并记录，比较保温前后样品质量有无变化。如有变轻，表明样品发生泄漏。将所有包装物置于室温直至开始检查。

4. 开启

（1）如有膨胀的样品，则将样品先置于2～5℃冰箱内冷藏数小时后开启。

（2）如有膨胀，用冷水和洗涤剂清洗待检查样品的光滑面。水冲洗后用无菌毛巾擦干。以含4%碘的乙醇溶液浸泡消毒光滑面15min后用无菌毛巾擦干，在密闭罩内点燃至表面残余的碘乙醇溶液全部燃烧完。膨胀样品以及采用易燃包装材料包装的样品不能灼烧，以含4%碘的乙醇溶液浸泡消毒光滑面30min后用无菌毛巾擦干。

（3）在超净工作台或百级洁净实验室中开启。带汤汁的样品开启前应适当振摇。使用无菌开罐器在消毒后的罐头光滑面开启一个适当大小的口，开罐时不得损坏卷边结构，每一个罐头单独使用一个开罐器，不得交叉使用。如样品为软包装，可以使用灭菌剪刀开启，不得损坏接口处。立即在开口上方嗅闻气味，并记录。严重膨胀样品可能会发生爆炸，喷出有毒物。可以采取在膨胀样品上盖一条灭菌毛巾或者用一个无菌漏斗倒扣在样品上等预防措施来防止这类危险的发生。

5. 留样

开启后，用灭菌吸管或其他适当工具以无菌操作取出内容物至少30mL（g）

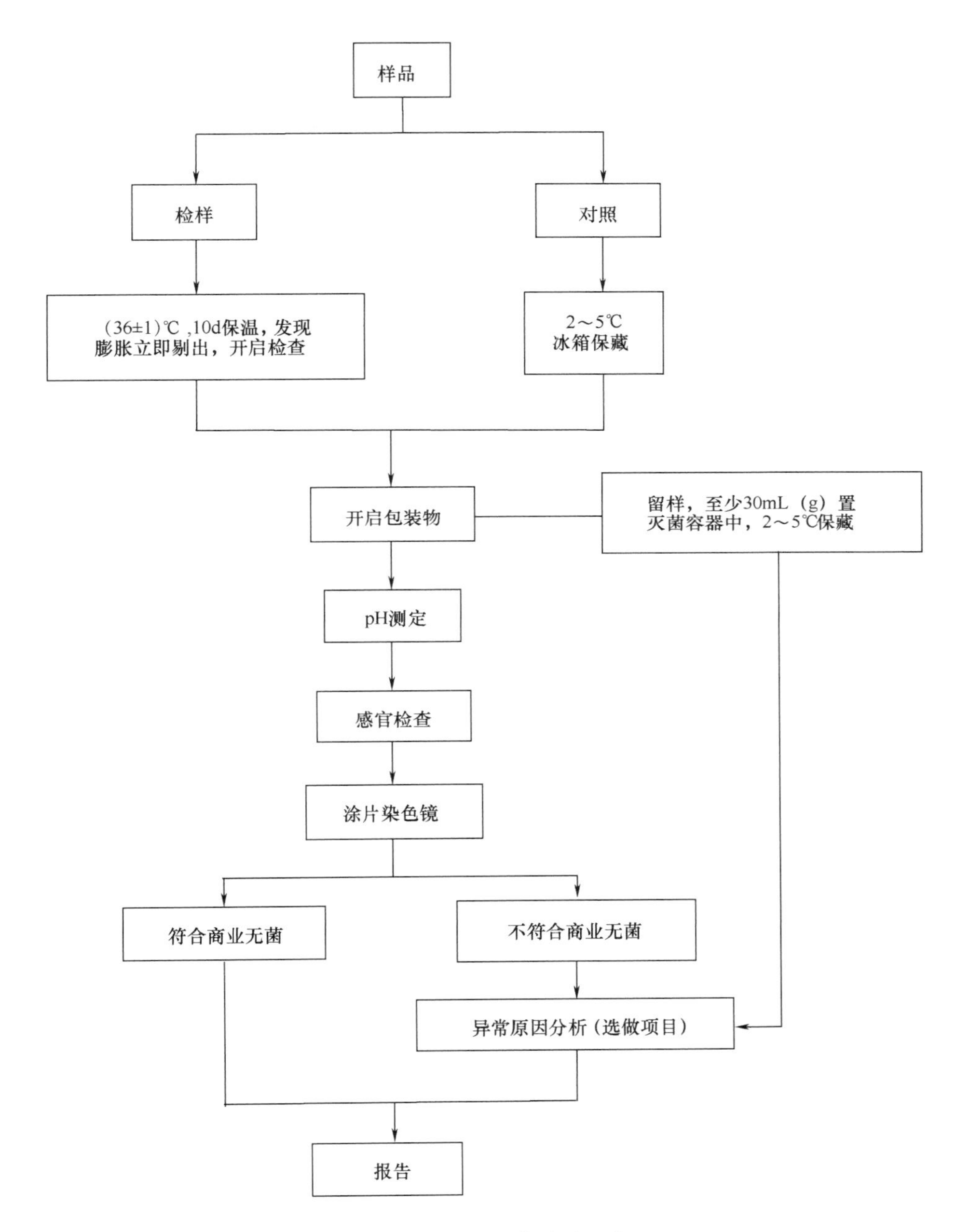

图 8－1　商业无菌检验程序

至灭菌容器内，保存于 2～5℃冰箱中，在需要时可用于进一步试验，待该批样品得出检验结论后可弃去。开启后的样品可进行适当的保存，以备日后容器检查时使用。

6. 感官检查

在光线充足，空气清洁无异味的检验室中，将样品内容物倾入白色搪瓷盘内，对产品的组织、形态、色泽和气味等进行观察和嗅闻，按压食品检查产品性状，鉴别食品有无腐败变质的迹象，同时观察包装容器内部和外部的情况，并记录。

7. pH 测定

（1）样品处理　液态制品混匀备用，有固相和液相的制品则取混匀的液相部分备用。对于稠厚或者半稠厚制品以及难以从中分出汁液的制品（如糖浆、果酱、果冻、油脂等），取一部分样品在均质器或研钵中研磨，如果研磨后的样品仍太稠厚，加入等量的无菌蒸馏水，混匀备用。

（2）测定　将电极插入被测试样液中，并将 pH 计的温度校正器调节到被测液的温度。如果仪器没有温度校正系统，被测试样的温度应调到（20±2）℃，采取适合于所用 pH 计的步骤进行测定。当读数稳定后，从仪器的标度上直接读出 pH，精确到 0.05。同一个制备试样至少进行两次测定。两次测定结果之差应不超过 0.1。取两次测定的算术平均值作为结果，报告精确到 0.05。

（3）分析结果　与同批中冷藏保存对照样品相比，比较是否有显著差异。pH 相差 0.5 及以上判为显著差异。

8. 涂片染色镜检

（1）涂片　取样品内容物进行涂片。带汤汁的样品可用接种环挑取汤汁涂于载玻片上，固态食品可直接涂片或用少量灭菌生理盐水稀释后涂片，待干后用火焰固定。油脂性食品涂片自然干燥并火焰固定后，用二甲苯流洗，自然干燥。

（2）染色镜检　上述涂片用结晶紫染色液进行单染色，干燥后镜检，至少观察 5 个视野，记录菌体的形态特征以及每个视野的菌数。与同批冷藏保存对照样品相比，判断是否有明显的微生物增殖现象。菌数有百倍或百倍以上的增长则判为明显增殖。

（四）结果判断

样品经保温试验未出现泄漏，则可报告该样品为商业无菌。

样品经保温试验出现泄漏，保温后开启，经感官检验，pH 测定，涂片镜检，确证有微生物增殖现象，则可报告该样品为非商业无菌。

若需核查样品出现膨胀、pH 或感官异常、微生物增殖等原因，可取样品内容物的留样进行接种培养并报告。若需判断样品包装容器是否出现泄漏，可取开启后的样品进行密封性检查并报告。

（五）异常原因分析

1. 培养基和试剂

溴甲酚紫葡萄糖肉汤；庖肉培养基；营养琼脂；酸性肉汤；麦芽浸膏汤；沙

氏葡萄糖琼脂；肝小牛肉琼脂；革兰染色液。

2. 低酸性罐藏食品的接种培养（pH 大于 4.6）

（1）对低酸性罐藏食品，每份样品接种 4 管于预先加热到 100℃并迅速冷却到室温的庖肉培养基内；同时接种 4 管溴甲酚紫葡萄糖肉汤。每管接种 1～2mL（g）样品（液体样品为 1～2mL，固体为 1～2g，两者皆有时，应各取一半）。培养条件见表 8－1。

表 8－1　低酸性罐藏食品（pH＞4.6）接种的庖肉培养基和溴甲酚紫葡萄糖肉汤

培养基	管数	培养温度/℃	培养时间/h
庖肉培养基	2	36±1	96～120
庖肉培养基	2	55±1	24～72
溴甲酚紫葡萄糖肉汤	2	55±1	24～48
溴甲酚紫葡萄糖肉汤	2	36±1	96～120

（2）经过表 8－1 规定的培养条件培养后，记录每管有无微生物生长。如果没有微生物生长，则记录后弃去。

（3）如果有微生物生长，以接种环蘸取液体涂片，革兰染色镜检。如在溴甲酚紫葡萄糖肉汤管中观察到不同的微生物形态或单一的球菌、真菌形态，则记录并弃去。在庖肉培养基中未发现杆菌，培养物内含有球菌、酵母、霉菌或其混合物，则记录并弃去。将溴甲酚紫葡萄糖肉汤和庖肉培养基中出现生长的其他各阳性管分别划线接种 2 块肝小牛肉琼脂或营养琼脂平板，一块平板做需氧培养，另一平板做厌氧培养。培养程序如图 8－2 所示。

（4）挑取需氧培养中单个菌落，接种于营养琼脂小斜面，用于后续的革兰染色镜检；挑取厌氧培养中的单个菌落涂片，革兰染色镜检。挑取需氧和厌氧培养中的单个菌落，接种于庖肉培养基，进行纯培养。

（5）挑取营养琼脂小斜面和厌氧培养的庖肉培养基中的培养物涂片镜检。

（6）挑取纯培养中的需氧培养物接种肝小牛肉琼脂或营养琼脂平板，进行厌氧培养；挑取纯培养中的厌氧培养物接种肝小牛肉琼脂或营养琼脂平板，进行需氧培养。以鉴别是否为兼性厌氧菌。

（7）如果需检测梭状芽孢杆菌的肉毒毒素，挑取典型菌落接种庖肉培养基做纯培养。36℃培养 5d，按照 GB/T 4789.12—2003《食品卫生微生物学检验　肉毒梭菌及肉毒毒素检验》进行肉毒毒素检验。

3. 酸性罐藏食品的接种培养（pH 小于或等于 4.6）

（1）每份样品接种 4 管酸性肉汤和 2 管麦芽浸膏汤。每管接种 1～2mL（g）样品（液体样品为 1～2mL，固体为 1～2g，两者皆有时，应各取一半）。培养条件见表 8－2。

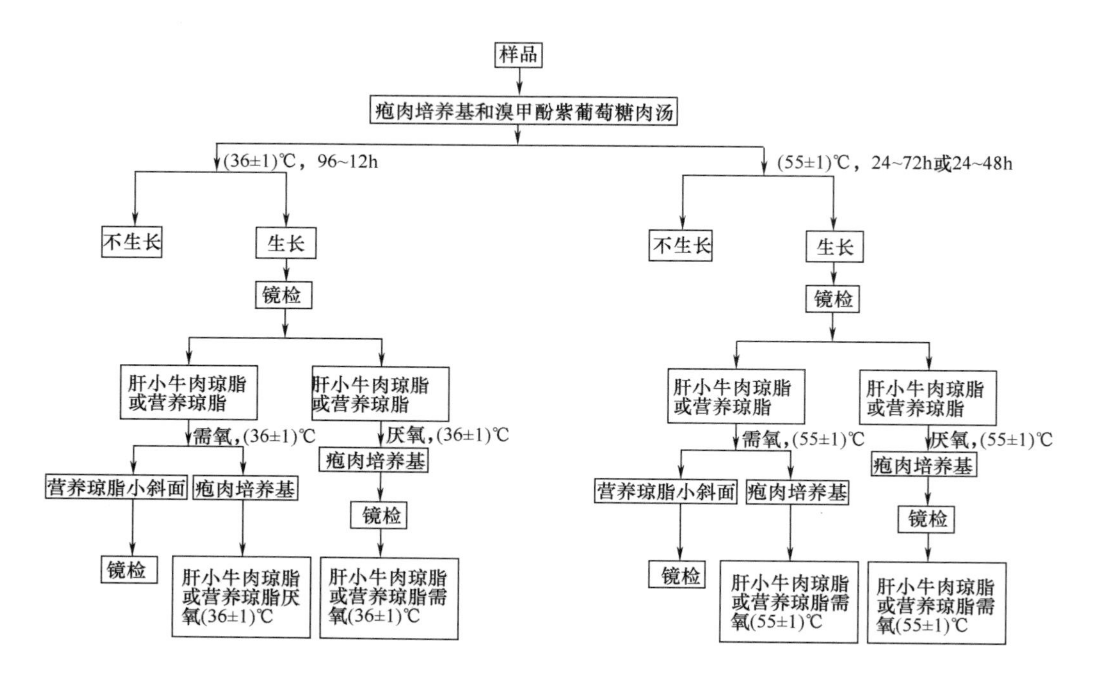

图 8－2　低酸性罐藏食品接种培养程序

表 8－2　酸性罐藏食品（pH≤4.6）接种的酸性肉汤和麦芽浸膏汤

培养基	管数	培养温度/℃	培养时间/h
酸性肉汤	2	55 ± 1	48
酸性肉汤	2	30 ± 1	96
麦芽浸膏汤	2	30 ± 1	96

（2）经过表 8－2 中规定的培养条件培养后，记录每管有无微生物生长。如果没有微生物生长，则记录后弃去。

（3）对有微生物生长的培养管，取培养后的内容物的直接涂片，革兰染色镜检，记录观察到的微生物。

（4）如果在 30℃培养条件下，酸性肉汤或麦芽浸膏汤中有微生物生长，将各阳性管分别接种 2 块营养琼脂或沙氏葡萄糖琼脂平板，一块做需氧培养，另一块做厌氧培养。

（5）如果在 55℃培养条件下，酸性肉汤中有微生物生长，将各阳性管分别接种 2 块营养琼脂平板，一块做需氧培养，另一块做厌氧培养。对有微生物生长的平板进行染色涂片镜检，并报告镜检所见微生物型别。培养程序如图 8－3 所示。

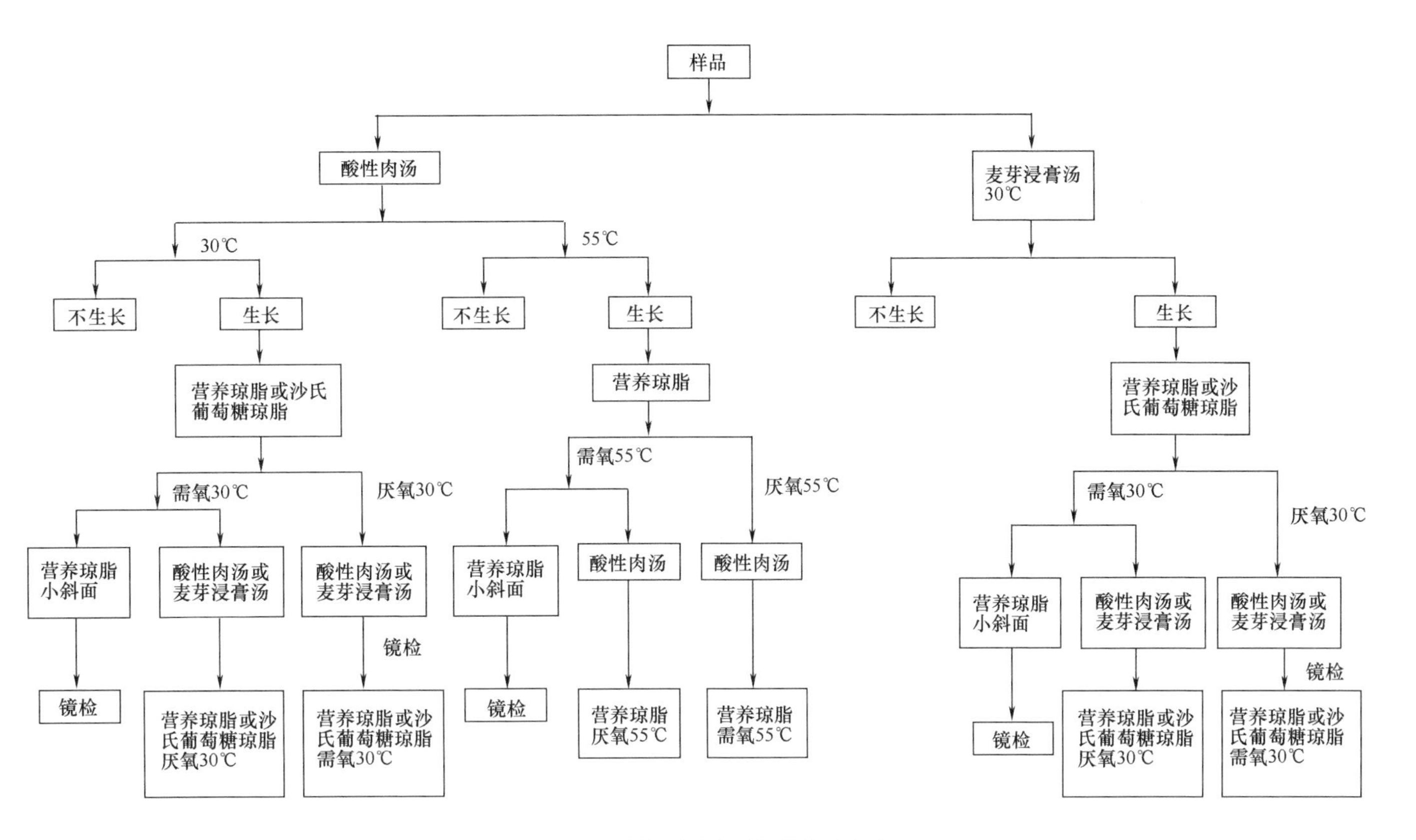

图8－3　酸性罐藏食品接种培养程序

（6）挑取30℃需氧培养的营养琼脂或沙氏葡萄糖琼脂平板中的单个菌落，接种营养琼脂小斜面，用于后续的革兰染色镜检。同时接种酸性肉汤或麦芽浸膏汤进行纯培养。挑取30℃厌氧培养的营养琼脂或沙氏葡萄糖琼脂平板中的单个菌落，接种酸性肉汤或麦芽浸膏汤进行纯培养。挑取55℃需氧培养的营养琼脂平板中的单个菌落，接种营养琼脂小斜面，用于后续的革兰染色镜检。同时接种酸性肉汤进行纯培养。挑取55℃厌氧培养的营养琼脂平板中的单个菌落，接种酸性肉汤进行纯培养。

（7）挑取营养琼脂小斜面中的培养物涂片镜检。挑取30℃厌氧培养的酸性肉汤或麦芽浸膏汤培养物和55℃厌氧培养的酸性肉汤培养物涂片镜检。

（8）将30℃需氧培养的纯培养物接种于营养琼脂或沙氏葡萄糖琼脂平板中进行厌氧培养，将30℃厌氧培养的纯培养物接种于营养琼脂或沙氏葡萄糖琼脂平板中进行需氧培养，将55℃需氧培养的纯培养物接种于营养琼脂中进行厌氧培养，将55℃厌氧培养的纯培养物接种于营养琼脂中进行需氧培养，以鉴别是否为兼性厌氧菌。

思　考　题

1. 罐头食品的生物腐败类型有哪些？各种腐败类型多是由哪些微生物所造成的？
2. 污染罐头食品的微生物来源有哪些？
3. 什么是商业无菌？简述对罐头食品进行商业无菌检验的意义。
4. 描述罐头食品商业无菌检验的主要步骤。
5. 对于罐头食品，如何判定为商业无菌？如何判定为商业有菌？

第九章　食品微生物检验方法新进展

传统的微生物检验方法是培养分离法，这种烦琐的检测程序不仅占用了大量的检测资源，更重要的是冗长的检测周期既不利于生产者对食品的在线控制，也不利于监管部门对问题食品的快速反应。因此，研究和建立食品微生物快速检测方法以加强对食品卫生安全的监测，越来越受到各国科学家的重视，而寻求快速、准确以及灵敏的微生物分析检测方法也随之成为研究热点。近年来，随着生物技术的快速发展，新技术新方法在食品微生物检验领域得到了广泛应用，有效地提高了检测效率和检验速度，加快了食品微生物快速检测技术的应用推广，对防止食源性疾病的危害具有重要意义。现行的一些快速检测方法用于微生物计数、早期诊断、鉴定等方面，大大缩短了检测时间，提高了微生物检出率。现行的微生物快速检测方法融合了微生物学、分子化学、生物化学、生物物理学、免疫学和血清学等方面的知识，对微生物进行分离、检测、鉴定和计数，与传统方法比较，更快、更方便、更灵敏。目前，常见的微生物快速检测方法包括免疫学技术、生化检测技术、PCR 技术、基因探针技术、仪器分析方法、电化学方法等。有些方法已经成熟并得到广泛应用，而有些方法仍处在探索和进一步的研究中。

第一节　免疫学方法

免疫学技术通过抗原和抗体的特异性结合反应，再辅以免疫放大技术来鉴别细菌。免疫方法的优点是样品在进行选择性增菌后，不需分离即可采用免疫技术进行筛选。由于免疫法有较高灵敏度，样品经增菌后可在较短的时间内达到检出度，抗原和抗体的结合反应可在很短时间内完成。如采用免疫磁珠法可有效地收集、浓缩神奈川现象阳性的副溶血性弧菌，可显著提高环境样品及食品中病原性副溶血性弧菌的检出率。胶体金免疫层析法能快速、灵敏检测金黄色葡萄球菌，应用胶体金免疫层析法检测食品中的沙门菌，简便快速，无需特殊仪器设备，适合现场检测。

一、免疫荧光技术

免疫荧光技术（Immunofluorescence Technique）是用荧光素标记的抗体检测抗原或抗体的免疫学标记技术，又称荧光抗体技术。所用的荧光素标记抗体通称为荧光抗体，免疫荧光技术在实际应用上主要有直接法和间接法。直接法是在检测样品上直接滴加已知特异性荧光标记的抗血清，经洗涤后在荧光显微镜下观察结果。间接法是在检样上滴加已知的细菌特异性抗体，待作用后经洗涤，再加入荧光标记的第二抗体。如研制成的抗沙门菌荧光抗体，用于750份食品样品的检测，结果表明与常规培养法基本一致。免疫荧光直接法可清楚地观察抗原并用于定位标记观察，如病毒和病毒相关抗原在感染细胞内的定位。该技术已广泛应用于病毒感染过程的研究以及病毒感染性疾病的诊断。

二、酶免疫测定技术

酶免疫测定（Enzyme Immunoassay，EIA）根据抗原抗体反应是否需要分离结合或游离的酶标记物而分为均相和非均相两种类型。非均相法较常用，包括液相免疫测定法与固相免疫测定法。固相免疫测定法的代表技术是酶联免疫吸附技术（Enzyme - Linked Fluorescent Immunoassay，ELISA）。

ELISA是将抗原抗体反应的高度特异性和酶的高效催化作用相结合发展建立的一种免疫分析方法。其主要是基于抗原或抗体能吸附至固相载体的表面并保持其免疫活性，抗原或抗体与酶形成的酶结合物仍保持其免疫活性和酶催化活性的基本原理。目前ELISA的分类方法众多，主要技术类型有双抗体夹心法、间接法、捕获法、竞争法。

ELISA法可用于检测食品中沙门菌、金黄色葡萄球菌、军团菌、大肠杆菌O_{157}等致病微生物。其中沙门菌是食物细菌性中毒中最常见的致病菌，它严重影响着食品安全，采用制备单克隆抗体的ELISA方法则能方便、快速地筛选出被沙门菌污染的食品或饲料。其基本步骤是：首先包被抗沙门菌的单克隆抗体，然后在微孔板内加入经过前增菌和选择性增菌的待检样品。样品中如有沙门菌存在，则与微孔板内的特异性抗体结合形成复合物。洗涤掉多余的反应物，加入酶标抗体，则形成抗体抗原酶标抗体复合物。加入底物，测定光密度，当光密度值大于或等于临界值时，即可推断为阳性。

应用酶联免疫技术制造的Mini - VIDAS全自动免疫荧光酶标分析仪，由法国生物梅里埃公司生产。它是利用酶联荧光免疫分析技术，通过抗原、抗体特异反应，分离出目标菌，由特殊仪器根据荧光的强弱自动判断样品的阳性或阴性。其优点是检测灵敏度高，速度快，可以在24～48h内快速鉴定沙门菌、大肠杆菌O_{157}: H_7、单核李斯特菌、空肠弯曲杆菌和葡萄球菌肠毒素等。特别是对检测冻肉中沙门菌具有很高的灵敏度和特异性，用于进出口冻肉的检测，可大大缩短检验时间，加快通关速度，检测冻肉中李斯特菌也如此。

ELISA在微生物学领域中可用于病原的检测、抗体检测和细菌代谢产物的检测。ELISA具有高度的特异性和敏感性，几乎所有可溶性的抗体抗原反应系统均可检测，最小可测值能够达到ng甚至pg水平。与放射免疫方法相比较，ELISA的标记试剂较稳定，且无放射性危害；与免疫荧光技术相比，ELISA敏感性高，不需特殊设备，结果观察简便。酶免疫技术发展较晚，但随着试剂的商品化以及自动化操作仪器的广泛使用，已使酶免疫技术日趋成熟，方法稳定，结果可靠，在很多领域取代了荧光技术和放射免疫测定法。

三、免疫印迹技术

免疫印迹技术综合了聚丙烯酰氨凝胶电泳（SDS - PAGE）的高分辨率及ELISA的高敏感性和高特异性，是一种有效的分析手段。免疫印迹（Immunoblot）法分三个步骤：第一，聚丙烯酰氨凝胶电泳（SDS - PAGE），将蛋白质抗原按分子大小和所带电荷的不同分成不同的区带；第二，电转移，目的是将凝胶中已分离的条带转移至硝酸纤维素膜上；第三，酶免疫定位，该步的意义是将前两步中已分离，但肉眼不能见到的抗原带显示出来。将印有蛋白抗原条带的硝酸纤维素膜依次与特异性抗体和酶标记的第二抗体反应后，再与能形成不溶性显色物的酶反应底物作用，最终使条带染色。

免疫印迹技术最早的应用是HIV感染的血清学诊断。目前该技术在蛋白质化学中应用广泛，既可用于分析抗原组分及其免疫活性，又可用于疾病的诊断。另外病毒感染细胞、可溶性病毒或细菌材料等都可以采用免疫印迹方法检测。

四、免疫组织化学方法

应用免疫学中的抗原抗体反应，借助可见的标记物，在组织原位显示抗原或抗体的方法。常用的免疫组织化学方法有荧光免疫和酶免疫组化技术、金标免疫组织化学技术和免疫电镜，该技术特点是对细胞涂片、印片、组织切片进行处理和染色镜检。免疫组化技术弥补了上述血清学诊断方法的不足，使得在细胞或组织内检测病原微生物成分成为可能。对于在宿主组织液中微量表达或不表达抗原、抗体的微生物，免疫组化具有较好的辅助诊断价值。利用免疫组化技术，还能观察被侵犯组织致病微生物的繁殖和对组织的破坏情况。

五、免疫传感器

免疫传感器（Immunosensor）是将免疫测定技术与传感技术相结合的一类新型生物传感器，在结构上与传统生物传感器一样，可分为生物敏感元件、换能器和信号数据处理器三部分。生物敏感元件是固定抗原或抗体的分子层；换能器是将识别分子膜上进行的生化反应转变成光、电信号；信号数据处理器则将光、电信号放大、处理、显示或记录下来。当待测物与分子识别元件特异性结合后，所产生的复合物通过信号转换器转变为可以输出的电信号、光信号，从而达到分析检测的目的。目前已开发出来的检测项目包括大肠杆菌和肠道细菌的检测、沙门菌的检测、白假丝酵母的检测。

第二节　分子生物学方法

随着微生物学、生物化学和分子生物化学的飞速发展，对病原微生物的鉴定已不再局限于外部形态结构及生理特性等一般检验上，而是从分子生物学水平上研究生物大分子，特别是核酸结构及其组成部分。在此基础上建立的众多检测技术中，聚合酶链式反应（Polymerase Chain Reaction，PCR）和核酸探针（Nuclear Acid Probe），以其敏感、特异、简便、快速的特点，已逐步应用于食源性病原菌的检测。

一、PCR 技术

PCR（Polymerase Chain Reaction）技术即聚合酶链式反应，也称无细胞克隆系统，是 1985 年诞生的一项 DNA 体外扩增技术。目前，该技术已成功应用于快速检测食品中多种致病菌。

1. 多聚酶链式反应 PCR

PCR 技术采用体外酶促反应合成特异性 DNA 片段，再通过扩增产物来识别细菌。由于 PCR 灵敏度高，理论上可以检出一个细菌的拷贝基因，因此在细菌的检测中只需短时间增菌甚至不增菌，即可通过 PCR 进行筛选，节约大量时间。

该方法通过对人工难以培养的微生物相应 DNA 片段进行扩增，检测扩增产物含量，从而快速地对食品中致病菌含量进行检测。检测时，首先在高温下（95℃）使得蛋白质变性，DNA 双链变成单链，再迅速降温（55℃），每条 DNA 单链退火，这就是所谓的热循环，之后温度重新上升到 95℃，开始新的循环。经一套扩增循环（21 ~31 次）将一个单分子 DNA 扩增到 10^7 个分子。整个过程可以在 1h 内通过自动热量循环器完成。理论上，只要样品中含有一分子沙门菌的 DNA，通过 PCR 技术完全可以在短时间内检测到。PCR 技术采用 DNA 扩增和自动化程序对特定的致病菌进行检测，已经成功地对沙门菌、大肠杆菌 O_{157}: H_7、产单核细胞李斯特菌等致病菌进行了有效测定。

这种测定方法的最大优点是测定结果迅速，灵敏度和特异性高，检测成本低。PCR 技术也存在一些缺点：食物成分、增菌培养基成分和其他微生物 DNA 对 Taq 酶具有抑制作用，可能导致检验结果假阴性；微量的外源性 DNA 进入 PCR 后可以引起无限放大产生假阳性结果；扩增过程中有一定的装配误差，会对结果产生影响。

单核细胞增生李斯特菌（Listeris Monocytogenes，LM）是一种重要的人畜共患病致病菌，能引起人和动物脑膜炎、败血症及孕妇流产等，死亡率极高。LM 广泛存在于动物、水产品中，主要通过食物进行传播。过去对食品中 LM 进行检测时，克隆培养的标准方法需要 3 ~4 周的时间才能得出结果。血清学检测方法

（如 ELISA 等）也存在着特异性、敏感性差等问题。PCR 技术的出现给李斯特菌的检测带来了曙光。已有研究者对应用 PCR 技术检测李斯特菌的条件做了研究和报道。用实时荧光 PCR 法检测单核细胞增生李斯特菌，更快速、敏感，特异性更高。

金黄色葡萄球菌肠毒素（Staphyloccocus aureus Rosenbach，SE）可引起人类中毒，其中毒性休克综合征毒素 1（TSST－1）可引起中毒休克综合征，产生的脱皮毒素（ETA、ETB）与一系列脓疱性葡萄球菌感染有关。云泓若等选择肠毒素 D（SED）基因的第 360～381 碱基为上游引物，第 654～675 碱基为下游引物，应用 PCR 技术扩增出 SED 基因的 316bp 长的 DNA 片段，并建立了直接利用细菌裂解液作为模板的 PCR 方法。

肠毒素大肠杆菌（简称耐热菌）是一种嗜热、嗜酸、好氧的细菌，能从浓缩苹果汁中分离得到，该菌能经受巴氏杀菌而存活，严重影响浓缩果汁的品质，国际上已有多起耐热菌导致大规模果汁败坏事件的报道。目前国际上要求每 10mL 苹果浓缩汁中耐热菌含量小于 1 个。耐热菌超标已成为制约我国浓缩苹果汁出口的主要障碍之一。目前对耐热菌的检测方法仍为常规的培养检测法，耗时很长，一般需要 4～5d 才能出检测报告。检测结果的滞后性使之无法及时指导生产，无法及时向生产线反馈信息，以采取相应的防范、控制与清洗措施。PCR 技术能使微量的核酸在数小时之内扩增至原来的数百万倍以上，只要选择适合的引物，就可特异性地大量扩增某一特定的 DNA 片断至易检测水平。因此，理论上可以通过特异性地扩增耐热菌的基因片断而对其实现快速检测。

2. 实时定量 PCR 技术

实时定量技术是近年来发展起来的新技术，这种方法既保持了 PCR 技术灵敏、快速的特点，又克服了以往 PCR 技术中存在的假阳性污染和不能进行准确定量的缺点。另外，还有重复性好、省力、费用低等优点。

实时定量 PCR 技术是由传统 PCR 技术发展而来，其基本原理相同，但定量技术原理不同。实时定量技术应用了荧光染料和探针来保证扩增的特异性，并且荧光信号的强弱同扩增产物的量呈正比，从而能准确定量。该技术在基因突变的检测、基因表达的研究、微生物的检测、转基因食品的检测等领域均有重要的应用价值。

美国 ABI 公司研制的荧光定量 PCR 仪可以采用荧光探针法和荧光染料法对 PCR 产品进行定量和定性分析。其检测过程应用特异性报告荧光和淬灭荧光标记探针，引入 CT 值（标准内标物和样品的荧光强度 *E* 值之差）来追踪荧光的曲线。其优点为使用标准曲线，从而准确性高，还可以进行绝对定量和相对定量。样品的批内和批间重现性好，可以去除加样造成的误差。对定量检测细菌、病毒、衣原体、支原体、炭疽菌、大肠杆菌 O_{157} 以及沙门菌均有良好的检测效果。

二、基因探针技术

1. 基因探针的种类

基因探针技术利用具有同源性序列的核酸单链在适当条件下互补形成稳定 DNA – RNA 或 DNA – DNA 链的原理，采用高度特异性基因片段制备基因探针来识别细菌。将已知核苷酸序列 DNA 片段用同位素或其他方法标记，加入已变性的被检 DNA 样品中，在一定条件下即可与该样品中有同源序列的 DNA 区段形成杂交双链，从而达到鉴定样品中 DNA 的目的，这种能认识到特异性核苷酸序列的有标记单链 DNA 分子即核酸探针或基因探针。根据基因探针中核苷酸成分的不同可将其分成 DNA 探针和 RNA 探针，一般大多选用 DNA 探针。根据选用基因的不同分成两种，一种探针能同微生物中全部 DNA 分子中的一部分发生反应，它对某些菌属、菌种、菌株有特异性，另一种探针只能限制性同微生物中某一基因组 DNA 发生杂交反应，如编码致病性的基因组，它对某种微生物中的种菌株或仅对微生物中某一菌属有特异性。这类探针检测的基因相当保守，包括大部分 rRNA，因为既它可能在一种微生物中出现，又可代表一群微生物。如应用 rRNA 探针检测作为筛选食品污染程度的指示菌 *E. coli* 时，选择探针的原则是只能同检测的细菌发生杂交反应，而不受非检菌存在的干扰。

2. 基因探针检测技术的优点

（1）特异性　就是说一个适当组建的 DNA 探针能绝对特异性地与所检微生物而不与其他微生物发生反应。对食品检测而言就是不与样品中内源性杂菌和样品自身 DNA 发生非特异性反应。另外核酸之间的识别连接比抗原抗体准确，并且探针检测比免疫学方法灵活。尽管形成抗原抗体复合物比核酸杂交快，但能通过加磺化葡聚糖把退火速度增加 100 倍，从而提高反应速度。核酸比蛋白质更能耐受高温（100℃），有机溶剂、螯合剂和高浓度工作液的破坏，所以用比提取制备蛋白质强烈得多的方法制备核酸，不会影响杂交反应。当然 RNA 探针除外，因为 RNA 不耐受碱处理，需用其他方法制备检测用 RNA。

（2）敏感性　DNA 探针敏感性取决于探针本身和标记系统，其目的是检测出单个病毒和细菌。用 32P 标记物通常可检出 8 ~ 10mol 特异 DNA 片段，相当于 0.5pg；1000 个碱基对的靶系列相当于 1000 ~ 10000 个细菌。用亲和素标记探针检测 1h 培养物 DNA 含量在 110pg，两者敏感性大致相同，而血清学方法只能达到 1ng 的水平。

探针检测技术中也存在一定的问题，如检测一种菌就需要制备一种探针；要达到检测量还要对样品进行一定时间的培养；探针检测是分析基因序列，对毒素污染的食品，有时因样品中不含产毒菌而无法检测。

3. 基因探针检测技术的适用范围

（1）用于检测无法培养，不能用作生化鉴定、不可观察的微生物产物以及缺乏诊断抗原等方面的检测，如肠毒素。

（2）用于检测同食源性感染有关的病毒病，如检测肝炎病毒、流行病学调查研究、区分有毒和无毒菌株。

（3）检测细菌内抗药基因。

（4）分析食品是否会被某些耐药菌株污染，判定食品污染的特性。

（5）细菌分型，包括 rRNA 分型。

食品中沙门菌污染量小，常受应激损伤，不易恢复，现用检测方法得到阴性报告最少需 4d，阳性报告还要延迟 2～3d。研究检测沙门菌的探针难度大，因为它拥有 2000 多个血清型，还不清楚它们是否存在共同特异性的致病因子。Fillal 等人从染色体序列和构建的质粒文库中分离到一个适用于沙门菌检测的探针。它能和沙门菌，而不和其他微生物及样品培养基发生非特异性反应。这种用同位素标记的探针，能识别 350 株不同的沙门菌。由于该方法最小检出量只有 1 个细菌/25g 样品，所以需要增菌培养。

美国分析化学家协会（AOAC）最近认可了 Gene－Tark 沙门菌比色分析法。这种探针标记物为异硫氰酸荧光素（FITC），再用辣根过氧化酶标记抗 FITC 的抗体结合放大探针，在多聚腺苷酸尾部和多聚胸腺嘧啶浸染棒固相薄膜上杂交，对 239 株沙门菌的特异性检出率为 100%，假阳性 0.8%（BAM/AOAC 培养法假阳性率是 2.2%）。

志贺菌检测方法存在着质粒容易丢失和受内源菌干扰的问题。用核酸探针检测可克服上述缺陷。现采用人工合成 32P 标记的寡核苷酸探针在固定薄膜上做菌落杂交检测志贺菌和侵袭性大肠杆菌（EIEC），也有人用 PCR 扩增技术检测志贺菌和侵袭性大肠杆菌（EIEC），其敏感性为≤1 个细菌/g，但 PCR 扩增后需通过凝胶电泳进一步鉴定；对常规检测来讲太烦琐。

大多数检测葡萄球菌的探针是针对其肠毒素的。它们能同编码肠毒素有关的基因序列杂交，这类探针能检测肠毒素 A、B、C 和 E。Gene Tark 推出检测金黄色葡萄球菌的探针，能半定量样品中的葡萄球菌，尚未得到 AOAC 的认可。方法采用浸染棒比色法，探针检测的基因序列是 23sr RNA，敏感性 100%，假阳性率为 9.3%，人工污染样品中没有假阳性结果发生。

另外，利用基因操作技术快速检测致病微生物的研究工作还涉及假单胞菌属大肠杆菌、李斯特杆菌、弧菌、耶尔森菌、弯曲杆菌和病毒。

第三节　微生物酶检测法

微生物专有酶快速反应是根据细菌在其生长繁殖过程中可合成和释放某些特异性的酶，按酶的特性，选用相应的底物和指示剂，将它们配制在相关的培养基中。根据细菌反应后出现的明显的颜色变化，确定待分离的可疑菌株，反应的测定结果有助于细菌的快速诊断。这种技术将传统的细菌分离与生化反应有机地结合起来，使得检测结果直观，正成为今后微生物检测发展的一个主要发展方向。

利用细菌中某些具有特征性的酶，应用适当的底物可迅速完成细菌鉴定。如沙门菌具有辛酸酯酶，以辛酸-5-溴-4-氯-3-吲哚氧基酯为底物，经沙门菌酶解，在紫外灯下观察游离辛酸-5-溴-4-氯-3-吲哚氧基酯的荧光。现将快速鉴定用细菌的特异性酶列于表9-1。

表9-1　致病菌快速诊断用的特异性酶

部分微生物种类	所具有的特异性酶
脑膜炎奈瑟菌	γ-谷氨酰转肽酶
肠球菌	吡咯芳胺酶（PYR）、亮氨酸氨肽酶（LAP）
沙门菌	辛酸酯酶
大肠埃希菌	β-葡萄糖醛酸酶
白色念珠菌	脯氨酸氨肽酶、N-乙酰β-D半乳糖苷酶
热带念珠菌	吡咯磷酸酶
产单核李斯特菌	丙氨酰胺肽酶
金黄色葡萄球菌	β-乙酰葡萄糖胺酶
腐生，中间，斯氏葡萄球菌	β-半乳糖苷酶
A族链球菌	吡咯芳胺酶（PYR）
难辨梭菌	谷氨酸脱氢酶（GDH）、脯胺酸酶
克柔念珠菌	酸性磷酸酶

Delise等新合成一种羟基吲哚-β-D葡萄糖甘酸（IBDG）在β-D葡萄糖苷酶的作用下，生成不溶性的蓝，将一定量的IBDG加入到麦康凯培养基琼脂中制成MAC-IBDG平板，35℃培养18h，出现深蓝色菌落者为大肠埃希阳性菌株。其色彩独特，且靛蓝不易扩散，易与乳糖发酵菌株区别。王金良教授等应用β-萘酚辛酯酶为底物，经沙门菌酶分解出β-萘酚与固兰作用出现紫色，反应在纸片上进行，只需5min即可完成沙门菌的鉴定，这对食品与环境卫生检验有重要价值。他们还运用对硝基酚-β-葡萄糖醛酸为底物，不仅可快速鉴定大肠埃希菌，尚可在405nm测定对硝基酚的释放量而定量，检测最低限可达100CFU/mL。此法为环境与食品中的微生物定量、快速检测提供了新的方法。

第四节　电化学方法

这类研究一般通过电极记录微生物次生代谢过程中的电流、电位、阻抗、电导或介电常数等信息，进而分析信号特征与微生物总数的对应关系，制作标准响应曲线。可用于微生物的定量检测。常见的技术有阻抗分析法、还原试验法、电位分析法、电流分析法、方波极谱法等。相比其他检测技术，电化学方法具有快速、经济、操作简单、适用广泛等诸多优点，显现出良好的商业应用前景。

一、阻抗法与电导法

1. 基本原理

微生物在生长过程中，可把培养基中的电惰性底物（如碳水化合物、类脂、蛋白质）代谢成活性底物，脂肪代谢为重碳酸盐，大分子物质转化为小分子物质。从而使培养基中的电导性增大，培养物中的阻抗随之降低；伴随这些变化，若将一对电极置入培养基中，测得的交流阻抗也出现变化。同时，微生物在培养基中可产生具有作为诊断依据的特征性阻抗曲线，根据电阻改变图形，对检测的细菌做鉴定。上述过程通常包括阻抗下降，电导、电容增加，因此阻抗、电导或电容测量仅仅是不同的技术手段，其内在原理相通。

2. 技术特点

该法具有高度的敏感性、快速反应性、特异性强、重复性好的优点，已被AOAC接受为首选方法，非常适于临床样本细菌检测、食品质量与病原体检测、工业生产中的微生物过程控制及环境卫生细菌学研究。

用于阻抗技术的分析仪器有Bactometer全自动微生物检测计数仪（法国梅里埃公司）、Bac－Trac自动微生物快速检测系统（奥地利Sylab）等；用于电导技术的分析仪器有Malthus微生物自动快速分析仪（英国Malthus公司）。

3. 研究进展

现代阻抗法检测微生物的研究从20世纪70年代开始受到关注。1974年美国Bactomatic公司的Cady与Dufour报道了首台基于阻抗法的连续监测细菌代谢生长的仪器Bactometer32。此外，Wheeler与Goldschmidt使用一种四电极体系检测临床菌尿症（尿样中微生物含量高于10^5个/mL），该方法基于阻抗变化原理，选择10Hz方波输入，直接制定电极电位与微生物含量的关系曲线，对*E.* K－12，检测范围为10^3～10^9个/mL。需要指出，该装置方法不能用于监测代谢物的积累，对菌尿症的检测可在15min内完成。2012年，陈巧燕使用Bac Trac4300仪检测巴氏杀菌奶的菌落总数和大肠菌群数，共检测了58个牛奶样品，除2个样品由于稀释梯度不够而无法计数外，其余样品菌落总数分布在10～10^7CFU/mL。DT值与菌落总数的对数值相关性良好，相关系数为0.97，该法检测结果与传统细菌培养法一致，且检测时间由48h缩短至8h。

20世纪80年代前后有许多应用Bactometer微生物自动检测仪的研究，这些报道拓展了阻抗技术的应用领域，如临床微生物学（尿样、血样）、环境微生物学（工业废水）、食品卫生学（冷冻蔬菜、肉类、果汁饮料、乳制品等）。

1978年Cady等初步探讨微生物生长引起阻抗变化的机理，认为微生物生长引起电极表面的双电层组成改变，使得容抗发生变化，它是影响阻抗的主要因素。在400～30000Hz范围内的试验发现，低频时的阻抗变化最明显。House等观察到在低频（100Hz）时电极阻抗起主要作用，在高频（10kHz）时培养基影响最大。Felice等用Warburg频率特性模型将阻抗分解为每个电极的界面阻抗 Z_i（R_i，X_i）与培养基阻抗 R_m 等部分。在低频下直接测量界面阻抗的电阻（R_b）与容抗（X_b）成分，在高频（5kHz上，Z_i 可忽略）下测得 R_m。由 $R_b = (2R_i + R_m)$ 及 $X_b = 2X_i$，可计算出 R_i、X_i 和 R_m，重复试验得出的上述分量间最大统计离散度低于5%。2012年，张爱萍利用阻抗法快速分析了牛奶中菌落总数，她对比了分别以电导、总阻抗和双层电容作为检测参数对准确度的影响。以双层电容值作为阻抗检测参数测得的菌落总数低于其实际数目的概率较大，而以电导、总阻抗作为检测参数时误差随机分布。所以在用阻抗法快速检测牛奶中菌落总数时应优先选用电导、总阻抗作为检测参数。

基于这种电极、培养基阻抗分离技术，奥地利SY实验室开发了一种商用仪器BacTrac™4100，它在1kHz频率下测量电极、介质液的阻抗。此外，也有许多利用交流电导率测定微生物总数的研究。当培养基电导较低时，细菌生长电导变化明显，适合做电导分析；当培养基电导较高时，电导变化很小，而相应的极化电容变化较大，因此应借助电容分析监测细菌生长。有研究发现双电层电容比培养基电导变化更明显，检测时间更短，且和平板计数法测定结果的相关系数更高。

2003年Yang等将三电极体系用电解液电阻、法拉第阻抗、双电层电容的串并联等效，对阻抗法原理进行了较系统的研究。当电极表面不发生电化学反应时，感应电流不存在，等效电路可简化为电解液电阻与双电层电容的串联。与Felice等的研究相似，在低频（1Hz）和高频（1MHz）下，分别忽略电解液电阻、双电层电容的影响，由测量结果计算得出两个分量值。这个结果说明，可以同时使用电阻、电容分析技术测定微生物总数。

关于影响电容的因素，Yang等用法拉第阻抗谱技术分析Salmonella typhimurium细胞在电极表面的吸附作用。结果表明S细胞能吸附在金电极表面，细菌细胞膜的绝缘特性令电极表面阻抗增加，并引起双电层电容下降。该发现可作为对1992年Felice等试验数据的补充解释。

用阻抗法检测微生物的研究还有很多，但其主要成果大体如前所述。1996年Silley与Forsythe对阻抗微生物学作了一次总结，1999年Wawerla等对阻抗法在食品卫生学上的应用进行讨论，并提出了一些新的发展方向，以及实际应用中还存在的问题。

二、伏安法

伏安法是电势控制法的一种，这类方法的电极电势强制依附于已知程序，电势控制在恒定值或者按预先确定的方式随时间变化，测量电流作为时间或电势的函数。

通常控制电势随时间做线性变化，常规电极上的扫描速率一般在 10^{-3} ~ 10^{3}V/s，超微电极上可高达 10^{6}V/s。试验中，一般把电流作为电势的函数来记录，这等价于记录电流随时间的变化。该技术的正式名称是线性电势扫描计时电流法，但多数时候叫作线性扫描伏安法（Linear Sweep Voltammetry，LSV）。如果在某个时刻改变电势扫描方向，则成为循环伏安法（Cyclic Voltanimetry，CV），其反向电流峰的形状和正向电流峰相似。

Nakamura 等使用平面热解石墨电极（BPG），并用多孔硝化纤维膜过滤尿样中的 *E. coli*，在测得的伏安图中，峰电流值与初始细菌浓度呈正比，系统的检测范围在 5×10^{2} ~ 5×10^{5}个/mL。谢平会等报道了一种半微分循环伏安型生物传感器。他们基于相同的 BPG 电极，用伏安图中峰电流的半微分值计数微生物。在 0.5×10^{2} ~ 2.5×10^{7}个/mL 范围内，啤酒酵母浓度与峰电流呈线性关系。

韩树波等使用玻碳修饰电极，在加入底液后，以 60mV/s 的扫速由 0V 扫描至 1.5V，然后将峰电流值与传统方法测得的微生物总数做标准曲线。系统对大肠杆菌、枯草杆菌、金黄色葡萄球菌、沙门菌、啤酒酵母菌等的线性响应范围依次是 2×10^{4} ~ 5×10^{7}CFU/mL、2×10^{4} ~ 5×10^{7}CFU/mL、3×10^{4} ~ 9×10^{7}CFU/mL、3×10^{4} ~ 1.0×10^{8}CFU/mL、2×10^{4} ~ 1.0×10^{8}CFU/mL。上述检测限已达到了某些实际应用的要求，且电极重用性较好，测量过程只需 35min。

Berrettonl 等将电化学网状玻碳（RVC）超微电极阵列与化学计量学方法结合用于检测葡萄球菌。在测得的常规脉冲伏安图（NPV）中，不存在与微生物总数有直接线性关系的特征。

因此，他们用一种变量选择算法（IPW）先筛选出 6 个有效电势，并计算得到 5 个潜在变量，然后将微生物总数作为因变量，用偏最小二乘法做回归分析与建模。使用该技术的检测底限为 1 ~ 2CFU/mL，整个过程（包括测量与计算）可在 30min 内完成。RVC 超微电极不受任何样品的化学污染，且因其稳定性无需特殊方法存储。

三、电位、电流分析法

按照分析对象还可将有关研究归为电位分析和电流分析。这类试验将电极和电位计（电流计）连接，记录工作电极上的电位（电流），随电解池中氧化还原反应的进行，电极上出现表征电解池变化或特性的信号。其关键往往在于如何提高检测的灵敏度，以及从电信号中提取出和待测微生物指标呈良好线性关系的特征。

通过氧化还原酶反应和适当的媒介，能将微生物的代谢氧化还原反应转换成可量化的电信号。Wilkins 等最初用铂电极与标准甘汞电极检测产氢细菌，当细菌生长达到10^6个/mL时，氢分子在铂电极上氧化引起的电极电位变化能被检测到，这个检测时间与初始细菌浓度呈线性关系。1978年，Wilkins等又用两个简单的铂电极构成电位测定系统，通过分析14种革兰阴性和阳性菌生长过程中的响应曲线，用峰值电位出现时间预测初始细菌含量。对多数阴性菌而言，该方法有较好的线性相关性，但研究者未解释非产氢细菌在铂电极上有响应的原因。通过与膜过滤技术结合，可大大降低系统的检测底限，从而可用于环境水样检测。2010年，董玥等使用电化学循环伏安和交流阻抗法从经亚甲蓝修饰的铂盘超微电极表面分析出被吸附的酵母菌单细胞，从而为进一步研究单细胞的电化学行为奠定了基础。

Holland等使用更经济的不锈钢电极记录电势变化，测定血样中的微生物总数。Junter等用金-甘汞组合电极电势分析计数大肠杆菌，通过改进培养基成分，检测底限能达10个/L，所需时间约11h。

卢智远等用色素（刃天青）作为电子激励剂，加快氧化还原反应的速度，以增强电极电流，提高检测灵敏度。该传感器输出的电压、电流可以反映牛奶中的微生物数量，其检测下限为10^3。存在的问题是线性度欠佳，溶液无菌时，仍有52mV电位输出。

Matsunaga等用两对电极同时测量微生物与电活性物质氧化产生的电流。其中一对电极的阳极用纤维素渗析膜包覆，以阻止微生物和阳极接触，这样，两对电极上的电流差即可反映微生物的相关信息。该系统响应时间为15min，但检测下限较高，仅适用于在发酵工业中监测微生物浓度。

Nishikawa等报道了另一种添加氧化还原色素DCIP（2，6-dichlorophenol-indophenol）的电极系统，经多孔乙酚纤维素膜过滤预富集，能测定10^4~10^6个/mL范围浓度的微生物。

Yang使用硫堇作为氧化还原剂，在4×10^4个/mL以上，电极电流增长速率与微生物浓度呈线性关系，检测时间为10~60min。

Fidel等报道一种基于4-AP检测的电流分析方法。细菌酶素水解4-APGal后生成电化学活性分子4-AP，当给电极施加较低电势时，4-AP在玻碳电极上发生氧化，由检测到的电流，可以估计微生物的初始浓度。

微生物定量检测在许多方面有着十分重要的意义。电化学方法作为一种间接检测手段，通常能在24h内得出结果，有些不需监测生长的技术更可在半小时内完成测量，节省了大量时间与精力，其成本一般比光学、生物技术低，并且结果分析可由计算机自动完成。因此，这类方法非常适合商业应用，但目前除阻抗（电导）测量外，其他技术还有待更多的验证与完善。此外，有关的最新研究并不是非常多，但一些学者在新老技术结合上已经进行了有益地尝试（如化学计量学、计算机技术），相信随着新工艺、新技术的发展，传统电化学研究方法也将焕发出新的活力。

思　考　题

1. 传统的微生物检验方法有哪些不足？食品微生物快速检测技术有哪些优点？

2. 免疫学检测方法有哪几种？各有哪些优缺点？

3. 什么是基因探针技术？有何应用？

4. 简述微生物检测的电化学方法。

附录一：微生物检验常用培养基

1. 缓冲蛋白胨水（BPW）

（1）成分　蛋白胨 10g，氯化钠 5g，磷酸氢二钠 9g，磷酸二氢钾 1.5g，蒸馏水 1000mL，pH 7.2。

（2）制法　将各成分加入蒸馏水中，搅混均匀，静置约 10min，加热煮沸至完全溶解，调节 pH（7.2 ±0.1），高压灭菌 121℃，15min。

2. 四硫磺酸钠煌绿（TTB）增菌液

（1）成分

基础培养基：蛋白胨 10.0g，牛肉膏 5.0g，氯化钠 3.0g，碳酸钙 45.0g，蒸馏水 1000m。除碳酸钙外，将各成分加入蒸馏水中，搅混均匀，静置约 10min，加热煮沸至完全溶解，再加入碳酸钙，调节 pH（7.0 ± 0.1），高压灭菌 121℃，20min。

硫代硫酸钠溶液：硫代硫酸钠 50.0g，蒸馏水加至 100mL，高压灭菌 121℃，20min。

碘溶液：碘 20g，碘化钾 25g，蒸馏水加至 100mL，将碘化钾充分溶解于少量的蒸馏水中，再加入碘片，振摇玻瓶至碘片全部溶解为止，然后加蒸馏水至规定的总量，储存于棕色瓶内，塞紧瓶盖备用。

0.5% 煌绿水溶液：煌绿 0.5g，蒸馏水 100mL，溶解后存放暗处，不少于 1d，使其自然灭菌。

牛胆盐溶液：牛胆盐 10g，蒸馏水 100mL，加热煮沸至完全溶解，高压灭菌 121℃，20min。

（2）制法　基础液 900mL，硫代硫酸钠溶液 100mL，碘溶液 20.0mL，煌绿水溶液 2.0mL，牛胆盐溶液 50.0mL，临用前，按上列顺序，以无菌操作依次加入基础液中，每加入一种成分，均应摇匀后再加入另一种成分。

3. 亚硒酸盐胱氨酸（SC）增菌液

（1）成分　蛋白胨 5.0g，乳糖 4.0g，磷酸氢二钠 10g，亚硒酸氢钠 4.0g，L－胱氨酸 0.01g，蒸馏水 1000mL。

（2）制法　除亚硒酸氢钠和 L－胱氨酸外，将各成分加入蒸馏水中，搅混均匀，静置约 10min，加热煮沸 5min 至完全溶解，冷至 55℃以下，以无菌操作加入亚硒酸氢钠和 1g/L L－胱氨酸溶液 10mL（称取 0.1g L－胱氨酸，加 1mol/L 氢氧化钠溶液 15mL，使溶解，再加无菌蒸馏永至 100mL 即成，如为 DL－胱氨酸，用量应加倍），摇匀，调至 pH（7.0 ±0.1）。

4. 亚硫酸铋（BS）琼脂

（1）成分　蛋白胨10.0g，牛肉膏5.0g，葡萄糖5.0g，硫酸亚铁0.3g，磷酸氢二钠4.0g，煌绿0.025g或5.0g/L水溶液5.0mL，柠檬酸铋铵2.0g，亚硫酸钠6.0g，琼脂18.0g，蒸馏水1000mL。

（2）制法　将前三种成分加入300mL蒸馏水（制作基础液），硫酸亚铁和磷酸氢二钠分别加入20mL和30mL蒸馏水中，柠檬酸铋铵和亚硫酸钠分别加入另一份20mL和30mL蒸馏水中，琼脂加入600mL蒸馏水中。然后分别搅拌均匀，静置约30min，加热煮沸至完全溶解。冷至80℃左右时，先将硫酸亚铁和磷酸氢二钠混匀，倒入基础液中，混匀。将柠檬酸铋铵和亚硫酸钠混匀，倒入基础液中，再混匀。调至pH（7.5±0.1），随即倾入琼脂液中，混合均匀，冷至50～55℃。加入煌绿溶液，充分混匀后立即倾注平皿，每皿约20mL。

注：本培养基不需要高压灭菌，在制备过程中不宜过分加热，避免降低其选择性，储于室温暗处，超过48h会降低其选择性，本培养基宜于当天制备，第二天使用。

5. HE（Hoktoen Entoric）琼脂

（1）成分　牛肉膏3.0g，乳糖12.0g，蔗糖12.0g，水杨素2.0g，胆盐20.0g，氯化钠5.0g，琼脂18.0～20.0g，蒸馏水1000mL，0.4%溴麝香草酚蓝溶液16.0mL，Andrade指示剂20.0mL，甲液20.0mL，乙液20.0mL。

（2）制法　将前面七种成分溶解于400mL蒸馏水内作为基础液；将琼脂加入600mL蒸馏水内，加热溶解。将甲液和乙液加入基础液内，调至pH（7.5±0.1）。再加入指示剂，并与琼脂液合并，待冷至50～55℃倾注平皿。

注：①本培养基不需要高压灭菌，在制备过程中不宜过分加热，避免降低其选择性。②甲液的配制：硫代硫酸钠34.0g，柠檬酸铁铵4.0g，蒸馏水100mL。③乙液的配制：去氧胆酸钠10.0g，蒸馏水100mL。④Andrade指示剂：酸性复红0.5g，1mol/L氢氧化钠溶液16.0mL，蒸馏水100mL，将复红溶解于蒸馏水中，加入氢氧化钠溶液。数小时后如复红褪色不全，再加氢氧化钠溶液1～2mL。

6. 木糖赖氨酸脱氧胆盐（XLD）琼脂

（1）成分　酵母膏3.0g，L-赖氨酸木糖5.0g，木糖3.75g，乳糖7.5g，蔗糖7.5g，去氧胆酸钠2.5g，柠檬酸铁铵0.8g，硫代硫酸钠6.8g，氯化钠5.0g，琼脂15.0g，酚红0.08g，蒸馏水1000mL。

（2）制法　将上述成分（酚红除外）溶解于1000mL蒸馏水，加热溶解。调至pH（7.4±0.2）。再加入指示剂，待冷至50～55℃倾注平皿。

注：本培养基不需要高压灭菌，在制备过程中不宜过分加热，避免降低其选择性，储于室温暗处。本培养基宜于当天制备，第二天使用。

7. 三糖铁（TSI）琼脂

（1）成分　蛋白胨20.0g，牛肉膏3.0g，乳糖10.0g，蔗糖10.0g，葡萄糖

1.0g，硫酸亚铁铵（含6个结晶水）0.5g，酚红0.025g或5.0g/L溶液5.0mL，氯化钠5.0g，硫代硫酸钠0.5g，琼脂12.0g，蒸馏水1000mL。

（2）制法　除酚红和琼脂外，将其他成分加入400mL蒸馏水中，搅拌均匀，静置约10min，加热煮沸至完全溶解，调至pH（7.4±0.1）。另将琼脂加入600mL蒸馏水中，搅拌均匀，静置约10min，加热煮沸至完全溶解。将上述两溶液混合均匀后，再加入酚红指示剂，混匀，分装试管，每管2~4mL，高压灭菌121℃下10min或115℃下15min。灭菌后制成高层斜面，呈橘红色。

8. 蛋白胨水、靛基质试剂

（1）成分

蛋白胨水：蛋白胨（或胰蛋白胨）20.0g，氯化钠5.0g，蒸馏水1000mL，按上述成分配制，分装小试管，121℃高压灭菌15min。

靛基质试剂：①欧－波试剂：将1g对二甲氨基苯甲醛溶解于95mL 95%乙醇内。然后缓慢加入浓盐酸20mL。②柯凡克试剂：将5g对二甲氨基甲醛溶解于75mL戊醇中，然后缓慢加入浓盐酸25mL。

（2）试验方法　挑取少量培养物接种，在（36±1）℃培养1~2d，必要时可培养4~5d。加入柯凡克试剂约0.5mL，轻摇试管，阳性者试剂层呈深红色；或加入欧－波试剂约0.5mL，沿管壁流下，覆盖于培养液表面，阳性者液面接触处呈玫瑰红色。

注：蛋白胨中应含有丰富的色氯酸。每批蛋白胨买来后，应先用已知菌种鉴定后方可使用。

9. 尿素琼脂（pH 7.2）

（1）配方　蛋白胨1.0g，氯化钠5.0g，葡萄糖1.0g，磷酸二氢钾2.0g，乳糖1.0g，0.4%酚红3.0mL，琼脂20.0g，蒸馏水100.0mL。

（2）制法　将除尿素和琼脂以外的成分配好，并校正pH，加入琼脂，加热熔化后分装，121℃高压灭菌15min。冷至50~55℃，加入经除菌过滤的尿素溶液。尿素的最终浓度为2%，最终pH应为7.2±0.1。分装于无菌试管内，放成斜面备用。

（3）试验方法　挑取琼脂培养物接种，在（36±1）℃培养24h，观察结果。尿素酶阳性者由于产碱而使培养基变为红色。

10. 氰化钾（KCN）培养基

（1）配方　蛋白胨10.0g，氯化钠5.0g，磷酸二氢钾0.225g，磷酸二氢钠5.64g，蒸馏水1000mL，0.5%氰化钾20.0mL。

（2）制法　将除氰化钾以外的成分配好后分装，121℃高压灭菌15min。放在冰箱内使其充分冷却。每100mL培养基加入0.5%氰化钾溶液2.0mL（最后浓度为1:10000），分装于无菌试管内，每管约4mL，立刻用无菌橡皮塞塞紧，放在4℃冰箱内，至少可保存两个月。同时，将不加氰化钾的培养基作为对照培养基，分装试管备用。

（3）试验方法 将琼脂培养物接种于蛋白胨水内成为稀释菌液，挑取1环接种于氰化钾（KCN）培养基。并另挑取1环接种于对照培养基。在（36±1）℃培养1～2d，观察结果。如有细菌生长即为阳性（不抑制），经2d细菌不生长为阴性（抑制）。

注：氰化钾是剧毒药，使用时应小心，切勿沾染，以免中毒，夏天分装培养基应在冰箱内进行。试验失败的主要原因是封口不严，氰化钾逐渐分解，产生氢氰酸气体逸出，以致药物浓度降低，细菌生长，因而造成假阳性反应，试验时对每一环节都要特别注意。

11. 赖氨酸脱羧酶试验培养基

（1）配方 蛋白胨5.0g，酵母浸膏3.0g，葡萄糖1.0g，蒸馏水1000mL，1.6%溴甲酚紫－乙醇溶液1.0mL，L－赖氨酸或DL－赖氨酸0.5g/100mL或1.0g/100mL。

（2）制法 除赖氨酸以外的成分加热溶解后，分装100mL，分别加入赖氨酸。L－赖氨酸按0.5%加入，DL－赖氨酸按1%加入。再行校正pH至6.8。对照培养基不加赖氨酸。分装于无菌的小试管内，每管0.5mL，上面滴加一层液体石蜡，115℃高压灭菌10min。

（3）试验方法 从琼脂斜面上挑取培养物接种，于（36±1）℃培养18～24h，观察结果。氨基酸脱羧酶阳性者由于产碱，培养基应呈紫色。阴性者无碱性产物，但因葡萄糖产酸而使培养基变为黄色。对照管应为黄色。

12. 糖发酵管

（1）配方 牛肉膏5.0g，蛋白胨10.0g，氯化钠3.0g，磷酸氢二钠（含12个结晶水）2.0g，0.2%溴麝香草酚蓝溶液12.0mL，蒸馏水1000mL。

（2）制法 ①葡萄糖发酵管按上述成分配好后，并校正pH至7.4±0.1。按0.5%加入葡萄糖，分装于有一个倒置小管的小试管内，121℃高压灭菌15min。②其他各种糖发酵管可按上述成分配好后，分装每瓶100mL，121℃高压灭菌15min。另将各种糖类分别配好10%溶液，同时高压灭菌。将5mL糖溶液加入100mL培养基内，以无菌操作分装小试管。

注：蔗糖不纯，加热后会自行水解者，应采用过滤法除菌。

（3）试验方法 自琼脂斜面上挑取少量培养物接种，于（36±1）℃培养，一般2～3d，迟缓反应需观察14～30d。

13. 邻硝基β－D－半乳糖苷（ONPG）培养基

（1）成分 邻硝基酚β－D半乳糖苷（ONPG）60.0mg，0.01moL/L磷酸钠缓冲液（pH 7.5），1%蛋白胨水（pH 7.5）30.0mL。

（2）制法 将ONPG溶于缓冲液内，加入蛋白胨水，以过滤法除菌，分装于无菌的小试管内，每管0.5mL，用橡皮塞塞紧。

（3）试验方法　自琼脂斜面上挑取培养物1满环接种于（36±1）℃培养1～3h和24h观察结果。如果β-D-半乳糖苷酶产生，则于1～3h变黄色，如无此酶则24h不变色。

14. 半固体琼脂

（1）成分　牛肉膏0.3g，蛋白胨1.0g，氯化钠0.5g，琼脂0.35～4g，蒸馏水100mL。

（2）制法　按以上成分配好，煮沸使溶解，并校正pH至7.4±0.1。分装小试管，121℃高压灭菌15min直立凝固备用。

注：供动力观察、菌种保存、H抗原位相变异试验等用。

15. 丙二酸钠培养基

（1）成分　酵母浸膏1.0g，硫酸铵2.0g，磷酸氢二钾0.6g，磷酸二氢钾0.4g，氯化钠2.0g，丙二酸钠3.0g，0.2%溴麝香草酚蓝溶液12.0mL蒸馏水1000mL。

（2）制法　先将酵母浸膏和盐类溶解于水，校正pH至6.8±0.1后再加入指示剂，分装试管，121℃高压灭菌15min。

（3）试验方法　用新鲜的琼脂培养物接种，于（36±1）℃培养48h，观察结果。阳性者由绿色变为蓝色。

16. 10%氯化钠胰酪胨大豆肉汤

（1）成分　胰酪胨（或胰蛋白胨）17g，植物蛋白胨（或大豆蛋白胨）3g，氯化钠100g，磷酸氢二钾2.5g，丙酮酸钠10g，葡萄糖2.5g，蒸馏水1000mL，pH（7.3±0.2）。

（2）制法　将上述成分混合，加热，轻轻搅拌并溶解，调节pH，分装，每瓶50mL，121℃高压灭菌15min。

17. Baird-Parker琼脂平板

（1）成分　胰蛋白胨10g，牛肉膏5g，酵母膏1g，丙酮酸钠10g，甘氨酸12g，氯化锂（$LiCl \cdot 6H_2O$）5g，琼脂20g，蒸馏水950mL，pH（7.0±0.2）。

（2）增菌剂的制法　30%卵黄盐水50mL与除菌过滤的1%亚碲酸钾溶液10mL混合，保存于冰箱内。

（3）制法　将各成分加到蒸馏水中，加热煮沸至完全溶解。冷却至25℃，调节pH。分装每瓶95mL，121℃高压灭菌15min。临用时加热熔化琼脂，冷却至50℃，每瓶95mL加入预热至50℃；取亚碲酸钾卵黄增菌剂1支加入5mL灭菌蒸馏水或去离子水，充分溶解，加入95mL培养基中，摇匀后倾注平板。培养基应是致密不透明的，使用前冰箱储存不得超过48h。

18. 脑心浸出液肉汤（BHI）

（1）成分　胰蛋白胨10.0g，氯化钠5.0g，磷酸氢二钠（$Na_2HPO_4 \cdot 12H_2O$）2.5g，葡萄糖2.0g，牛心浸出液500mL，pH（7.4±0.2）。

（2）制法　加热溶解，调节 pH，分装 16mm×150mm 试管，每管 5mL，置 121℃灭菌 15min。

19. 兔血浆

（1）成分　取柠檬酸钠 3.8g，加蒸馏水 100mL，溶解后过滤，装瓶，121℃高压灭菌 15min。

（2）制法　取 3.8% 柠檬酸钠溶液两份加兔或人全血四份，混合后静置之（或 3000r/min 离心 30min），则使血液细胞下降，即可得血浆。

20. 营养琼脂斜面

（1）成分　蛋白胨 10g，牛肉膏 3g，氯化钠 5g，琼脂 15～20g，蒸馏水 1000mL，pH 至 7.2～7.4。

（2）制法　将除琼脂以外的各成分溶解于蒸馏水内，加入 15% 氢氧化钠溶液约 2mL，校正 pH 至 7.2～7.4。加入琼脂，加热煮沸，使琼脂熔化。分装试管，121℃高压灭菌 15min。

21. 血琼脂

（1）成分　牛肉膏 3.0g，乳糖 12.0g，蔗糖 12.0g，水杨素 2.0g，胆盐 20.0g，氯化钠 5.0g，琼脂 18.0～20.0g，蒸馏水 1000mL，0.4% 溴麝香草酚蓝溶液 16.0mL，Andrade 指示剂 20.0mL，甲液 20.0mL，乙液 20.0mL。

（2）制法　将前面 7 种成分溶解于 400mL 蒸馏水内作为基础液；将琼脂加入于 600mL 蒸馏水内，加热溶解。加入甲液和乙液于基础液内，调至 pH（7.5±0.1）。再加入指示剂，并与琼脂液合并，待冷至 50～55℃倾注平皿。

注：①本培养基不需要高压灭菌，在制备过程中不宜过分加热，避免降低其选择性。②甲液的配制：硫代硫酸钠 34.0g，柠檬酸铁铵 4.0g，蒸馏水 100mL。③乙液的配制：去氧胆酸钠 10.0g，蒸馏水 100mL。④Andrade 指示剂：酸性复红 0.5g，1mol/L 氢氧化钠溶液 16.0mL，蒸馏水 100mL；将复红溶解于蒸馏水中；加入氢氧化钠溶液。数小时后如复红褪色不全，再加氢氧化钠溶液 1～2mL。

22. SS 琼脂

（1）基础培养基　牛肉膏 5g，胨 5g，三号胆盐 3.5g，琼脂 17g，蒸馏水 1000mL；再将牛肉膏、胨和胆盐溶解于 400mL 蒸馏水中，将琼脂加入 600mL 蒸馏水中，煮沸使其溶解，再将两液，121℃高压灭菌 15min，保存备用。

（2）完全培养基　基础培养基 100mL，乳糖 10g，柠檬酸钠 8.5g，硫代硫酸钠 8.5g，10% 柠檬酸铁溶液 10mL，1% 中性红溶液 2.5mL，0.1% 煌绿溶液 0.33mL，加热溶化基础培养基，按比例加入上述染料以外之各成分，充分混合均匀，校正至 pH 7.0，加入中性红和煌绿溶液，倾注平板。

注：①制好的培养基宜当日使用，或保存于冰箱内，于 48h 内使用。②煌绿溶液配好后应在 10d 以内使用。③可以购用 SS 琼脂的干燥培养基。

23. 麦康凯琼脂

（1）成分 蛋白胨17g，胨3g，猪胆盐（或牛、羊胆盐）5g，氯化钠5g，琼脂17g，蒸馏水1000mL，乳糖10g，0.01%结晶紫水溶液10mL，0.5%中性红水溶液5mL。

（2）制法 将蛋白胨、胨、胆盐和氯化钠溶解于400mL蒸馏水中，校正pH 7.2。将琼脂加入600mL蒸馏水中，加热溶解。将两液合并，分装于烧瓶内，121℃高压灭菌15min备用。临用时加热熔化琼脂，趁热加入乳糖，冷至50～55℃时，加入结晶紫和中性红水溶液，摇匀后倾注平板。

注：结晶紫及中性红水溶液配好后须经高压灭菌。

24. 伊红美蓝琼脂（EMB）

（1）成分 蛋白胨10g，乳糖10g，磷酸氢二钾2g，琼脂17g，2%伊红Y溶液20mL，0.65%美蓝溶液10mL，蒸馏水1000mL，pH 7.1。

（2）制法 将蛋白胨、磷酸盐和琼脂溶解于蒸馏水中，校正pH，分装于烧瓶内，121℃高压灭菌15min备用。临用时加入乳糖并加热熔化琼脂，冷至50～55℃，加入伊红和美蓝溶液，摇匀，倾注平板。

25. 半固体管

（1）成分 蛋白胨1g，牛肉膏0.3g，氯化钠0.5g，琼脂0.35～0.4g，蒸馏水100mL，pH 7.4。

（2）制法 按以上成分配好，煮沸使溶解，并校正pH，分装小试管，121℃高压灭菌15min。直立凝固备用。

注：供动力观察，菌种保存，H抗原位相变异试验等用。

26. 葡萄糖铵培养基

（1）成分 氯化钠5g，硫酸镁0.2g，磷酸二氢铵1g，磷酸氢二钾1g，葡萄糖2g，琼脂20g，蒸馏水1000mL，0.2%溴麝香草酚蓝溶液40mL，pH 6.8。

（2）制法 先将盐类和糖溶解于水内，校正pH，再加琼脂，加热熔化，然后加入指示剂，混合均匀后分装试管，121℃高压灭菌15min，放成斜面。

（3）试验方法 用接种针轻轻触及培养物的表面，在盐水管内做成极稀的悬液，肉眼观察不见浑浊，以每一接种环内含菌数在20～100为宜，将接种环灭菌后挑取菌液接种，同时再以同法接种普通斜面一支作为对照，于（36±1）℃培养24h。阳性者葡萄糖铵斜面上有正常大小的菌落生长；阴性者不生长，但在对照培养基上生长良好。如在葡萄糖铵斜面生长极微小的菌落可视为阴性结果。

注：容器使用前应用清洁液浸泡，再用清水，蒸馏水冲洗干净，并用新棉花做成棉塞，干热灭菌后使用，如果操作时不注意，有杂质污染时，易造成假阳性的结果。

27. 西蒙柠檬酸盐培养基

（1）成分 氯化钠5g，硫酸镁0.2g，磷酸二氢铵1g，磷酸氢二钾1g，柠檬酸钠 5g，琼脂 20g，蒸馏水 1000mL，0.2% 溴麝香草酚蓝溶液 40mL，pH 6.8。

（2）制法　先将盐类溶解于水内，校正 pH，再加琼脂，加热熔化，然后加入指示剂，混合均匀后分装试管，121℃高压灭菌 15min，放成斜面。

（3）试验方法　挑取少量琼脂培养物接种，于（36±1）℃培养 4d，每天观察结果。阳性者斜面上有菌落生长，培养基从绿色转为蓝色。

28. 氨基酸脱羧酶试验培养基

（1）成分　蛋白胨 5g，酵母浸膏 3g，葡萄糖 1g，蒸馏水 1000mL，1.6% 溴甲酚紫－乙醇溶液 1mL，L－氨基酸 0.5g/100mL 或 DL－氨基酸 1g/100mL，pH 6.8。

（2）制法　除氨基酸以外的成分加热溶解后，分装每瓶 100mL，分别加入各种氨基酸：赖氨酸、精氨酸和鸟氨酸。L－氨基酸按 0.5% 加入，DL－氨基酸按 1% 加入。再行校正 pH 至 6.8。对照培养基不加氨基酸。分装于灭菌的小试管内，每管 0.5mL，上面滴加一层液体石蜡，115℃高压灭菌 10min。

（3）试验方法　从琼脂斜面上挑取培养物接种，于（36±1）℃培养 18～24h，观察结果。氨基酸脱羧酶阳性者由于产碱，培养基应呈紫色。阴性者无碱性产物，但因葡萄糖产酸而使培养基变为黄色。对照管应为黄色。

29. 糖发酵管

（1）成分　牛肉膏 5g，蛋白胨 10g，氯化钠 3g，磷酸氢二钠（$Na_2HPO_4 \cdot 12H_2O$）2g，0.2% 溴麝香草酚蓝溶液 12mL，蒸馏水 1000mL，pH 7.4。

（2）制法　①葡萄糖发酵管按上述成分配好后，按 0.5% 加入葡萄糖，分装于有一个倒置小管的小试管内，121℃高压灭菌 15min。②其他各种糖发酵管可按上述成分配好后，分装每瓶 100mL，121℃高压灭菌 15min。另将各种糖类分别配成 10% 溶液，同时高压灭菌。将 5mL 糖溶液加入 100mL 培养基内，以无菌操作分装小试管。

（3）试验方法　从琼脂斜面上挑取小量培养物接种，于（36±1）℃培养，一般观察 2～3d。迟缓反应需观察 14～30d。

注：蔗糖不纯，加热后会自行水解者，应采用过滤法除菌。

30. 庖肉培养基

（1）成分　牛肉浸液 1000mL，蛋白胨 30g，酵母膏 5g，磷酸二氢钠 5g，葡萄糖 3g，可溶性淀粉 2g，碎肉渣适量，pH 7.8。

（2）制法

①称取新鲜除脂肪和筋膜的碎牛肉 500g，加蒸馏水 1000mL 和 1mol/L 氢氧化钠溶液 25mL，搅拌煮沸 15min，充分冷却，除去表层脂肪，澄清，过滤，加水补足至 1000mL。加入除碎肉渣外的各种成分，校正 pH。

②碎肉渣经水洗后晾至半干，分装 15mm×150mm 试管 2～3cm 高，每管加入还原铁粉 0.1～0.2g 或铁屑少许。将上述液体培养基分装至每管内超过肉渣表面约 1cm。上面覆盖熔化的凡士林或液体石蜡 0.3～0.4cm。121℃高压灭

菌15min。

31. 卵黄琼脂培养基

（1）成分　基础培养基：肉浸液1000mL，蛋白胨15g，氯化钠5g，琼脂25～30g，pH 7.5；50%葡萄糖水溶液；50%卵黄盐水悬液。

（2）制法　制备基础培养基，分装每瓶100mL，121℃高压灭菌15min。临用时加热熔化琼脂，冷至50℃，每瓶内加入50%葡萄糖水溶液2mL和50%卵黄盐水悬液10～15mL，摇匀，倾注平板。

32. 察氏培养基

（1）成分　硝酸钠3g，磷酸氢二钾1g，硫酸镁0.5g，氯化钾0.5g，硫酸亚铁0.01g，蔗糖30g，琼脂20g，蒸馏水1000mL。

（2）制法　加热溶解，分装后121℃灭菌20min。

（3）用途　青霉、曲霉鉴定及保存菌种用。

33. 马铃薯－葡萄糖－琼脂培养基（PDA）

（1）成分　马铃薯（去皮切块）300g，葡糖糖20g，蒸馏水1000mL。

（2）制法　将马铃薯去皮切块，加1000mL蒸馏水，煮沸10～20min。用纱布过滤，补加蒸馏水至1000mL。加入葡糖糖和琼脂，加热熔化，分装，121℃灭菌20min。

（3）用途　分离培养霉菌。

34. 马铃薯琼脂培养基

（1）成分　马铃薯200g，琼脂20g，蒸馏水1000mL。

（2）制法　同马铃薯－葡萄糖－琼脂培养基。

（3）用途　鉴定霉菌用。

35. 玉米粉琼脂培养基

（1）成分　玉米粉60g，琼脂15～18g，蒸馏水1000mL。

（2）制法　将玉米粉加入蒸馏水中，搅匀，温火煮沸后计时1h，纱布过滤，加琼脂后加热熔化，补足水量至1000mL，分装，121℃灭菌20min。

（3）用途　鉴定假丝酵母及霉菌。

附录二：微生物检验常用试剂

1. 齐氏石炭酸复红染色液

溶液 A：碱性复红 4g，酒精（95%）100mL。用玛瑙研钵研磨配制成饱和溶液。

溶液 B：苯酚 5.0g，蒸馏水 95.0mL。

配制：取 10mL 饱和溶液 A 和溶液 B 混合即成。通常可将原液稀释 5～10 倍使用。稀释液易变质失效，一次不宜多配。

2. 吕氏美蓝染色液

A 液：美蓝（甲烯蓝、次甲基蓝、亚甲蓝）含染料 90% 0.3g，95% 乙醇 30mL。

B 液：KOH 0.01g，蒸馏水 100mL。

配制：将 A、B 两液混合摇匀使用。

3. 草酸铵结晶紫液

A 液：结晶紫（含染料 90% 以上）2.0g，95% 乙醇 20mL。

B 液：草酸铵 0.8g，蒸馏水 80mL。

配制：将 A、B 二液充分溶解后混合静置 24h 过滤使用。

4. 碘液

碘 1.0g，碘化钾 2.0g，蒸馏水 300mL。

配制：先将碘化钾溶于 5～10mL 水中，再加入碘 1g，使其溶解后，加水至 300mL。

5. 番红染色液

2.5% 番红的乙醇溶液 10mL，蒸馏水 100mL。

配制：混合过滤。

6. 孔雀绿染色液

孔雀绿 7.6g，蒸馏水 100mL。

配制：此为孔雀绿饱和水溶液。配制时尽量溶解，再过滤使用。

7. 黑素染色液

黑色素 5.0g，蒸馏水 100mL，40% 甲醛 0.5mL。

配制：将黑色素在水中煮沸 5min，冷却后加入 40% 甲醛。

8. Leifson 染色液

A 液：NaCl1.5g，蒸馏水 100mL。

B 液：单宁酸（鞣酸）3.0g，蒸馏水 100mL。

C 液：碱性复红 1.2g，95% 乙醇 200mL。

配制：用前临时将 A、B、C 三种染液等量混合。分别保存的染液可在冰箱保存几个月，室温保存几个星期可有效。但混合染液应立即使用。

9. 镀银法鞭毛染色液

A 液：单宁酸 5.0g，$FeCl_3$ 1.5g，15% 甲醛 2mL，1% 浓氢氧化铵 1mL。配制：将单宁酸和 $FeCl_3$ 溶于水后加入甲醛和浓氢氧化铵，过滤后使用。

B 液：硝酸银 2g，蒸馏水 100mL。配制：硝酸银溶解后取出 10mL 备用。向余下 90mL 硝酸银溶液中滴加浓氢氧化铵，则形成很浓厚的沉淀，再继续滴加氢氧化铵到沉淀溶解成为澄清溶液为止。再将备用的硝酸银慢慢滴入，则出现薄雾，待轻轻摇匀后，薄雾状的沉淀又消失，再滴入硝酸银，直到摇动后，仍呈现轻微而稳定的薄雾状沉淀为止。如雾重，则银盐沉淀析出，不宜使用。

10. 乳酸苯酚溶液（观察霉菌形态用）

苯酚 20g，乳酸 20g，甘油 40g，蒸馏水 20mL。

配制：先将苯酚放入水中加热溶解，然后慢慢加入乳酸及甘油。

11. 革兰染色液

结晶紫染色液：结晶紫 1.0g，95% 乙醇 20.0mL，1% 草酸铵水溶液 80.0mL。将结晶紫完全溶解于乙醇中，然后与草酸铵溶液混合。

革兰碘液：碘 1.0g，碘化钾 2.0g，蒸馏水 300mL。将碘和碘化钾先混合，加入蒸馏水少许，充分振摇，待完全溶解后，再加蒸馏水至 300mL。

沙黄复染液：沙黄 0.25g，95% 乙醇 10.0mL，蒸馏水 90.0mL，将沙黄溶解于乙醇中，然后用蒸馏水稀释。

参考文献

[1] 陈华癸，樊庆笙．微生物．北京：中国农业出版社，1979.
[2] 陈文新．土壤和环境微生物学．北京：中国农业大学出版社，1990.
[3] 沈萍，陈向东．微生物学．北京：高等教育出版社，2006.
[4] 周德庆．微生物学教程（第三版）．北京：高等教育出版社，2011.
[5] 邱立友．微生物学．北京：化学工业出版社，2012.
[6] 周建新．食品微生物学检验．北京：化学工业出版社，2011.
[7] 周桃英．食品微生物．北京：中国农业大学出版社，2009.
[8] 赵斌．微生物学．北京：高等教育出版社，2012.
[9] 贾洪锋．食品微生物．重庆：重庆大学出版社，2015.
[10] 郑晓冬．食品微生物学．杭州：浙江大学出版社，2001.
[11] 东秀珠，蔡妙英．常见细菌系统鉴定手册．北京：科学出版社，2001.
[12] 郭燕炎，蔡武城．微生物酶．北京：科学出版社，1986.
[13] 南京农业大学．土壤农化分析（第二版）．北京：中国农业出版社，1996.
[14] 天津轻工业学院．食品生物化学．北京：中国轻工业出版社，1981.